TICHOPLAV VITALI JURJEVICH
TICHOPLAV TATIANA SERAFIMOV.

PHYSIK DES GLAUBENS

Jeletzky Publishing, Hamburg 2013

Jelezky Publishing, Hamburg

www.jelezky-publishing.eu

1. Auflage

Deutsche Erstausgabe, November 2013

© 2013 der deutschsprachigen Ausgabe

SVET UG, Hamburg (Herausgeber)

Cover Gestaltung: Sergey Jelezky

www.jelezky.com

Auflage: 2013-1, 08.11.2013, 1000 Exemplare

Weitere Informationen zu den Inhalten:

„SVET Zentrum", Hamburg

www.svet-centre.eu

ISBN: 978-3-943110-84-5

Liebe Freunde!

Sie halten in Ihren Händen das erste Buch von Tatjana und Witalij Ti-choplav, welches auf Deutsch herausgegeben wurde.Unser erstes Buch «Physik des Glaubens» wurde in Russland im weit zurückliegenden Jahr 2001 veröffentlicht. Es war nicht leicht gewesen. Neun Verlage haben uns die Herausgabe abgesagt; drei Jahre wurden gebraucht, um einen Herausgeber zu finden, der sich entscheiden konnte, ein Buch für jene Zeit zu einem so ungewöhnlichen Thema zu veröffentlichen, wovon der Titel des Buches selbst spricht.

Seit dieser Zeit hat sich vieles verändert. Zum gegeben Zeitpunkt wurden von uns 23 Bücher nach den wissenschaftlichen-esoterischen Grundlagen des Weltalls in der allgemeinen Auflage mit mehr als 5 Millionen Exemplaren geschrieben und herausgegeben, und «Physik des Glaubens» hat 12 Neuausgaben erreicht. Unsere Bücher wurden in vielen Sprachen der Länder Osteuropas –bulgarisch, tschechisch, lettisch, slowakisch verlegt. Und jetzt halten Sie unser erstes Buch in Händen, das in deutscher Sprache herausgegeben wurde.

Wir bedanken uns aufrichtig bei dem Verlag «Jelezky Publishing» und persönlich bei seinem Gründer Sergey Jelezky dafür, dass er uns die Veröffentlichung ermöglicht hat.

Mit freundlichen Grüßen und in Dankbarkeit,
die Autoren!

Sankt Petersburg, Russland, Dezember 2012.

Liebe Freunde!

Alle unsere Bücher, Artikel, Vorlesungen und viele weitere interessanten Informationen können Sie auf unserer website „Wissenschaftliche Esoterik» (www.tihoplav.com) finden. Leider gibt es noch keine vollständige Webseite auf deutsch, jedoch sind einige Materialien übersetzt, und für das Lesen der Bücher und der Artikel können Sie das System der maschinellen Übersetzung nutzen. Seit Sommer 2012 ist auf unserer Webseite „Wissenschaftliche Esoterik» ist der Internet-Anmelderaum unseres Freundes und eines Menschen mit ungewöhnlichen Fähigkeiten Jurij Kretow geöffnet. Schreiben Sie uns (in Ihrer Muttersprache) in den Internet-Anmelderaum von Jurij Kretow kretov-vita@mail.ru . Wenn Sie interessante Informationen haben und bereit sind, uns diese mitzuteilen - schreiben Sie uns, den Autoren - tihoplav-vita@yandex.ru . Wir hoffen, dass unsere Bücher Ihnen gefallen werden, und jeder von Ihnen sich das aus ihnen entnimmt, was er für sich für nützlich hält. Ein Schiff schwimmt nach Osten, ein anderes – nach Westen unter den Stössen eines und derselbe Windes, weil die Lage der Segel, und nicht der Wind, die Richtung bestimmt, in die sie fahren.

Mit freundlichen Grüßen und in Liebe,

Der Doktor der technischen Wissenschaften Tichoplaw Witalij
Der Kandidat der technischen Wissenschaften Tichoplaw Tatjana
Sankt Petersburg, Russland, Dezember 2012.

INHALTSVERZEICHNIS

KAPITEL 1. DIE ANNAHME DES SCHÖPFERS DURCH DIE WISSENSCHAFT

KAPITEL 2, WISSENSCHAFTLICHE ASPEKTE DER GEHEIMNISSE DES UNIVERSUMS

KAPITEL 3, INFORMATION, BEWUSSTSEIN, MENSCH

5

EIN WORT AN DEN LESER

Lieber Leser! Das Ihnen empfohlene Buch „Physik des Glaubens" ist für mich eine außerordentliche Seltenheit.

Die Autoren des Buches - davon bin ich überzeugt – gehören zu den aufmerksamen Beobachtern und ernsthaften Wissenschaftlern, die ihre Arbeit einer außerordentlichen Relevanz gewidmet haben, der Aufklärung der Menschen im Geiste einer hohen Moral und wissenschaftlichen Erfassens der Wahrheit.

In dem Buch wird leicht, einfach und interessant von realen parapsychologischen und paranormalen Fakten erzählt, von klugen Gedanken hervorragender Menschen, die hinter die Grenzen der feinstofflichen geistigen Welt blicken können. In dem Buch wird überzeugend über die Wechselbeziehung zwischen Wissenschaft und Religion gesprochen, über die Notwendigkeit ihrer Vereinigung zu einer sich entwickelnden Wissenschaft die Vertreter der wissenschaftlichen Welt und Vertreter der Religion unüberhörbar sprechen.

Das Buch erzählt verständlich über die neuesten hervorragenden Errungenschaften der theoretischen und der praktischen Physik – über die Entdeckung der fünften fundamentalen Wechselwirkung – der Informationswechselwirkung, über das Physikalische Vakuum und die Torsionsfelder. Diese hervorragenden wissenschaftlichen Entdeckungen haben es den Wissenschaftlern ermöglicht, das Wesen der feinstofflichen Welt zu verstehen, die Natur des Bewusstseins, des Denkens, der Seele zu erklären, und das Absolute zu erkennen.

Das Buch lehrt die Menschen das Wichtigste in ihrem Leben: das Leben

6

zu lieben, die Menschen zu lieben, die Natur zu lieben und zu schützen.

Lesen Sie das Buch „Physik des Glaubens" aufmerksam. Beim Lesen achten Sie genau auf ihre Reaktion. Ich bin überzeugt, dass nach dem Lesen dieses interessanten Buches für Sie vieles klarer und verständlicher wird.

Präsident der Ingenieur-Akademie Sankt Petersburg,

Akademiemitglied **A. I. Fedotov**

Sankt Petersburg 18. August 1999

An der Grenze des dritten Jahrtausends schwebt über Russland ein böses Schicksal. Das herrliche, freie, unermessliche Land mit den Kornblumenaugen befand sich unter dem Einfluss eines dichten, dunklen Feldes negativer Energie, der sich in den fast täglichen vom Menschen verursachten Katastrophen zeigt, in den Naturkatastrophen, in den militärischen Konflikten, in den bewusst organisierten Explosionen und Bränden. Was ist das? Warum?

Vor einigen Jahren hat der Journalist A. Karaulov in einem Gespräch den Leiter der heute weltweit bekannten Firma „Aeroflot" gefragt: „ Halten Sie es für normal, dass der Leiter der Firma ein riesiges persönliches Einkommen erhält, während das Akademiemitglied D.S.Lihachev einen miserablen Lohn erhält? - und bekam eine erschütternde Antwort: „Das bedeutet, dass das Akademiemitglied Lihachev jetzt nicht gefragt ist". Deshalb, weil „das Akademiemitglied Lihachev jetzt nicht gefragt ist", ermorden die Killer „gefragte Leiter", sprengen Gebäude und unterirdische Gänge; das ist es, weshalb die geistige und moralische Leere der Gesellschaft zunimmt.

Das Gefühl der Machtlosigkeit, der Depression und die Gleichgültigkeit der einen, der Zynismus, die Gier, die Boshaftigkeit und die Raffgier der anderen haben dieses negativste Energiefeld geschaffen, das jetzt ganz Russland erstickt!

Das begreifen viele Gelehrte, Vertreter der Religion, moralisch hoch entwickelte Mitglieder der Gesellschaft. Und sie verstehen das nicht nur, sie tun alles Mögliche für die Rettung des Landes und des Menschen. Wir alle beginnen zu begreifen – langsam, qualvoll, zweifelnd, zaghaft. Der Weg der geistigen Wiedergeburt, der moralischen Säuberung ist lang und schwierig. Und jeder, der das kann, muss seinen Beitrag zu dieser edlen Sache leisten.

Das empfohlene Buch „Physik des Glaubens" ist berufen, die geistige und moralische Wiedergeburt des Menschen und der Gesellschaft zu ermöglichen.

Weil sie verstehen, dass „durch eine ständige Wiederholung „Halwa, Halwa", es im Mund doch nicht süßer wird", haben die Autoren anscheinend ein effektivere Art der Vermittlung von Informationen an den Leser gewählt: sie nutzen durch die Wissenschaft bewiesene und erklärte Fakten, die die Realität der feinstofflichen Welt, der feinstofflichen Körper des Menschen, der Seele, des Geistes, der physikalischen Grundlagen des Bewusstseins und des Denkens bestätigen

Im ersten Kapitel des Buches „Annahme des Schöpfers durch die Wissenschaft" wird interessant und überzeugend über die Verschmelzung von Wissenschaft und Religion gesprochen. Wissenschaft und Religion – das sind die zwei Flügel, die Russland helfen, los zu fliegen, aber dazu ist es notwendig, dass die wissenschaftlichen Beweise der religiösen Wahrheiten so breit wie möglich an die Bewohner des Landes herangeführt werden.

Und es ist kein Zufall, wenn das Mitglied der Russischen Akademie der Naturwissenschaften A. E. Akimov schreibt:

„Die Physik erkennt den Superverstand an!" das Mitglied der Akademie der Medizinischen Wissenschaften und der Russischen Akademie der Wissenschaften N. P. Bechterew sagt: „ Gott existiert!", und der Präsident der Russischen Akademie der Wissenschaften, das Akademiemitglied Ju. Osipov verkündet offen von der Tribüne des Russischen Weltvolksrates:

„Die Wissenschaftler sind zu dem Schluss gekommen, dass der Schöpfer existiert!"

Der Direktor des Zentrums der Vakuumphysik, das sich mit Untersu-

9

chungen der feinstofflichen Welt befasst, das Mitglied der Russischen Akademie der Naturwissenschaften, G. I. Schipov, sagt: „Ich bestätige, es gibt eine neue physikalische Theorie, geschaffen im Ergebnis der Entwicklung der Vorstellungen A. Einsteins, in der ein gewisses Maß an Realität enthalten war, in der Religion ist das Synonym dieser Realität Gott – eine gewisse Realität, die alle Merkmale eines Gottes besitzt. Ich bestätige nur das. Ich weiß nicht, wie dieser Gott beschaffen ist, aber er existiert real. Ihn mit unseren Methoden zu erkennen „zu studieren" ist unmöglich. Und weiter. Die Wissenschaft beweist nicht die Existenz Gottes, sie weist lediglich darauf hin."

Wie wichtig ist es für jeden Bewohner unseres Landes das zu verstehen und zu fühlen: wir wandeln alle unter Gott! Religiösen Behauptungen kann man glauben oder nicht glauben, aber wenn das die Wissenschaft verkündet, die sich auf theoretische und praktische Untersuchungen und unwiderlegbare Fakten stützt, dann muss jeder seine Ansichten vom Leben überprüfen und eine Neubewertung seiner Kostbarkeiten vornehmen.

Damit die wissenschaftlichen Beweise religiöser Wahrheiten einen breiten Leserkreis verständlich werden, werden im zweiten Kapitel des Buches „Wissenschaftliche Aspekte der Geheimnisse des Universums" interessant und spannend die Grundlagen der Physik dargelegt, angefangen beim Äther Newtons bis zur Theorie des physikalischen Vakuums von G. I. Schipov. Das komplizierte Material ist in ein einheitliches, einfaches und verständliches system gebracht, in dem die Forschungen Newtons, die Experimente von Fizeau und Michelson, die Relativitätstheorie Einsteins, die Quantenmechanik, die hervorragenden Arbeiten von Dirac und schließlich die einzigartigen Untersuchungen des Akademiemitglieds G. I. Schipov und die Arbeiten des Instituts für theoretische und angewandte Physik den Leser unermüdlich zum Verständnis der Physik der feinstofflichen Welt führen, wenn man diese verstanden hat, kann man die Natur des Bewusstseins, des Denkens, des Einheitlichen Informationsfeldes und des Kollektiven Verstands erkennen. Es ist besonders hervorzuheben, dass das zweite Kapitel für Schüler und Studenten ein herrliches methodisches Material für das Studium der Physik darstellt. Es ist wie ein ärgerliches Kuriosum dass wir feststellen müssen, dass die hervorragenden wissenschaftliche Ausarbeitungen des letzten Jahrzehnt, die unsere Weltanschauung grundlegend ändern, bis jetzt in der wissenschaftlichen Literatur fehlen.

Im dritten Kapitel des Buches „Information, Bewusstsein, Mensch" werden in einer spannenden Form Erklärungen komplizierter Begriffe der Information und des Bewusstseins gegeben, wird die Existenz des Menschen in den Torsionsfeldern untersucht, die die Träger der Information sind, werden sensationelle wissenschaftliche Fakten gebracht, die Ergebnisse, die vor allem von russischen Wissenschaftlern erreicht wurden. Interesse ruft die wissenschaftliche Version der Schaffung der Welt hervor, die ganz den Vorstellungen von Professor E. R. Muldaschev entspricht.

Das Buch „Physik des Glaubens" soll dem Leser in dieser für Russland so schweren Zeit helfen, diese innere geistige Stütze zu erhalten, die es erlaubt, allen möglichen Schwierigkeiten standzuhalten, alle möglichen Schicksalsschläge zu überstehen. Das richtige Verstehen der Wirklichkeit für jeden von uns und das Gefühl der Sicherheit werden es Russland in der Zukunft ermöglichen, den verdienten Platz in der Welt einzunehmen. Der Doktor der philosophischen Wissenschaften N. N. Averjanov schreibt dazu:

„Wir erheben uns von den Knien, aber der Weg der sittlichen Reinigung, der sittlichen Vervollkommnung ist lang und schwierig, aber er ist nicht getrennt vom Leben des Menschen sondern stellt zusammen mit ihm den einzigen Sinn des Lebens dar".

VORWORT

Wenn es Gott nicht gibt, kann man das Leben als absurd bezeichnen.
Es hat weder Sinn, noch Wert, noch Ziel.

W. Craig

Es wurde Abend. Ich ging auf der rechten Seite des Newskij Prospekts in Richtung Admiralität. In der Nähe des Hauses des Buches zog eine große Gruppe von Menschen auf dem Platz vor der Kasaner Kathedrale meine Aufmerksamkeit auf sich. Sie debattierten lebhaft, sahen zum Himmel und zeigten mit den Händen dahin. Ich überquerte die Straße und ging zu ihnen.

- Seht nur, seht nur, das ist Gott! Das ist Gott! – schrieen einige.

- Wo? Wo? Ich sehe nichts! Ich sehe nichts! – fragten andere. Meine Aufmerksamkeit zog eine junge Mutter mit einem kleinen Mädchen auf sich. Die Tochter zerrte die Mutter an der Hand, zeigte mit ihr zum Himmel und sagte:

- Mama! Mama! Sieh nur! Da ist er doch!

Aber die Mutter drehte aufgeregt den Kopf hin und her und sagte mit Tränen in der Stimme:

- Ich sehe nichts! Ich sehe nichts! Wo? Wo?

Ich hob den Kopf und sah mit einem Mal am Himmel ein großes, gütiges Gesicht. Es schaute auf uns, genau wie ein echtes. Gulliver sah auf das Land der Liliputaner. Sehr gut waren die Augen zu sehen, die Nase und der Mund. Die Stirn und die Backenknochen verbanden sich irgendwie mit dem Abendhimmel, hoben sich nur durch die Schatten etwas ab.

Eine riesige Freude erfasste plötzlich das Herz. In den Ohren klang die Stimme der Frau, die neben mir stand: „Ich sehe nichts! Ich sehe nichts!

12

Wo? Wo?" Und aus meiner Kehle kam der freudige Schrei: „Aber ich sehe es! Ich sehe!" Und in diesem Augenblick traf ich mit einem Blick seine großen, gütigen, aus irgendeinem Grund braunen Augen. Der Gedanke, dass ER mich gesehen hat, erfüllte mich mit einem so großen Glück, dass ich aufwachte.

Es war ein Traum. Er machte auf mich einen unauslöschlichen Eindruck. Lange Zeit befand ich mich unter dem Einfluss dieses Traums, und einmal kam mir der Gedanke:

„ Vielleicht war das kein Zufall? Vielleicht weiß ich und sehe ich, oder kann etwas erkennen und sehen, was viele andere Menschen, die neben mir leben, nicht kennen und nicht wissen?"

Ich begann als Wissenschaftlerin Angaben über wissenschaftliche Ausarbeitungen zu sammeln, die die Existenz Gottes, der feinstofflichen Welt, der feinstofflichen Körper des Menschen, die Unsterblichkeit seiner Seele bestätigen. Zusammen mit meinem Ehemann, der auch Wissenschaftler ist, haben wir einige Jahre die vorhandene Literatur studiert, haben Bücher erworben, Bibliotheken besucht, haben trockene und spärliche Angaben über wissenschaftliche Entdeckungen analysiert. Wir waren erschüttert: es zeigte sich, dass die Wissenschaft auf diesem Gebiet schon so viel gemacht hat.

Aber die meisten von uns wissen auch heute noch nicht, dass die theoretische Physik zur Anerkennung Gottes gekommen ist, das sie das Phänomen des menschlichen Bewusstseins erklären konnte, die Phänomene der Parapsychologie (wie Telepathie, Telekinese, Levitation, Teleportation und andere), dass sie die Existenz der feinstofflichen Welt , der feinstofflichen Körper des Menschen, der psychischen Energie bestätigt hat und ganz ernsthaft Kontakte mit dem Informationsfeld des Weltalls oder mit dem Bewusstsein des Weltalls sucht.

All das wurde möglich auf der Grundlage der neuen wissenschaftlichen Konzeptionen des physikalischen Vakuums und der Torsionsfelder. In den letzten zehn Jahren wurden solche Entdeckungen gemacht, die zum Wechsel des Paradigmas führten und unsere Weltanschauung grundsätzlich ändern werden und sie auch schon ändern.

Sensationelle Fakten, die unsere Vorstellung erschüttern einerseits, andererseits neue wissenschaftliche Entdeckungen zeugen immer mehr von der Notwendigkeit der Verbindung der Wissenschaft mit der Religion. Denn die Religion – das ist das Wissen vorhergegangener Zivilisationen, das sie im Ergebnis ihrer Forschungen erworben haben, und vor allem, das Wissen über Gott und über die Seele. Aber kann man in der modernen technokratischen Gesellschaft überhaupt einen echten Glauben an die Existenz der Seele und Gottes erreichen?

Der moderne Mensch glaubt kaum noch an Märchen. Dem modernen Menschen liegen wissenschaftliche Begründungen einer Behauptung näher. Und jetzt ist die Zeit gekommen, das religiöse Wissen von der Position der modernen Wissenschaft her zu begreifen.

Die wissenschaftliche Konzeption des physikalischen Vakuums und die Theorie der Torsionsfelder erwiesen sich als das Wissen, das für die wissenschaftliche Erklärung der feinstofflichen Welt, des Bewusstseins und der psychophysischen Phänomene fehlte. Bis jetzt sind diese erschütternden wissenschaftlichen Entdeckungen einem großen Leserkreis wenig bekannt. Die Angaben darüber werden im allgemeinen in spezialisierten Zeitschriften und Broschürennachdrucken in einer kleinen Auflage publiziert, wobei in der Regel alle Materialien fast ausschließlich in der Sprache der Mathematik dargelegt werden und schwer zu verstehen sind.

Unter Berücksichtigung der sozialen Bedeutung der letzten wissenschaftlichen Entdeckungen für das Leben eines jeden Menschenstellten sich die Autoren des Buches die Aufgabe: ein einem breiten Leserkreis verständliches Buch über den Bereich der Wissenschaft zu schreiben, der ihm hilft, sich in den komplizierten Fragen des täglichen Lebens, des Bewusstseins, der feinstofflichen Welt, des Ziels und des Sinns des Lebens, der Gemütsbewegungen, zurechtzufinden.

Zur Illustration zu den wissenschaftlichen Konzeptionen sind in dem Buch ergreifende Materialien angeführt, die Professor E. Muldaschev während seiner Transhimalaja – Expedition gesammelt hat, sowie einige andere sensationelle Angaben, die durch die Wissenschaft festgestellt wurden.

KAPITEL 1

DIE ANNAHME DES SCHÖPFERS DURCH DIE WISSENSCHAFT

1.1. WISSENSCHAFT UND RELIGION

> Wissenschaft ohne Religion ist nicht vollwertig,
> die Religion ohne Wissenschaft ist blind.
>
> *A. Einstein*

1992 fand in Rio de Janeiro die Konferenz der Organisation der Vereinten Nationen über Umwelt und Entwicklung (UNCED) statt, wo nicht nur die Probleme des ökonomischen Wachstums behandelt wurden, sondern auch erstmalig in der Geschichte der Zivilisation die Ergebnisse der wirtschaftlichen Tätigkeit des Menschen auf der Erde gewertet wurden. Sie erwiesen sich als kläglich (1, S. 2). In den Dokumenten der Konferenz von Rio wurde festgestellt, dass eine ökologische Krise den Planeten erfasst hat. Die Umwelt war vom vollständigen Verfall bedroht, der immer mehr zur Gefahr wurde, die die ganze Weltwirtschaft bedrohte. Die sozial-ökologische Krise hing wie ein Damoklesschwert über der Zivilisation.

Die Quellen der globalen ökologischen Katastrophe waren augenfällig und für alle sichtbar – das war unsere eigene wirtschaftliche Tätigkeit, die auf die Befriedigung der wachsenden materiellen Bedürfnisse der Menschen auf Kosten der immer größeren Aneignung von Naturmaterial.

Die bestehende Lage der Dinge wird im bedeutenden Maße durch das in unserer Weltanschauung tief verwurzelte geozentrische System der Welt erklärt, dessen Wesen folgende Formel beschreibt: Die Erde – ist das Zentrum des Universums, und der Mensch – ist die Krone der Schöpfung. Die gesamte Natur ist von Gott für den Menschen geschaffen und dient dem Menschen. Es ist schon sehr vorteilhaft für uns, für die Geschöpfe Gottes auf Erden, solche starken weltanschaulichen Vorzüge zu besitzen. Und je

17

mehr die Macht der Wissenschaft gewachsen ist, umso mehr wurde diese falsche Vorstellung für die Realisierung der vergänglichen Ziele der Eroberung der Natur, ihrer Unterwerfung und Umgestaltung genutzt. Man kann das damit vergleichen, wie wenn die Mikroben, von denen es in jedem von uns Milliarden gibt, auf die Idee kämen, ihren individuellen Träger, den Menschen, umzugestalten.

Weil eine solche Weltanschauung absolut nicht den realen Gesetzen des Universums entspricht, ergibt sich die uns allen bekannte seltsame Situation, in der man scheinbar alles besser machen möchte, aber im Ergebnis wird es noch schlechter.

Die Menschheit steht heute an der Schwelle der Selbstvernichtung durch eine ökologische Katastrophe. Die extreme Verschmutzung, die die Atmosphäre und den Ozean erfasst hat, hat sich auf den erdnahen Kosmos ausgeweitet, wo eine zahllose Menge technologischen Schrotts herumfliegt. Nach den Prognosen der Wissenschaftler wird die Menschheit, wenn keine grundlegenden Maßnahmen ergriffen werden, in 20 – 30 Jahren schnell vom Antlitz des Planeten verschwinden (63, S. 3).

Am Ausgang des Jahrtausends kann man sagen, dass der Homo sapiens, bis an die Zähne mit Wissen bewaffnet, die Vorratskammern der Natur ausgeraubt und vergeudet und zugleich seinen eigenen Lebensraum vergiftet hat.

Der Hauptgrund, der die Menschheit an den Rand einer globalen ökologischen Katastrophe geführt hat, ist die geistige Anspruchslosigkeit unserer Zivilisation. Auf der 1998 in Moskau stattgefundenen ersten gesellschaftlichen Anhörung zur Deklaration der Rechte der Erde sagte der Vertreter der gesellschaftlichen Bewegung T. Romanov folgendes: "Das Wichtigste ist heute – dass der gesamten menschlichen Gesellschaft, jedem einzelnen Menschen klar geworden ist, dass unsere geistig anspruchslose Zivilisation auf die Befriedigung der grenzenlos wachsenden, im Grunde überflüssigen, Bedürfnisse des physischen Körpers ausgerichtet ist, dass die Menschheit das Ziel ihrer Entwicklung und Bewegung verloren hat. Es ist notwendig, dass die Umwandlung und geistige Vervollkommnung im Namen des Übergangs der Menschheit auf eine neue Stufe der Evolution – vom klugen Menschen zum geistigen Menschen – zum Ziel eines jeden Menschen und der Gesellschaft wird".

Diese Position wurde von vielen Wissenschaftlern unterstützt, darunter auch von Professor I. N. Janizkij:

„Die Ursachen, dass wir bisher ohne Erfolg an der Lösung des ökologischen Problems arbeiten, liegen in unserer Moral."

Bei der Entwicklung der Moral kann und muss die Religion eine bedeutende Rolle spielen.

Am 8. Dezember 1988 wurde in Moskau und in vier amerikanischen Städten – New York, San Francisco, Boston und Detroit - eine Meinungsumfrage durchgeführt. Sowjetische Menschen und Amerikaner beantworteten die gleichen Fragen. In Moskau wurde die Untersuchung vom Institut für Soziologie der Akademie der Wissenschaften der UdSSR organisiert, in den amerikanischen Städten von den Firmen „Marttila und Cayley" und „Market opinion research". In jeder Stadt wurden 1000 Menschen über 18 Jahre mittels einer Telefonumfrage befragt, die Telefonnummern wurden durch den Computer per Zufall aus dem Telefonverzeichnis der Stadt ausgewählt. Von den einhundert Fragen des Fragebogens betrafen drei unmittelbar die Religion (2, S. 18).

Fragen und mögliche Antworten	Moskau %	Boston %	Detroit %	New York %	San Francisco %
1. Welche Rolle spielt die Religion in Ihrem Leben?					
eine sehr wichtige	4	36	48	44	38
eine ziemlich wichtige	9	37	37	30	26
keine sehr wichtige	19	19	11	15	9
2. Glauben Sie an ein Leben nach dem Tod?					
ja	7	68	79	63	67
nein	82	20	17	25	20
3. Wie ist Ihr Verhältnis zu Gott?					
ich bin überzeugt, dass es ihn gibt	10	83	90	82	78
ich weiß nicht, ob es ihn gibt	34	14	7	13	18
ich bin überzeugt, dass es keinen Gott gibt	43	3	2	4	4

Was für einen deprimierenden Eindruck machen die Ergebnisse der Befragung in Moskau. Ja, siebzig Jahre kämpferischer Atheismus haben ihre schmutzige Arbeit geleistet. Auch wenn es traurig ist, die Wissenschaft hat auch dazu beigetragen.

Im Altertum waren die wissenschaftlichen und die religiösen Erkenntnisse gleich. Das kann man zum Beispiel gut sehen an der Smaragdtafel von Hermes Trismegistos und an vielen anderen Werken, deren Wurzeln bis ins Dunkel der Jahrtausende reichen. Gerade in der Religion und in dem sie begleitenden rituellen Leben entstanden, entwickelten sich und verwandelten sich in selbständige Tätigkeitsarten praktisch alle Arten der Kunst, die Wissenschaft, die Philosophie und die Macht selbst.

Nach der Meinung der Autoren des Buches ist die Religion die große Wissenschaft vergangener Zivilisationen. Sie war der Menschheit von oben, durch die Hellseher und die Eingeweihten auf dem Wege der Offenbarung und Eingebung durch Meditation und Erleuchtung gegeben worden. Die Religion trägt in sich das Wissen über das Hauptsächliche, über das Wichtigste: über die Ordnung des Daseins, über die Entstehung des Lebens, über die Seele, über das menschliche Leben auf der Erde. Aber die Religion konnte dem Menschen kein Alltagsleben schaffen, nicht die schwere physische Arbeit erleichtern, keine produktiveren Arbeitsmittel geben usw. Und gerade mit der Lösung dieser durch die Schranken des irdischen Daseins begrenzten Aufgaben beschäftigte sich die Wissenschaft, die sich seinerzeit von der Religion losgelöst hatte. Die stürmischen und offensichtlichen Erfolge der Wissenschaft in „irdischen Angelegenheiten, ihre Versuche, ihre Grenzen zu erweitern und sich mit der Erforschung globaler Fragen des Universums zu befassen (natürlich mit ihren Methoden), riefen eine bestimmte Unzufriedenheit der religiösen Elite hervor, die ihre Macht nicht teilen wollte, mit wem auch immer. Es begannen die dunklen Zeiten des Mittelalters, stürmisch blühte die Inquisition, rauchten die Feuer. Die Beziehungen der Wissenschaft zur Religion nahmen antagonistischen Charakter an. Aber die Gesellschaft brauchte immer mehr die Entwicklung der Technik und der Technologie – indem sie die unersättlichen ständigen Bedürfnisse der Menschen befriedigte, hat die Wissenschaft das Mittelalter überlebt und seit dem XVI. Jahrhundert etwa entstanden durch

21

die Grundmethoden der Erkenntnis vor allem in Europa, wissenschaftliche Vorstellungen. Nachdem sie sich von den Fesseln des Mittelalters befreit hatte, richtete die Wissenschaft ihre ganze Macht und Energie auf die Erforschung der materiellen Welt mit dem Ziel der Schaffung materieller Güter. Die Religion geriet immer mehr in den Hintergrund. Wie der französische Philosoph Schure sagte, „die Religion antwortet auf die Bedürfnisse des Herzens, daher kommt ihre magische Kraft, die Wissenschaft auf die Bedürfnisse des Verstandes, daher rührt ihre unüberwindbare Macht. Die Religion ohne Beweise und die Wissenschaft ohne Glauben stehen einander misstrauisch und feindlich gegenüber ohne einander besiegen zu können (3, S. 93).

Die wissenschaftliche Weltanschauung, die bis zum heutigen Tag existiert, wurde auf der Basis der Vorstellungen von der Herleitung des Bewusstseins von der Materie, von der Unabhängigkeit der Materie vom Bewusstsein, von der ausschließlichen Möglichkeit des rationalen Verstehens des Weltalls, und auch von der Reduzierbarkeit höherer Daseinsformen zu Summen, Kombinationen niederer Elemente. Die technologische Form der Zivilisation, in der alles, was nicht zu den materiellen Bedürfnissen gehört, einfach keine Bedeutung hatte, ermöglichte die Entwicklung solch einer Ansicht.

Die Wissenschaft empfiehlt eine bestimmte Form der Forschung – die experimentelle, und das führt schon zum Materialismus und Rationalismus. Das Wort „Wissenschaft" in seiner modernen Bedeutung bezeichnet die Form der Erkenntnis, die ohne die Annahme der Existenz Gottes als mystischen jenseitigen nicht erklärbaren Ursprung auskommt. „Die Wissenschaft wurde zur Produktivkraft und hörte auf, nach der Wahrheit zu suchen. Der freudlose Rationalismus, der alles abstrahierte, alles in die tote Sprache der Algorithmen überführte, machte die Wahrheit wenig anziehend. Die Ge-

22

schichte der Wissenschaft ist voller Beispiele dafür, wie die wissenschaftliche Gesellschaft, die die Verwendung nur „realer" Thesen forderte, im Laufe einiger Jahrzehnte aus ideellen Gründen viele fundamentale Begriffe der Mathematik, der Physik, der Biologie ablehnte als Begriffe, die zur Theologie führen und zu nicht erklärbaren Formen der Realität" (4, S-3).

Die Menschen sprechen oft und laut über die unbegrenzten Möglichkeiten der Erkenntnis, über die unüberschaubaren Horizonte, die sich vor der Wissenschaft eröffnen. Aber in Wirklichkeit sind alle diese „unbegrenzten Möglichkeiten" begrenzt durch die fünf Sinne – das Sehen, das Hören, den Geruchssinn, den Tastsinn und den Geschmack, und durch die Fähigkeit zu urteilen, zu vergleichen und Schlüsse zu ziehen. Alle wissenschaftlichen Methoden, alle Apparate, Instrumente und Vorrichtungen sind dem Sinn nach nichts anderes als eine Verbesserung und Erweiterung der „fünf Sinne", und die Mathematik und alle möglichen Berechnungen – das ist, im Grunde genommen, eine Erweiterung der gewöhnlichen Fähigkeiten des Vergleichens, Urteilens und Schließens.

Trotzdem hat die vorherrschende Entwicklung wissenschaftlicher Vorstellungen im gesellschaftlichen Bewusstsein eine charakteristische „Wissenschaftszentrierung" erzeugt, die sich dadurch auszeichnet, dass der Wissenschaft ein Monopol auf die Wahrheit gegeben wird, sogar der Begriff „Wissenschaftlichkeit" selbst wurde zum Synonym der „Wahrheit". Deshalb werden alle übrigen Weltanschauungen nicht unabhängig und parallel zur wissenschaftlichen Weltanschauung betrachtet, sonder voreingenommen – von bestimmten „wissenschaftlichen" Positionen aus.

Ja, die Wissenschaft ist heute auf einem Höchststand; die chemische Technologie, die Mikroelektronik, die Bauindustrie, die audio-visuellen Systeme, die Computer haben unser tägliches Leben vervollkommnet, haben den Komfort erhöht, haben es ermöglicht, herrliche Einrichtungen

23

zu schaffen, haben den Empfang von Informationen von jedem Punkt des Erdballs möglich gemacht, und damit die Ökologie verschlechtert, haben die Menschen entzweit und geistig zerstört, haben todbringende Arten von Waffen in einem erschreckenden Ausmaß entwickelt, ohne irgendwelche positiven Ziele der Existenz zu geben. Die Perspektiven der weiteren Entwicklung der angewandten Wissenschaft bedrohten die Existenz der Menschheit selbst. Deshalb wird der Begriff des wissenschaftlich-technischen Fortschritts in der Gegenwart immer mehr als Illusion aufgefasst und behandelt, und die Errungenschaften der Zivilisation werden in Zweifel gestellt. Wir sind an solch eine Grenze gelangt, wo wir anfangen, gefährliches Wissen zu erwerben.

Als die Amerikaner ihre Atombombe geschaffen haben, wussten sie nicht, wo die Kettenreaktion aufhört, ob sie sich nicht auf gewöhnliche Sachen ausdehnt und damit die Explosion des gesamten Planeten auslöst. Aber ungeachtet der ungeheuerlichen Gefahr, wurde die „Abschreckungswaffe" ausprobiert. Na und? Die Erde ist nicht explodiert. Aber für die durch die Ambitionen der Politiker entfachte Neugier der Atomwissenschaftler hat die Menschheit mit Hiroshima, Tschernobyl und anderen Katastrophen bezahlt. Wo ist die Garantie, dass das nächste Experiment nicht das von Menschenhand geschaffene Ende der Welt hervorruft? O weh, die Wissenschaft kann eine solche Garantie nicht geben.

Die stürmische Entwicklung der ihrem Wesen nach geistig anspruchslosen Wissenschaft hat die Gesellschaft an eine gefährliche Linie gebracht. Die Schaffung der Atomwaffen führte zur Gefahr der Vernichtung des Planeten, die „friedliche" Nutzung der Atomenergie führt zur weltweiten ökologischen Katastrophe, durch die Entwicklung der chemischen Produktion droht die Vergiftung der Tier- und Pflanzenwelt, das Bestreben, den Menschen zu klonen... O! Wir können uns die andere Seite dieser gewaltigen

Entdeckung nicht einmal vorstellen.

„Ich glaube nicht, dass man irgendein Moratorium zur konkreten Forschung auf dem Gebiet der Gentechnik, des Klonens einführen kann. All
das wird natürlich verbotenerweise in geheimen Laboratorien mit dem Ziel
der Bereicherung, der Macht, des Ruhmes und vieler, vieler Verlockungen
getan" (5, S.10).

Gesetzmäßig ist die Frage: wozu gibt es den wissenschaftlich-technischen Fortschritt im Einzelnen, wenn er im Ganzen zur Vernichtung der
Menschheit führt?

Das Einzige, was die Menschheit vor dem Missbrauch des wissenschaftlich-technischen Fortschritts retten kann – das ist das moralische
Empfinden.

Die Unterschätzung der Bedeutung der Moral reicht bis in die Geschichte der Jahrtausende. Wobei das damit verbunden ist, dass die ersten,
die sich erlaubten die Gebote zu übertreten, mit wenigen Ausnahmen, die
Mächtigen ihrer Welt waren – die Imperatoren, und auch die Pharaonen.
Weil sie sich für die Geschöpfe Gottes auf Erden hielten, erlaubten sie sich
praktisch alles, was den Geboten widersprach. Nach ihnen folgten, wieder
mit seltenen Ausnahmen, die Obersten der Kirche: es ist zum Beispiel bekannt, was sich die Päpste des Mittelalters erlaubt haben.

Und heute tritt gerade die Moral des Menschen in den Vordergrund.

1922 sagte der Professor Pitirim Sorokin auf der feierlichen Versamm-
lung aus Anlass des 103. Jahrestages der Petersburger Universität zu den
Studenten (6, S.54): „ Das Erste, was ihr mit auf den Weg nehmen müsst,
- das ist das Wissen, das ist die reine Wissenschaft, verpflichtend für alle,
außer für Dummköpfe, die vor niemandem katzbuckelt, und nicht unter-
würfig den Kopf vor wem auch immer senkt; die Wissenschaft, die genaue,
die wie ein erprobter Kompass ohne Fehler zeigt, wo die Wahrheit ist

und wo der Irrtum... Eure Devise muss das Vermächtnis Carlyles werden: „Wahrheit! Und wenn mich die Himmel für sie öffnen! Nicht die kleinste Lüge! Wenn man auch für die Abtrünnigkeit alle Wonnen des Paradieses verspricht!"

Das Zweite, was ihr mit euch nehmen müsst, das ist die Liebe und der Wille zur produktiven Arbeit- zur schweren, hartnäckigen geistigen und körperlichen Arbeit.

Und auch das ist noch zu wenig. Ihr müsst euch noch mit anderen Werten versorgen.

In dieser Reihe steht auf dem ersten Platz das, was ich religiöses Verhältnis zum Leben nenne.

Die Welt ist nicht nur eine Werkstatt, sondern auch die größte Kathedrale, wo jedes Wesen, vor allem jeder Mensch – ein göttlicher Strahl, ein unverletzliches Heiligtum ist.

„Der Mensch ist des Menschen Freund", - das muss eure Devise sein. Ein Verstoß dagegen oder gar ihr Austausch durch das gegensätzliche Vermächtnis, das Vermächtnis des tierischen Kampfes, des Beißens wie die Wölfe, das Vermächtnis des Bösen, des Hasses und der Gewalt werden niemals ungestraft vorübergehen, weder für den Sieger, noch für die Besiegten."

Er hatte wie in das Wasser gesehen. Heute, am Ende des Jahrhunderts, schreibt das Mitglied der Russischen Akademie der Wissenschaften N. Moiseev in dem Artikel „Philosophie des Überlebens" (7, S.18): „Ich schließe absolut nicht die Möglichkeit eines fatalen Ausgangs der menschlichen Geschichte aus. Wenn die Menschen die Relikte des Neandertalismus, der Wildheit der Urgesellschaft, der Aggressivität, ohne die die Menschheit nicht in der Lage gewesen wäre in den Perioden vor der Eiszeit zu überleben, nicht überwinden können, dann kann ein solcher Ausgang schon in

26

nicht so ferner Zukunft geschehen".

Also, heute erhält die Moral des Menschen allgemein, aber in erster Linie die Moral des Wissenschaftlers eine besondere Rolle. Das ist ein äußerst schwieriges Problem für einen Wissenschaftler: seine Forschung in einem beliebigen Moment abzubrechen, wenn er versteht, dass du das Zulässige im Erkenntnisprozess überschreitest. Leider fegen der Eifer, der Rummel, die Gier nach Ruhm alle moralischen Verbote hinweg. Einmal, nach den ersten Atombombentests sprach es Enrico Fermi aus: „Langweilt mich nicht mit euren Gewissensqualen! Schließlich ist das – eine großartige Physik!" (8, S.5).

Dieses Beispiel ist außerordentlich traurig, und leider weit verbreitet. Aber man kann auch Beispiele aus der letzten Zeit bringen. Nehmen wir mal die Untersuchungen mit Delphinen. Die Fähigkeit der Tiere beschloss man für militärische Zwecke zu verwenden. Ökologen, die sich mit dem verhalten von Tieren beschäftigen, wurden zu einigen strategischen Programmen herangezogen. Einige Wissenschaftler lehnten die Teilnahme an diesen Programmen ab – aus moralischen Überzeugungen (8, S.5).

Ein bedeutender Teil der Wissenschaftler erkennt an, dass die Religion unter anderem der Gesellschaft und der Wissenschaft in Fragen der Moral helfen kann. Sie verstehen die Notwendigkeit der Verbindung der Wissenschaft mit der Religion.

Die Geschichte der Wissenschaft kennt viele Beispiele, wo bedeutende Wissenschaftler der Welt zugleich auch gläubige Menschen waren. Zum Beispiel Newton, Plank, Maxwell, Faraday, Einstein und viele andere. Sie waren natürlich keine kirchlichen Gläubigen, aber sie hatten ihre Vorstellung von den „höheren" Kräften, die über die Realität bestimmen, dachten auf ihre Weise über die sie umgebende Wirklichkeit, über die Seele, über den Sinn des Lebens. So sagt zum Beispiel das Akademiemitglied E. Veli-

27

chov (74):

„Mir ist absolut klar, dass alle Tätigkeit des Menschen nicht nur ein Schimmelpilz auf der Oberfläche des kleinen Erdballs ist, dass sie durch irgendetwas höher bestimmt wird. So ein Verständnis und so eine Wahrnehmung Gottes habe ich".

Viele Naturforscher und Mathematiker, die ihre Forschungen als nicht gläubige Menschen begonnen hatten, kamen am Ende, jeder auf seinem Weg, zum Glauben. Orientierungspunkte ihrer Tätigkeit wurden die großen moralischen Prinzipien, die nicht in der Wissenschaft selbst erarbeitet wurden, sondern in anderen Bereichen der Kultur und in bedeutendem Maße auf dem Gebiet der religiös-moralischen Suche. Gerade die Verbindung von Wissenschaft und Religion kann helfen, die ökologische und moralisch-ethische Krise, in der sich die moderne Zivilisation befindet, zu überwinden

Das Verhältnis der modernen Wissenschaft zur Religion begründet sich auf der hohen Achtung vor dem Glauben und die ernsthafte Wertung des Platzes und der Rolle der Religion in der Geschichte der Gesellschaft (91, S.62).

Erstens entstand die Religion entweder zusammen mit dem Menschen oder fast zusammen mit dem Menschen, und hatte die schwierige und wesentlichste Bürde auf sich genommen, die Sorge um die menschliche Seele, und bis heute trägt sie ihr Kreuz besser als irgendein anderer.

Zweitens baut die Religion ihre Glaubenslehre nicht nur auf den hohen moralischen Prinzipien auf, sondern verwandelt eher diese Prinzipien in moralische Normen der Gesellschaft, verwurzelt sie im Bewusstsein und im Verhalten der Menschen.

28

Drittens sind die Religion und die Wissenschaft keine Antipoden sondern verschiedene Formen der Erkenntnis, die einander ergänzen. Wie die Geschichte bewiesen hat, hat weder die Religion gesiegt, indem sie die Wissenschaft der Ketzerei und Gottlosigkeit beschuldigte, noch letztere, die die Religion für einen Irrtum ungebildeter Menschen hielt oder manchmal auch einfach für Scharlatanerie.

Viertens unter der Berücksichtigung, dass sich niemand mehr als die Kirche mit dem Problem der Erziehung, der Erhaltung und Erhöhung des menschlichen Geistes befasst, muss man diese Erfahrung und Kenntnisse bei der Lösung der von uns genannten Probleme maximal nutzen.

Aber nicht nur die Notwendigkeit der moralischen Reinigung zwang die Wissenschaft, sich der Religion zuzuwenden. Eine lange und schwierige wissenschaftliche Suche, begründet auf experimentelle Gewinnung von Daten und die deduktive Methode der gedanklichen Verarbeitung brachte selten Erfolg. Eine große Anzahl „schwarzer Löcher" wäre auch weiterhin außerhalb des Schiffs der Wissenschaft geblieben, ohne die notwendige Klärung zu erhalten, wenn nicht die Hilfe von oben wäre.

So glaubt das Mitglied der Internationalen Akademie für Information und der Akademie für Kosmonautik L. Melnikov (62, S.17): „Praktisch alle großen wissenschaftlichen Ideen und Theorien entstanden nicht im Ergebnis strenger rationaler und kritischer Tätigkeit der Menschen, sondern in der Regel auf dem Weg der Intuition, der Erleuchtung, und manchmal auch durch Entdeckung von oben oder Erscheinungen, das heißt, sie wurden aus den Tiefen des Unterbewusstseins herausgezogen".

Das Mitglied der Russischen Akademie der Wissenschaften V. Fortov bezeichnet auch die Methode der Erkenntnis der Wissenschaft als sehr wertvoll, die seit ewigen Zeiten die christliche Kirche anwendet. Nach seiner Meinung „die vertiefte wissenschaftliche Suche ist manchmal den

29

religiösen Entdeckungen ähnlich. Nicht nur einmal erhielten die Wissenschaftler plötzlich Antwort auf Fragen, die sie viele Jahre eifrig gesucht hatten." (66, S.11).

Wenn einem Wissenschaftler eine Formel (Friedrich August Kekule), oder das periodische System der Elemente (D. I. Mendelejew), oder die Atomstruktur (Nils Bor) im Traum vorkam, oder er sah in Trance die Zukunft der Menschheit (Johann Bogoslov, Nostradamus), oder er schuf in einem manischen Zustand ethische Gesetze (Luther und Calvin, Sovanarola) – was ist das für eine Wissenschaft? Hier hat überhaupt kein kritischer Gedanke gearbeitet; denn das Bewusstsein ist abgeschaltet!

Immer häufiger vertreten Wissenschaftler die Meinung, dass es nicht möglich ist, die Erscheinung neuen Wissens zu erklären, ohne die Gegenwart einer höheren Kraft anzunehmen, irgendeiner Weltdatenbank, aus der dieses Wissen geschöpft wird. Der englische Physiker-Theoretiker Roger Penrose hat 1991 das Buch „Neues Denken eines Imperators" veröffentlicht, in dem auf der Grundlage des Theorems von Gödel und des Prinzips der Komplementarität von Bor klar aufgezeigt wird, dass ohne eine Höhere Kraft das Erscheinen neuen Wissens, das den Aufbau der Welt erklärt, unmöglich ist" (11, S. 25). Dieses neue Wissen gewinnt man aus dem Unterbewusstsein des Menschen durch Intuition oder Erleuchtung. Zur Intuition schreibt der Physiker-Theoretiker, Akademiemitglied G. I. Schipov (108): "Intuition- das ist die Fähigkeit durch die Barriere zwischen Bewusstsein und Unterbewusstsein zu gelangen. Das Unterbewusstsein ist an das Allgemeine Bewusstsein angeschlossen, die Intuition hilft die Verbindung zum Unterbewusstsein zu schaffen und dadurch Zugang zur Quelle des Wissen zu erlangen"

Die bestehende Situation stellt die subtile Frage über den Verstand und das Unterbewusstsein und ihre Rolle im Prozess wissenschaftlicher Erkenntnisse auf die Tagesordnung. Der Verstand wird durch die Wissenschaft gespeist, das Unterbewusstsein – durch die Mystik, den Okkultismus, durch esoterisches Wissen.

Was ist denn der Verstand? Das sowjetische enzyklopädische Wörterbuch deutet diesen Begriff als Geist, die Fähigkeit zu verstehen und zu denken (51, S.1110). Und so dachte und schrieb der große Cicero in seinen „Philosophischen Traktaten": Welche Ausschweifung, welche Raffgier, welches Verbrechen wird nicht zuerst gedacht, und wenn es geschieht, wird es nicht durch eine Bewegung des Geistes und der Überlegung begleitet, das heißt, durch Erwägung ? . . Wenn die Götter den Menschen hätten Schaden zufügen wollen, eine bessere Art, als den Menschen Verstand zu geben, könnten sie nicht finden. Denn, wo noch sind die Samen der Laster, wie Ungerechtigkeit, Faulheit, Zügellosigkeit verborgen wenn nicht im Verstand" (62, S.17).

So ist also der Verstand eher ein Instrument des Missverständnisses zwischen den Menschen und manchmal des bösartigen Betrugs und der Desinformation. Das ist im Alltag und im gewöhnlichen Leben, und in der Wissenschaft ist das die Quelle der Entstehung von Mythen, das heißt, phantastischer oder spekulativer Theorien und Ideen.

Aber was ist Mystik, Okkultismus, Esoterik? Warum schrecken diese Begriffe die Orthodoxen der Wissenschaft so?

P. D. Uspenskij erklärt das so (49, S.28). Mystik – das ist das Eindringen geheimen Wissens in unser Bewusstsein. Geheimes Wissen – das ist eine Idee, die mit keiner anderen Idee übereinstimmt. Wenn man die Existenz geheimen Wissens zulässt, muss man auch zulassen, dass es bestimmten Menschen gehört, die wir nicht kennen, - einem inneren Kreis der Menschheit. Und eben von diesen Menschen erhielt Professor E. Muldaschev in Indien, in Nepal, in Tibet sehr interessante Angaben.

Nach der östlichen Idee zerfällt die Menschheit in zwei konzentrische Kreise. Die gesamte Menschheit, die wir kennen und zu der wir gehören, bildet den äußeren Kreis. Die gesamte uns bekannte Geschichte der Menschheit ist die Geschichte dieses äußeren Kreises.

Aber innerhalb von ihm gibt es mit einem bedeutend kleineren Durchmesser einen anderen Kreis, von dem die Menschen des äußeren Kreises nichts wissen und über dessen Existenz nur unklar geraten wird, obwohl das Leben des äußeren Kreises in seinen wichtigsten Erscheinungen, besonders in seiner Evolution, praktisch von diesem inneren Kreis gelenkt wird. Der innere oder esoterische Kreis (esoterikos – innerlich, geheim, 67, S.313), stellt gewissermaßen das Leben innerhalb des Lebens dar, etwas Unerklärliches, ein Geheimnis, das sich in der Tiefe des Lebens der Menschheit befindet. Der äußere oder exoterische, die Menschheit, zu der wir gehören, erinnert an die Blätter an einem Baum, die jedes Jahr wechseln; entgegen dem, was offensichtlich ist, halten sich die Blätter für das Zentrum des Weltalls und wollen nicht einsehen, dass ein Baum auch noch einen Stamm und Wurzeln hat, dass er außer den Blättern auch Blüten und Früchte trägt. Der esoterische Kreis – das ist das Gehirn, oder besser, die unsterbliche Seele der Menschheit, wo alle Errungenschaften, alle Resultate, Erfolge aller Kulturen und Zivilisationen aufbewahrt werden (49, S.32).

So ist das esoterische Wissen – das Wissen, das ein enger Kreis von Menschen beherrscht, das von Jahrhundert zu Jahrhundert bewahren wird, von einer Epoche zu einer anderen Epoche; es wird nur vom Lehrer an den Schüler, der eine lange und schwierige Ausbildung durchlaufen hat, weitergegeben, es wird vor den Uneingeweihten geschützt, die es entstellen und das einmalige Wissen zerstören können.

Das Mitglied der Russischen Akademie der Naturwissenschaften G. I. Schipov sagt (108):

32

„Jetzt gibt es keinen Zweifel an der Existenz von Telepathie, Levitation, Hellsehen, Retrosehen oder daran, dass die Energie des Bewusstseins eine besondere Rolle in physikalischen Prozessen spielt".

Und eben wegen dieser parapsychologischen Phänomene hat sich die Wissenschaft, die deren Realität ablehnte, der Esoterik und dem Okkultismus gegenüber verachtend verhalten, sie erkennt keine anderen Methoden der Erkenntnis der Welt an als den rationalen, deduktiven, logischen und experimentellen Beweis.

Jedoch jegliche rationellste, auch noch so „wissenschaftliche" Version – das ist vor allem die Projektion des Verstandes auf die Welt, folglich ist das nicht die Abbildung der Welt, sondern des Verstandes. Mit dem geschärften Verstand, aber nicht mit dem Herzen, angefüllt mit von ihm selbst geschaffenen Theorien, Hypothesen, Mythen, Modellen kann ein solcher Rationalist viel Schaden und Unglück bringen. Besonders wenn er mit vielen Menschen zu tun hat, zum Beispiel als Arzt, Jurist, Politiker. Sehr gefährlich ist der letztere, der mit seinem böswilligen Wortschwall und seiner Logik viel Blut hervorrufen. Er erfindet Legende auf Legende, bei all dem ist er logisch, wirklich klug, weil er beweist und überzeugt, oft von der Zweckmäßigkeit ausgeht, allerdings von der von ihm interpretierten.

Gewöhnlich wirken wissenschaftliche Mythen in der Politik und in der Politikwissenschaft unwiderlegbar. Gerade so ein verstandesmäßiges Herangehen, logisch begründet, hat in unserem Land zur Zerstörung der Kirche geführt. Aber zusammen mit der Kirche hat man auch das moralische Kernstück zerstört, das jede religiöse Gemeinschaft und sogar ganze Staaten zusammenschweißt. Im Ergebnis haben wir das, was wir jetzt haben: eine technisch hoch entwickelte Zivilisation, die sich in einer tiefen moralisch-ökologischen Krise befindet.

Welchen Ausweg gibt es aus dieser Sackgasse, in der sich die Wissenschaft, der Verstand, die Vernunft befinden? Und dabei ist er einfach und wird schon lange von sehr klugen und weitsichtigen Denkern des Ostens und des Westens verkündet: man muss das intuitive und das wissenschaftliche Wissen verbinden, das in den Rechten auf die Kriterien der Wahrheit" gleichstellen, was man im Ergebnis der Erleuchtung, der Trance oder einer Eingebung erhalten hat mit dem, was das exakte Experiment und der logische Aufbau gezeigt haben.

„Es ergab sich die Frage: welche Art der Erkenntnis der Welt ist richtiger – die den traditionellen Wissenschaften zugrunde liegende oder die der Religion, der Mystik, der östlichen Methodiken als Grundlage dienende. Es gibt Anlass anzunehmen, dass die Vorherrschaft der traditionellen Wissenschaften nicht einfach so kommt. Mehr noch, die Wissenschaft ist hinter den „nichtwissenschaftlichen" Formen der Weltanschauung zurückgeblieben (10, S.13).

Also es ist an der Zeit, das westliche und das östliche Denksystem zu vereinen, der Westen, wie man weiß, war erfolgreich bei dem exakten aber begrenzten Wissen, dafür hat der Osten Erfolge mit dem mehr allgemeinen, allseitigen und richtigen Verständnis der Welt und des Menschen (62, S.18).

Der Direktor des Internationalen Instituts für theoretische und angewandte Physik (ITPF) der Akademie der Naturwissenschaften Russlands, das Akademiemitglied A. E. Akimov, sagt folgendes (11, S.26): „Alles was die Physik erreicht hat, praktisch ohne Formeln, aber in inhaltlicher Hinsicht, ist in den altindischen wedischen Büchern dargestellt.

Es gab und gibt zwei Richtungen der Naturerkenntnis. Eine wird durch die westliche Wissenschaft vertreten, das heißt, durch Kenntnisse, die man auf der methodologischen Basis erreicht hat, die der Westen beherrscht, Beweis, Experiment und so weiter. Die andere – die Östliche, durch Kennt-

34

nisse, die man von außen auf esoterischem Wege, zum Beispiel im Zustand der Meditation erhalten hat. Esoterische Kenntnisse erwirbt man nicht, sie werden dem Menschen gegeben. Es geschah, dass auf irgendeiner Etappe dieser esoterische Weg verloren ging, es wurde ein anderer Weg gefunden, außergewöhnlich kompliziert und langsam.

In den vergangenen tausend Jahren, in denen wir diesem Weg folgen, gelangten wir zu den Kenntnissen, die im Osten schon vor 3000 Jahren bekannt waren".

Für die Wissenschaftler erwies sich der Buddhismus als sehr anziehend, die Universallehre, die den östlichen Gedanken am vollständigsten konzentriert und ausdrückt (65, S.11). Das ist auch nicht verwunderlich. Schon die Schöpfer der Quantenmechanik N. Bor und W. Heisenberg, lenkten die Aufmerksamkeit auf die ideelle Ähnlichkeit zwischen der östlichen Weltanschauung und der Philosophie der Quantenmechanik.

Nach Heisenberg besteht eine „bestimmte Verbindung zwischen den philosophischen Ideen in den Traditionen des Fernen Ostens und der Philosophie der Quantentheorie" (50, S.400).

Das wachsende Interesse für die Analogien zwischen den Ideen der neueren Wissenschaft und den Ideen der östlichen Weisheit ist vor allem durch das Bestreben zur Schaffung eines ganzheitlichen Weltbildes hervorgerufen, das heißt, zur Bildung eines neuen Paradigmas der Erkenntnis.

Der Präsident des Internationalen gesellschaftswissenschaftlichen Komitees, der Leiter des Laboratoriums „"Bioenergoinformatik", Professor der Moskauer Technischen Universität

„N. E. Bauman", Doktor der technischen Wissenschaften V.N. Volchenko schreibt (9, S.1):

„Offensichtlich gibt es keine üblichen trivialen Wege aus der moralisch-ökologischen Krise. Wir brauchen ein neues wissenschaftliches Paradigma, das die Gegenüberstellung des Ideellen, Geistigen zum Materiellen ausschließt, das eine Verbindung von Wissenschaft und Religion zulässt. Aber wenn man eine solche Verbindung eingeht, muss man auch anerkennen, dass die Hypothese der „Feinstofflichen" Welt und die Hypothese des Schöpfers - Gott nicht dem wissenschaftlichen Denken widersprechen".

Das Paradigma – ist eine exakte wissenschaftliche Theorie, verkörpert im System der Begriffe, die die wesentlichen Züge der Wirklichkeit ausdrücken (51, S. 977).

1.2. EIN NEUES WISSENSCHAFTLICHES PARADIGMA

Am Ende des XX. Jahrhunderts wurde klar, dass sich die moralisch-ökologische Krise, die die Gesellschaft erfasst hatte, auch in der Technik und Technologie und in der Wissenschaft zeigte.

Die Wissenschaft konnte das Bewusstsein, das ein Teil der objektiven Realität ist, nicht erklären, erkannte die parapsychologischen Phänomene, die immer häufiger experimentell bestätigt wurden, nicht an, wollte (oder konnte) die Existenz der feinstofflichen Welt, der feinstofflichen Körper des Menschen nicht anerkennen, was sich besonders deutlich zum Beispiel in dem für uns alle so wichtigen Bereich der Medizin zeigte. In bedeutendem Maße sind die Erfolge der modernen westlichen medizinischen Wissenschaft auf die Errungenschaften der Technik und der Technologie zurückzuführen: Geräte, Apparate, Computer – dem Wesen nach nichts anderes als eine Verbesserung und Erweiterung der „fünf Sinne" mit dem Ziel einer genaueren Diagnose der Erkrankung; Spenderorgane und Instrumente für den

36

Ersatz eines kranken Organs (wenn das möglich ist) durch einen operativen Eingriff; eine riesige Anzahl pharmazeutischer Präparate für die empirische Auswahl der nötigen Arznei. Diese Entwicklung der technisch-medizinischen Mittel führte dazu, dass die moderne westliche Medizin versucht, den Menschen von der Folge, nicht aber von der Ursache einer Erkrankung zu befreien. Die Medizin erkennt beharrlich nicht an, dass die Ursachen der Erkrankung in den feinstofflichen Körpern des Menschen liegen und behandelt den physischen Körper.

Einem wurden die Mandeln entfernt, und sie wuchsen wieder nach, einem anderen wurde ein gangränöser Zeh vom Fuß abgeschnitten, aber die Gangräne ging in den Unterschenkel; der Dritte behandelt das ganze Leben lang Diabetes; der Vierte wird das ganze Leben die Störung der Schilddrüsenfunktion nicht los und so weiter.

Das mangelnde Vertrauen vieler Menschen zu den Ärzten ist nicht zufällig; ebenfalls nicht zufällig ist dann die Hinwendung der Kranken zu Kurpfuschern und Wunderheilern. Aber die moderne westliche medizinische Wissenschaft ist gewöhnt, über die oberflächlichen Folgen nach anderen, ebenfalls oberflächlichen Folgen, die sie für die Ursachen hält, zu urteilen. „Die Nichtanerkennung der unsichtbaren transzendenten Welten und der aus ihren Substanzen gebildeten Schichten der Aura lässt die Mediziner die tiefen Seiten der Pathogenese nicht sehen und nicht analysieren. Wenn die Akademiker und Professoren der Medizin die feinstofflichen „Körper" des Menschen und ihr Funktionieren sehen könnten, würden sie sofort ihre früheren Dogmen überprüfen und zum Studium in die esoterische Schule der Entwicklung gehen" (99, S. 22).

Für den Ausgang aus der entstandenen Lage ist ein neues wissenschaftliches Paradigma notwendig, das es möglich macht, unsere Weltanschauung zu erweitern.

Etwas Ähnliches ist in der Technik und in der Technologie vor sich gegangen. Die gegenwärtige Entwicklung, ungeachtet des Fortschritts der Mikroelektronik, der Rechentechnik, bei den Nachrichtenmitteln, bei den neuen Materialien und so weiter, zeugt vom Beginn einer Krise der Technologie des XX. Jahrhunderts (115).

Die Mikroelektronik hat schon die Grenzen der Technologie erreicht, wo eine weitere Verkleinerung der Ausmaße der Elemente der mikroelektronischen Technik nicht möglich ist, weil ein aufgestäubter Halbleiter nicht kleiner sein kann als eine Schicht eines Atoms. Auch in den optischen Computern kann die Geschwindigkeit nicht höher sein als die Lichtgeschwindigkeit. Die Hydroenergie hat ihre Möglichleiten ausgeschöpft, im letzten halben Jahrhundert hat sie sich entwickelt auf Kosten des Verlustes von Ackerfläche für Stauseen und Verluste der Fischwirtschaft durch die Kaskaden von Staudämmen. Gigantische

Emissionen von Verbrennungsprodukten der Heizstoffe durch die Heizkraftwerke in die Atmosphäre wurden zu einem ernsten Faktor der ökologischen Not des Planeten, die Atomenergie kann sich in Bezug auf die Sicherheit auch nicht rehabilitieren. Außerdem wächst in der ganzen Welt das Problem der Verwertung der Abfälle der atomaren Produktion.

Die globale ökologische Krise der heutigen Zivilisation ist offensichtlich. Die Sicherung der ökologischen Sauberkeit der Produktion fordert heute schon fast die Hälfte der Investitionen für neue Produktionen. Die Ausgaben für Reinigungsanlagen wachsen noch schneller, besonders in den Zweigen der Chemie. Es nähert sich eine globale Rohstoffkrise. Es wird prognostiziert, dass schon in der ersten Hälfte des XXI. Jahrhunderts viele Vorkommen auf der Erde erschöpft sein werden, aber die thermonukleare Energetik ist bis jetzt noch nicht aus dem Stadium der Entwicklung heraus gekommen.

So ist die Krise der Technologie des XX. Jahrhunderts offensichtlich. Wenn man berücksichtigt, dass das ideelle Potential der Technologie in den fundamentalen Wissenschaften schöpft, muss man zugeben, dass ungeachtet einiger beachtenswerter Ideen in diesen Wissenschaften wie z.B. die Niedrigenergie-Kernreaktionen („low-energy nuclear reactions) und die Hochtemperatur-Supraleitung am Ende des XX. Jahrhunderts wie schon am Ende des XIX. Jahrhunderts eine Krise in den fundamentalen theoretischen und experimentellen Wissenschaften, eine Krise des allgemeingültigen wissenschaftlichen Paradigmas zu beobachten ist.

Hier muss man noch hinzufügen, dass die Anzahl der experimentellen Prozesse, in denen unerklärliche Naturerscheinungen beobachtet werden, ständig zunimmt. Viele Erscheinungen, die mit dem Bewusstsein verbunden sind, besonders mit dem Denken und der Psyche, finden weder in ihrer Gesamtheit noch im Einzelnen eine Beschreibung auf streng wissenschaftlichem Niveau. Das zeugt mindestens von der Unvollständigkeit der modernen Wissenschaft in Bezug auf ihr Naturverständnis.

Wenn man berücksichtigt, dass „die Bedürfnisse der Gesellschaft die Wissenschaft weiter nach vorn bringen als hunderte Universitäten" (Engels), konnte man erwarten, dass entsprechend der Vertiefung der Technologiekrise und der Krise der fundamentalen Kenntnisse unvermeidlich Konzeptionen entstehen, die zu einer Überprüfung der wissenschaftlichen Vorstellungen führen und auf der Grundlage der neuen Physik prinzipiell neue Kenntnisse und neue Technologien formieren, die keine Analogien haben. Aber gerade das ist nicht geschehen.

Das zu Ende gehende zweite Jahrtausend war gekennzeichnet durch den Wechsel der Paradigmen in der Naturwissenschaft, die jedes Mal unsere Vorstellungen vom Aufbau der uns umgebenden Welt radikal verändert haben (14, S.66).

Beginnend mit Galilei hat sich die inhaltliche Basis der Paradigmen in der Naturwissenschaft unweigerlich auf der Grundlage der Auswahl des entsprechenden Prinzips der Relativität und der entsprechenden Geometrie des Raums aufgebaut. Das am Anfang des XX. Jahrhunderts angenommene Paradigma basierte auf dem Relativitätsprinzip Einsteins und der Geometrie des Raums von Riemann-Clifford-Einstein. Der dritte grundlegende Faktor

War die Verkündung der Existenz eines Universalmittels, eines Überträgers der Wechselwirkung, wie zum Beispiel der Äther Newtons, oder eines Mittels, das nicht nur die Funktionen des Überträgers der Wechselwirkung erfüllt, sondern auch physische Quelle eines Stoffes, indem es Elementarteilchen erzeugt. So ein Universalmittel ist das physikalische Vakuum in der modernen Physik oder „Akascha" in der wedischen Terminologie

Heute, am Ende des XX. Jahrhunderts, hat sich in Russland auf der Grundlage des physikalischen Vakuums ein neues modernes physikalisches Paradigma herausgebildet, wie eine Urmaterie, die all dem zugrunde liegt, was wir in der Natur beobachten. Russischen Gelehrten ist es gelungen, das Forschungsprogramm Einheitliche Feldtheorie zu verwirklichen, das letztendlich zu den Gleichungen des physikalischen Vakuums geführt hat.

Es wurden exakte Lösungen des genannten Gleichungssystems gefunden, die nicht nur elektromagnetische, Gravitations- und (starke und schwache) Kernfelder beschreiben, sondern auch Torsionsfelder oder Drehungsfelder, die Träger der der Information in der feinstofflichen Welt sind. Damit gelang es nicht nur, eine Supervereinigung aller bekannten Wechselwirkungen zu erhalten, sondern noch etwas viel Größeres zu machen. Es wurde die fünfte fundamentale Wechselwirkung – die informative – entdeckt.

Das neue Paradigma erlaubte unser Verständnis der Natur wesentlich

40

weiter zu entwickeln, als das am Beginn des XX. Jahrhunderts solche hervorragenden wissenschaftlichen Vorstellungen, wie die Relativitätstheorie, die Atomphysik, die Quantenmechanik, die Theorie des Elektromagnetismus zusammengenommen getan haben" (115).

Auf der Grundlage des neuen Paradigmas wurden ungewöhnliche Eigenschaften der Torsionsfelder vorhergesagt, was es ermöglicht hat, in den letzten 15 Jahren in Russland einen Komplex hervorragender Technologien auf neuen physikalischen Prinzipien zu entwickeln, den Komplex der Torsionstechnologien.

Der beginnende Prozess der Einführung der Torsionstechnologien bedeutet, dass die neue technische Revolution schon länger als fünf Jahre in vollem Gange ist, und nicht als potentiell mögliche Tätigkeit beurteilt wird und im Zuge der immer stärkeren Aneignung der Torsionstechnologien in verschiedenen Industriezweigen werden die Positionen des auf der Theorie des physikalischen Vakuums begründeten neuen wissenschaftlichen Paradigmas erweitert werden.

Aber am eindrucksvollsten erwies sich die Möglichkeit das neue Paradigma der Theorie des physikalischen Vakuums für die Beschreibung des Bewusstseins und des Weltalls als materielle Objekte zu nutzen. Bei der Untersuchung der Natur des Bewusstseins durch spezifische Erscheinungen der Torsionsfelder – materieller Objekte wurde deutlich, dass das Bewusstsein an sich ein materielles Objekt ist. „Das Bewusstsein und die Materie erwiesen sich auf der Ebene der Torsionsfelder als nicht trennbare Erscheinungen. Von diesen Positionen aus wurde offensichtlich, dass das Bewusstsein als Mittler auftritt, der einerseits alle Felder, die ganze rein materielle Welt, und andererseits alle Ebenen der feinstofflichen Welt: die Seele, den Geist höherer Priester, darunter auch der Lehrer, das Absolute, den Kosmischen Verstand" (115).

Auf die Frage des Korrespondenten: „Was werden die Hauptrichtungen der wissenschaftlich-technischen Entwicklung der Menschheit im XXI. Jahrhunderts sein?" - antwortete der Direktor des Instituts für theoretische und angewandte Physik, Mitglied der Russischen Akademie der Naturwissenschaften, A. E. Akimov in einem Interview (17, S.11) – „So wie die Physik Newtons aus der Vergangenheit in das XX. Jahrhundert gekommen ist, wird aus dem XX. Jahrhundert das fundamentale Wissen, zum Beispiel die Physik Einsteins, in das XXI. Jahrhundert kommen. Wie im XX. Jahrhundert eine neue Naturwissenschaft geschaffen wurde, die als Grundlage der technischen Revolution diente, wird auch das XXI. Jahrhundert seine Naturwissenschaft haben, die eine neue Form der Technologie hervorbringt. Aber im Unterschied zum

XX. Jahrhundert ist die neue Physik – die Theorie des physikalischen Vakuums von

G. I. Schipov – schon jetzt geboren worden, am Ende des XX. Jahrhunderts, hat den Beginn des XXI. Jahrhunderts nicht abgewartet

Während die Technologien des XX. Jahrhunderts in der Mitte des Jahrhunderts geschaffen wurden, ist die technologische Basis des XXI. Jahrhunderts schon geboren – die Torsionstechnologien. Wenn die Theorie des physikalischen Vakuums zum Beispiel die Aufgabe Bors - „die neue Physik muss das Bewusstsein mit einschließen", gelöst hat, dann erlauben die Torsionstechnologien einen Ausweg aus allen Sackgassen der technokratischen Entwicklung der Zivilisation zu finden. Die Torsionstechnologien erfassen alle Bereiche der menschlichen Tätigkeit, alle Zweige der Wirtschaft, die Medizin, die Wissenschaft, die Kunst, den Alltag. Der Beginn des dritten Jahrtausends ist gekennzeichnet durch die Vorherrschaft der Torsionstechnologien.

- Ihre persönliche Meinung über die Evolution des Menschen?

- „Die Evolution des Menschen wird, wenigstens am Beginn des dritten Jahrtausends, bei der Entdeckung verborgener Fähigkeiten des Menschen, und vor allem des Bewusstseins stattfinden. Man stellt sich vor, dass die Sicherung ihrer evolutionären Entwicklung die notwendige globale Bedingung für das Überleben der Menschheit sei. Aber die evolutionäre Entwicklung ist nicht nur für die Menschheit dominant, sondern auch für das Weltall als Ganzes. Es ist schwierig, die Evolution des Weltalls zu untersuchen ohne einen solchen Faktor wie das Bewusstsein des Weltalls, dessen Fragment das Bewusstsein des Menschen ist.

Es ist außerordentlich wichtig, dass für die Beschreibung des Bewusstseins und die Beschreibung des Weltalls als materielles Objekt die Nutzung einer einheitlichen wissenschaftlichen Konzeption möglich war – der Theorie des physikalischen Vakuums."

1.3. DIE WISSENSCHAFT UND DIE FEINSTOFFLICHE WELT

In den letzten zehn Jahren des zu Ende gehenden Jahrtausends hat dank den neuen wissenschaftlichen Konzeptionen wie zum Ausgleich für den Zerfall und die Diskrepanz in der Gesellschaft faktisch eine wissenschaftliche Informationsexplosion stattgefunden. Der Kosmos zeigte ein wenig seine Geheimnisse. Wie aus einem Füllhorn hagelten die Entdeckungen, die die wesentlichen Grundsätze der Religion und besonders der Esoterik bestätigten. Die neuen Errungenschaften führten dazu, dass im Verstand der Wissenschaftler der Gedanke über die Einbeziehung der feinstofflichen (unsichtbaren) Welt in den Bereich des modernen wissenschaftlichen Wissens reifte.

Unter den ungelösten Problemen, die den Menschen umgeben, nehmen zwei eine besondere Stelle ein – das Problem der unsichtbaren Welt und das

Problem des Todes.

In der gesamten Geschichte des menschlichen Denkens hat man immer verstanden, dass die sichtbare Welt, die unserem unmittelbaren Beobachten und Studium zugänglich ist, etwas ganz Kleines darstellt im Vergleich zur unsichtbaren Welt. In der Religion zählen zur unsichtbaren Welt: Gott, die Engel, die Teufel, die Dämonen, die Seelen Lebender und Toter, die Himmel usw. In der Philosophie sind das die Welt der Ideen und die Welt der Ursachen. In der Wissenschaft ist die unsichtbare Welt – die Welt der sehr kleinen Größen und ebenfalls, auch wenn das seltsam ist, die Welt der sehr großen Größen.

Wir müssen zugeben, dass sich die unsichtbare Welt von der sichtbaren nicht nur durch die Größen unterscheidet, sondern auch durch andere Qualitäten, anderen Gesetzen, die in ihr wirken. Die unsichtbare Welt ist vom üblichen Gesichtspunkt her unverständlich, ist unzugänglich für die üblichen Mittel der Erkenntnis, aber das bedeutet nicht, dass es sie nicht gibt. Die Existenz der unsichtbaren (feinstofflichen) Welt wird durch die neuen wissenschaftlichen Konzeptionen vollständig bewiesen.

Zu Beginn der 90er Jahre wurde durch russische Physiker die fünfte fundamentale Wechselwirkung entdeckt – die informative, und es wurde der Träger der Information in der feinstofflichen Welt gefunden –das Spin-Feld oder Torsionsfeld. Das geschah weil es dem russischen Physiker-Theoretiker (heute Mitglied der Russischen Akademie der Naturwissenschaften) G. I. Schipov gelungen war, die Konzeption des physikalischen Vakuums zu beweisen, einen Punkt zu setzen am Ende fast ein Jahrhundert langer Forschungen von Gelehrten von Weltruf: Dirac, Clifford, Heisenberg, Penrose und andere; die Aufgabe zu lösen, mit der sich Einstein die letzten 35 Jahre seines Lebens abplagte.

Nachdem die Konzeption des physikalischen Vakuums und der Torsi-

44

onsfelder bewiesen war, kam die theoretische Physik zur Notwendigkeit der Annahme von Überverstand – Absolut –Gott. „Auf der ersten Ebene der Realität hat das „ursprüngliche Bewusstsein" eine entscheidende Bedeutung, das in der Rolle des aktiven Anfangs – Gottes erscheint, und sich nicht analytisch erklären lässt" (25, S. 91).

Das Akademiemitglied A. E. Akimov (10, S.13) schreibt: "das Torsionsfeld ist die physikalische Natur des Absoluten und die physikalische Natur des Bewusstseins. Im Ergebnis zeigt sich, dass die Natur dafür gesorgt hat, dass wir die Möglichkeit haben, eine direkte Verbindung zu dem Absoluten zu haben. Daraus folgt, dass sich jeder Mensch direkt an Gott wenden kann, wenn das dem Gott recht ist.

Wenn man die Konzeption des physikalischen Vakuums und die Theorie der Torsionsfelder anerkennt, ist es nicht schwierig, sich davon zu überzeugen, dass praktisch alles, was als Wunder oder Phänomenologie bekannt ist, durch die modernen physikalischen Gesetze ziemlich genau erklärt werden kann. Wenn man die Torsionsnatur des Bewusstseins anerkennt, schaffen wir die uralte Frage der Philosophie ab: was ist primär – Bewusstsein oder Materie? Wenn die Dominante der Natur des Bewusstseins das materielle Torsionsfeld ist, dann sind Bewusstsein und Materie nicht voneinander zu trennen, und die Frage des „Primären" ist ohne Sinn.

Schon 1989 sagte seine Heiligkeit der Dalai Lama in einem Gespräch mit dem Physiker David Bohm (106, S.21): „Wir, die Buddhisten glauben, dass es in der Natur zwei Hauptkräfte gibt: die Materie und das Bewusstsein. Zweifellos ist das Bewusstsein in bedeutendem Maße von der Materie abhängig, und die Veränderung der Materie ist eben so abhängig vom Bewusstsein. Deshalb glaube ich, dass die Forschungen auf dem Gebiet der Physik und der Neurologie uns zu noch nie da gewesenen Entdeckungen führen können."

Und das ist schon mit der Ausarbeitung der neuen wissenschaftlichen Konzeptionen geschehen.

Außer den hervorragenden Entdeckungen, die mit der Nutzung der Konzeption des physikalischen Vakuums und der Torsionsfelder zusammenhängen, wurde in Erfüllung des Vermächtnisses von V. I. Vernadskij, ein langjähriger Zyklus einmaliger heliometrischer Forschungen abgeschlossen. Auf dieser Grundlage wurde bewiesen, dass der Träger unseres Lebens – die Erde – ein lebendiges Wesen ist, ein äußerst Energie geladenes und hoch organisiertes System, das in der kosmischen Hierarchie eine viel höhere Ebene einnimmt als der Mensch. Auf der Basis der heliometrischen Forschungen wurde festgestellt, dass die beobachteten Prozesse nur für den enthaltenen Lebensraum des Menschen – die feine Grenzschicht zwischen dem kalten Kosmos und dem heißen, chemisch aggressiven Erdinnern zuständig sind, worüber in der modernen Wissenschaft bis 1991 reale Vorstellungen fehlten. Die Erhaltung der für das Biosystem idealen Bedingungen dieses Lebensraums des Menschen über Millionen Jahre kann kein Zufall sein. Im Licht der Heliometrie kann man die Energetik der Erde, der Sonne und anderer Objekte des Weltalls nur von der Position der Theorie des physikalischen Vakuums betrachten" (92, S.27).

1991 berichteten die Astrophysiker von der Entschlüsselung der Signale von der Explosion einer Supernova in der Magellanschen Wolke, die schon 1987 stattgefunden hatte – als äußerst ungewöhnlich erwies sich diese besonders wichtige Information. Im Ergebnis wurde auf präziser instrumentaler Basis die Wechselbeziehung von Energie und Materie aufgezeigt, was die Identität von Materiellem und Ideellem nachgewiesen hat (92, S.28).

Im November 1991 fand in der Sankt Petersburger Geistlichen Akademie das internationale Seminar „Das Problem des Anfangs der Welt in der Wissenschaft und in der Theologie" (12, S.39) statt, an dem Spezialisten

46

aus Russland, Deutschland, Spanien, Belgien, China teilnahmen, Theologen, Gottesgelehrte und Wissenschaftler. Mit einem interessanten Vortrag trat Professor W. Craig, Belgien auf, der unter anderem folgendes sagte: „ Natürlich können der Mensch und das Weltall an und für sich existieren, aber sie können keinen Anspruch auf eine selbständige Geltung erheben. Wenn es keinen Gott gibt, kann man das Leben als absurd bezeichnen, es hat es hat keinen Sinn, keinen Wert, kein Ziel. In einer Welt ohne Gott verliert der Begriff Moral die Bedeutung".

Große Aufmerksamkeit wurde auf dem Seminar der Betrachtung der Fragen Absolut, Physikalisches Vakuum, Entstehung der materiellen Welt aus dem physikalischen Vakuum gewidmet. Diesem Thema waren die Vorträge des Doktors der mathematisch-physikalischen Wissenschaften A. A. Starobinskij, des Doktors der mathematisch-physikalischen Wissenschaften V. M. Mostepanenko und des Doktors der philosophischen Wissenschaften I. S. Zechmisto gewidmet.

Das Jahr 1993 war ein besonderes. Im April fand in der „Gesellschaft A. S. Popov" die Konferenz „Superschwache Wechselwirkungen in der Technik, der Natur und der Gesellschaft", die alle Aspekte des Lebens verband. Im August wurde auf der Konferenz „Geophysik und die moderne Welt" in mehr als zwanzig Vorträgen die Information über die Tiefenstruktur der Erde und über die Prozesse, die die Energetik bestimmen, die mit der Umwandlung der Gravitationssubstanz in Materie verbunden ist, vorgestellt. Im September überraschte angenehm die „Fünfte Konferenz zu wissenschaftlichen Zeichen im Koran und in der Sunna", organisiert vom Islamischen Kulturzentrum in Moskau, wo den Gelehrten Saudi Arabiens und Ägyptens aufgezeigt wurde, dass der Prophet Mohammed vor 1400 Jahren von Allah eine Information erhalten hat, die dem *Niveau der heutigen Wissenschaft entsprach.* „Allah kann man hierbei nur als *Informationsfeld, Logos* oder

47

Absoluten Verstand verstehen. In beliebigen Varianten ist hier die Rede vom höchsten transzendenten göttlichen Anfang – von Gott-Geist, übernommen aus dem frühen Heidentum und bestimmende Basis aller Konfessionen" (92, S.50). Die christlichen Theologen ihrerseits, bestätigen, dass eine solche Information im nicht geringeren Grad in der Bibel enthalten ist, und noch mehr in der ältesten Sammlung der christlichen religiösen Information - dem Talmud.

Während der Islamkonferenz kam aus Chicago USA) die Information über das dort abgeschlossene Forum der Weltreligionen. Etwa tausend Delegierte aus 300 Konfessionen kamen zu dem Schluss über die einheitliche Wurzel aller Religionen, was die Grundlage für irgendwelche Diskrepanzen auf religiösem Gebiet ausschließt (92, S.50.).

Ende 1993 erschien die fundamentale Monographie von G. I. Schipov „Theorie des physikalischen Vakuums").

Vom 10. – 11. September 1994 fand in Sankt Petersburg der Erste, und vom 9. – 10. Juni 1995 der Zweite Weltkongress „Realität der feinstofflichen Welt" statt (97, S.3). Daran nahmen Gelehrte aus Russland, Deutschland, Brasilien, Korea teil. Der Doktor der technischen Wissenschaften N. N. Volchenko bemerkte in seiner Rede auf dem Kongress folgendes: "Einer der Auswege aus der moralisch-ökologischen Krise ist die Vervollkommnung des menschlichen Bewusstseins, der Wechsel der Orientierungspunkte des Lebens von der Konsumorientierung zur geistigen. Und der geistige Raum der Welt ist auch die feinstoffliche Welt.

In ihr ist wahrscheinlich die gesamte Information über alles Wahre enthalten. Die Information – das ist eine Form von Allem, das ist die künftige Energie im Potenzial. Wir müssen die Einheit der Welt verstehen, in der das Geistige das Materielle durchdringt. Aber die potentielle Informations-Energie-Barriere, die den Weg in die feinstoffliche Welt versperrt, ist nur

48

mit höchster Geistigkeit und Moral zu überwinden".

Großes Interesse riefen die Vorträge des wissenschaftlichen Mitarbeiters des Staatlichen Hydrometeorologischen Instituts, Valentin Psalomstschikov „ Die Erzeugung physikalischer Felder im Moment des Todes" und des Professors des Instituts für Feinmechanik und Optik Sankt Petersburg, Konstantin Korotkov „Bioenergetischer Zustand des Menschen nach dem Tod" hervor. Darin beweisen die Gelehrten überzeugend, dass die jenseitige Existenz des Menschen die Fortsetzung seines irdischen Lebens und Schicksals ist.

Die vorgelegte und von K. Korotkov erprobte Methodik der Untersuchung ermöglicht es, eine zuverlässige Information über den Gegenstand der Forschung zu erhalten (39, S. 48).

Achtung!

Die Wissenschaft beginnt von „der jenseitigen Existenz des Menschen" zu sprechen! Über dieses erstaunliche Phänomen schreibt auch Professor Muldaschev in seinem Buch.

Der verdiente Gelehrte und Techniker Russlands, Doktor der technischen Wissenschaften, Professor G. N. Dulnev analysierte in seinem Vortrag auf dem Kongress die Gründe, weshalb orthodoxe Gelehrte dem Problem der feinstofflichen (unsichtbaren) Welt aus dem Wege gehen – „Das Problem besteht darin, dass die traditionelle Wissenschaft auf Messungen der Übertragung der Energie, der Masse und des Impulses basiert, aber in der feinstofflichen Welt verlaufen die Prozesse in der Regel als Informationsaustausch. Geräte für die Registrierung wurden noch nicht geschaffen. Außerdem wird bei den Untersuchungen der feinstofflichen Welt das heilige Prinzip der traditionellen Wissenschaft verletzt – die Notwendigkeit

49

der Wiederholbarkeit des Resultats des Experiments. Erklärt wird das durch den Einfluss der Psyche. Das sind diese Gründe – das Fehlen eines zuverlässigen Instrumentariums, die Unbeständigkeit der Erscheinungen und psychisch nicht erkennbare Wechselwirkungen schaffen bei den im üblichen Rahmen denkenden Gelehrten die Meinung, dass hier eigentlich der Forschungsgegenstand fehlt (97, S.4).

Aber die nicht im üblichen Rahmen denkenden Gelehrten gingen früher und gehen auch jetzt hinter die Grenzen der orthodoxen Wissenschaft: Pythagoras war ein reiner Mystiker und Okkultist; einer der Begründer der modernen Wissenschaft, Francis Bacon, war auch der Begründer des Freimaurertums; Newton befasste sich mit Astrologie und noch viel fanatischer mit Alchemie; Paracelsus war Alchimist uns Astrologe; Butlerov befasste sich mit Spiritismus; der moderne amerikanische Gelehrte John Lilly, der durch seine Experimente mit Delphinen bekannt geworden ist, ist ein Vertreter der modernen Mystik und des Okkultismus;

der bekannte amerikanische Physiker-Theoretiker Anthony Merton befasst sich mit Theosophie (42); Professor G. I. Dulnev studiert die feinstoffliche Welt (Telepathie und Telekinese); der Doktor der der biologischen Wissenschaften, Professor S. V. Speranskij untersucht die Telepathie und Teleportation (Übertragung von Heilmittelpräparaten auf den Patienten); das Akademiemitglied P. P. Garjaev befasst sich mit der Untersuchung von Phantomeffekten und Teleportation; der Doktor der Landwirtschaftswissenschaften E. K. Borosdin untersucht die feinstofflichen Körper von Lebewesen; das Akademiemitglied V. P. Kasnachaev erforscht die Feldform des menschlichen Lebens; Doktor Jiang untersucht Fragen der Bioverbindung und ihres Einflusses auf Lebewesen (59, S. 42) usw.

Vom 20. – 23. Februar 1997 fand in Sankt Petersburg der Internationale Kongress „Planet – 2000" statt (68, S.2). Es wurde gefunden, dass, wenn man auf dem Boden der Wissenschaft bleibt, der normale Zustand des Bewusstseins als einzig möglicher und klarster, in dem wir zum logischen Denken fähig sind, nicht untersucht werden kann. Hingegen wurde festgestellt, dass man in anderen, bisher wenig untersuchten Zuständen des Bewusstseins, das erkennen und verstehen kann, was wir im Normalzustand des Bewusstseins nicht verstehen können. Das zeugt davon, dass der „Normalzustand" des Bewusstseins nur ein spezieller Fall der Weltauffassung ist. Die Realität und der Wert mystischer Zustände des Bewusstseins wurde gefunden und wird von allen Religionen ohne Ausnahme anerkannt. Heute beginnt auch die fundamentale Wissenschaft „nicht wissenschaftliche" Formen des Wissens anzunehmen.

Die theoretische Physik leistet einen riesigen Beitrag zur modernen Weltanschauung.

Dieser Zweig der Wissenschaft ist in einer Reihe von Naturwissenschaften isoliert wegen seiner Ausrichtung auf das fundamentale Wissen.

„Fundamentales" Wissen – das ist Wissen über „Überdingliches", über Wesen und Begriffe, die den Dingen außerhalb ihrer konkreten Form eigen sind. Objekte, die von der theoretischen Physik untersucht werden, vereinigen in sich Züge der Abstraktion und konkreter Objekte. Elementarteilchen, physikalisches Vakuum, Raum und Zeit, Wechselwirkungen – werden einerseits mit Hilfe mathematischer Begriffe vollständig ideal beschrieben, andererseits sind das völlig reale existierende Objekte, aber sie sind untrennbar von allem, jeder beliebigen bekannten Makroerscheinung und dem Gegenstand nicht als Eigenschaften, sonder als ihr Bestandteil (65, S.9).

Die theoretische Physik sieht man als Hauptbasis, die die allgemein wissenschaftliche Weltanschauung bildet. Und gerade die theoretische Physik hat die Hauptfrage – gibt es Gott ? – mit: es gibt Gott! beantwortet.

Wenn man das Wenige, was uns von der langen Geschichte der Menschheit bekannt ist, aufmerksam betrachtet, wird offensichtlich: eins bleibt unverändert – der Glaube an Gott.

Der Glaube kann tausende verschieden Formen und Ausdrücke annehmen, unzählige Namen haben, aber das ist die Realität. Jeder von uns hat seine eigenen Argumente, die die Existenz Gottes beweisen oder ablehnen. Aber wahr ist, dass der Mensch immer das angeborene Gefühl der Wahrnehmung Gottes hatte. Und jetzt, an der Schwelle des dritten Jahrtausends, ist auch die theoretische Physik zu Gott gekommen. Das ist ein Glück für alle, die lange Zeit in den engen grenzen des Atheismus und des Vulgärmaterialismus gelebt haben oder jetzt noch leben.

Die kürzliche Erklärung von 53 amerikanischen Wissenschaftlern von Weltrang, unter denen nicht wenige Nobelpreisträger sind, setzte deutlich einen Punkt hinter die Antwort auf die Frage – gibt es Gott? In dem von ihnen herausgegebenen Buch „Wir glauben" werden nicht wenige Beweise der Existenz des Schöpfers angeführt, der alles geschaffen hat, was wir sehen und was wir nicht sehen und wovon wir bisher nichts wissen (63, S.8).

Vom 20. – 23. März 1996 fand in der Moskauer Staatlichen Technischen Universität „N. E. Bauman" die Konferenz „Die Wissenschaft an der Schwelle des XXI. Jahrhunderts – neue Paradigmen" statt (13, S.116). Das Ziel der Konferenz, die Formierung eines Programms, um die Gesellschaft auf der Grundlage neuer wissenschaftlicher Konzeptionen aus der moralisch-ökologischen Krise herauszuführen. Auf der Konferenz wurde mehrmals die Notwendigkeit der Vereinigung von Wissenschaft und Religion unterstrichen mit dem Ziel, gemeinsam Auswege der Gesellschaft aus der Krise zu suchen. Das Akademiemitglied N. Moiseev glaubt – „die Religion gewinnt eine besondere Bedeutung in den „bedeutungsvollen Minuten", wenn einem Menschen oder einem Volk eine schreckliche Gefahr droht. Dann suchen die Menschen Antworten dort, wo rationales Wissen versagt, - in der Religion und Esoterik" (9, S.3).

Professor V. N. Volchenko unterstreicht: „Bei unserem Verständnis der Welt und bei der Wahl der Wege der Zivilisation aus der moralisch-ökologischen Sackgasse ist es völlig zweckmäßig, die wissenschaftlichen Kenntnisse durch religiöse zu ergänzen. Die Annahme des Schöpfers durch die Wissenschaft wird der tieferen Erkenntnis der geistigen Werte und der Möglichkeit der Menschheit, aus der Krise zu kommen, helfen (9, S.7).

Moderne Naturwissenschaftler sind bemüht, der religiösen Weltanschauung entgegen zu kommen, ihr eine physikalische Erklärung in einzelnen, besonders wichtigen Aspekten zu geben. Die Kirche ihrerseits zeigt ein großes Interesse an einer wissenschaftlichen Begründung und am Beweis ihrer Hauptpostulate. Im Januar 1997 wurden im Sankt-Danilov - Kloster auf den V. Weihnachtslesungen die Fragen erörtert:

„Braucht der Schöpfer seine Anerkennung durch die Wissenschaft?" und Braucht die Wissenschaft den Schöpfer?" Beide Fragen wurden bejahend beantwortet (9, S.6).

1.4. DER RUSSISCHE WELTVOLKSRAT

Im Frühjahr 1998 versammelte sich im St. Danilov – Kloster im Dreifaltigkeits-Sergius Kloster der russische Weltvolksrat, mit Seiner Heiligkeit dem Patriarchen von Moskau und ganz Russland Alexej II. an der Spitze, an dem die bedeutendsten Vertreter der vaterländischen Wissenschaft teilnahmen (5, S.6). Es fand eine Anhörung statt zum Thema: „Glaube und Wissen: Probleme der Wissenschaft und Technik an der Jahrhundertwende".

Erstmalig wurde der Versuch unternommen, unserem Volk eine zuverlässige Stütze zu geben bei der Lösung der schwierigsten Fragen, die die

53

wissenschaftlich-technische Revolution vor die Menschheit gestellt hat.

Das Treffen eröffnete der Patriarch von Moskau und ganz Russland, Alexej II.

Er sagte unter anderem: „Die möglichen Folgen der wissenschaftlichen Arbeiten auf dem Gebiet der Gentechnik, besonders das Klonen von Menschen rufen Besorgnis hervor. Durchaus nicht eindeutig erweist sich die Verbreitung der Computer-Technologien, der globalen Informationssysteme. Sie sind anscheinend ein Segen, bieten dem Menschen zusätzliche Freiheiten, die neuen Technologien können aber auch zu einer neuen Versklavung der Menschen führen, zu einer Umwandlung des menschlichen Bewusstseins und der Persönlichkeit in ein Objekt technologischer Manipulationen".

Der Patriarch erklärte auch, dass man die manchmal zu vernehmenden Aufrufe, sich von der modernen Technik abzuwenden, ihre Entwicklung mit Zwangsmaßnahmen einzuengen, als falsch erkennen muss. Falsch sind auch die Versuche, das gesamte Gebiet des wissenschaftlich-technischen Wissens als etwas prinzipiell Feindliches für Gott und die Kirche zu erklären. Wissenschaft und Technik abzulehnen ist heute unmöglich. Niemand will bei Spanlicht in einer Höhle leben, Fernsehen und Radio vergessen, die medizinische Betreuung ablehnen usw. Es ist nur nötig, dass Wissenschaft und Technik dem Bau eines neuen babylonischen Turmes dienen – des globalen Konsumkults, dass die Menschheit nicht in den verderblichen Kreis der Schaffung und Befriedigung aller neuen und neuen sofortigen Bedürfnisse.

In seiner Antwort machte der Präsident der Russischen Akademie der Wissenschaften Jurij Osipov ein überraschendes Geständnis: „Die wissenschaftliche Weltanschauung, die Anspruch auf ein Universalparadigma erhob, welches die Religion ersetzen würde, hat es natürlich nicht gege-

54

ben (5, S.8). Aus dem Munde des Führers der russischen Wissenschaft, die lange gegen die Religion gekämpft hatte, klangen diese Worte wie eine Offenbarung. Aber der Gerechtigkeit wegen erwähnte J. Osipov auch die Nutzlosigkeit der entgegen gesetzten Versuche , als die Religion sich bemühte, die Wissenschaft niederzuhalten. Zum Beispiel wollt die katholische Orthodoxie der Wissenschaft und den Naturgesetzen befehlen, hat sich aber im Ergebnis vor der ganzen Welt blamiert. Denken wir an das System des Kopernikus, das man so lange beseitigen wollte. Als man Galilei zwang zu schwören, dass sich die Erde nicht um die Sonne dreht.

J. Osipov sagte weiter, dass nach der Veränderung der fundamentalen Vorstellungen über den Raum, die Zeit und die Kausalität, nach dem Erscheinen der Relativitätstheorie und der Quantenmechanik die Welt schon nicht mehr als absolut deterministische Maschine angesehen wird, in der einfach kein Platz für Gott ist. Zum Beispiel wirft die wissenschaftliche Kosmologie heute die Probleme der Entstehung des Weltalls auf, die durch die Theologie schon lange gelöst sind. Gab es irgendetwas vor der Stunde Null? Wenn nicht, woraus entstand eigentlich das Weltall? Auch die Gelehrten kommen zu dem Schluss der Existenz eines Schöpfers.

Nach Meinung des Akademiemitglieds Osipov führt die Schaffung jedes harmonischen wissenschaftlichen Systems unweigerlich zu dem Gedanken über die Existenz eines Absoluten Wesens oder Gottes. Jetzt hat in der ganzen Welt die Annäherung von Wissenschaft und Religion begonnen.

Aber nach Meinung des Mitglieds der Russischen Akademie der Wissenschaften, V. Fortov, werden die Forschungen der russischen Wissenschaftler viel produktiver, wenn sie die Bibel entdecken, nicht als Gegenstand der Kritik, sondern als Quelle wahren Wissens. Die Geschichte hat die Gesetzmäßigkeit eines solchen Herangehens bewiesen. Wie viele „wissenschaftliche" Arbeiten wurden über die Urzeugung des Lebens geschrieben, über die Abstammung des Menschen vom Affen, aber die moderne Biologie und Genetik ließen von der „Theorie" des Darwinismus keinen Stein auf dem anderen.

Zwischen den Genen der Menschen und der Affen zeigte sich ein Abstand riesigen Ausmaßes – der Mensch könnte eher vom Schwein abstammen, als vom Gorilla. Eine zufällige Entstehung des Lebens ist auch nicht wahrscheinlich, so wie der Zusammenbau eines Flugzeugs „Boeing", das als Wirbelsturm über eine Müllhalde geflogen ist.

Klug haben die Physiker und Astronomen gehandelt: als sie am Beginn des XX. Jahrhunderts neue Theorien schufen, ließen sie sich direkt vom biblischen Gesichtspunkt über die Schaffung der Welt leiten. Die Quantenmechanik, die Hypothese vom Urknall und der Fluchtbewegung, andere Konzeptionen, wie man sagt, zum Erfolg verurteilt. In den folgenden Jahrzehnten erhielten sie eine riesige Zahl experimenteller Bestätigungen. Die Wissenschaftler wurden davon überzeugt, dass die Bibel – die Quelle wahren Wissens ist.

Aber die Wissenschaft und die Religion haben unterschiedliche Forschungsgegenstände: die Religion untersucht das Verhältnis des Menschen zu Gott, und die Wissenschaft – die Gesetze der von Gott geschaffenen Welt. Auch die Untersuchungsmethoden sind unterschiedliche, auch wenn sie sich manchmal überschneiden.

Nach dem Präsidenten der Russischen Akademie der Wissenschaften gab das Mitglied der Akademie eine ergreifende Erklärung ab:

„Die Wissenschaft muss durch moralische Gesetze gelenkt werden. Das sind die Gebote, die vor 2000 Jahren in der Bergpredigt formuliert wurden" (5, S.9).

Der Metropolit von Smolensk und Kaliningrad, Kirill, stellte die Frage: wie kann man die Welt von der Verwendung wissenschaftlicher Errungenschaften für schreckliche Ziele abhalten?

Das Einzige, was die Menschen vor dem Missbrauch des wissenschaftlich-technischen Fortschritts retten kann – das ist das moralische Gefühl. Aber das ist das Gebiet, wo die Naturwissenschaft machtlos ist. Deshalb steht das Problem heute so: entweder wird der Fortschritt der Technik und der Wissenschaft durch den moralischen Fortschritt der Menschheit begleitet, oder die Menschheit hat keine Chance zu überleben. Etwas anderes gibt es nicht. Und angesichts dieser apokalyptischen Gefahr haben die Wissenschaft und die Religion keinen anderen Weg außer dem Dialog und der Zusammenarbeit (5, S.10).

Ergreifend die Erklärung, die das Mitglied der Russischen Akademie der Wissenschaften und der Russischen Akademie der medizinischen Wissenschaften, N. P. Bechtereva von der Tribüne machte: „Mein ganzes Leben habe ich dem Studium des vollkommensten Organs – des menschlichen Gehirns gewidmet. Und ich bin zu dem Schluss gekommen, dass die Entstehung eines solchen Wunders ohne Schöpfer nicht möglich ist". Nach der Meinung von N. P. Bechtereva begrenzt die Religion nicht das wissenschaftliche Wissen, sondern sie legt nur ein Verbot auf einige Bereiche ihrer Anwendung.

Der Direktor des Russischen Föderalen Zentrums Allunions- wissenschaftliches Forschungsinstitut der experimentellen Physik, das Mitglied der Akademie, R. I. Ilkaev,sagte in seiner Rede: „Ich glaube, dass die Religion eine kolossale Bedeutung für das Leben der Gesellschaft hat. Und dass sich die Führer der Wissenschaft der Russischen Föderation mit den

Führern der Russischen Rechtgläubigen Kirche getroffen haben und erklärt haben, dass sie gemeinsam für das Wohl Russlands arbeiten werden, ist unbestritten ein sehr bedeutsamer Schritt. Das ist der Beginn eines neuen Weges, auf dem der verhängnisvolle Bruch der russischen Geschichte überwunden wird."

„Die historische Bestimmung der russischen Wissenschaft im XXI. Jahrhundert – das ist der materielle Schutz unseres Staates, - fuhr das Akademiemitglied Ilkaev fort. Und die historische Bestimmung der Russischen Rechtgläubigen Kirche – das ist der geistige Schutz des Volkes."

Nach drei Tagen und Nächten angestrengter Arbeit haben die Wissenschaftler und die Geistlichen das Schlussdokument der Konziliaren Anhörung angenommen.

KAPITEL 2

WISSENSCHAFTLICHE ASPEKTE DER GEHEIMNISSE DES UNIVERSUMS

Es mag verwegen erscheinen, dass wir, die wir in der
Beobachtung auf den Raum der kleinen Erde begrenzt
sind, ein Stäubchen auf der Milchstraße, aber in der Zeit
der kurzen menschlichen Geschichte, uns entschließen,
die Gesetze, die wir für diesen engen Raum gefunden
haben, auf die ganze unermessliche Grenzen-
losigkeit des Raums und der Zeit anzuwenden.

Helmholtz

In ihrer Entwicklung hat die Naturwissenschaft in den letzten drei
Jahrhunderten Schwindel erregende Erfolge erreicht. Mit den technischen
Mitteln wurden konsequent die vier fundamentalen Wechselwirkungen un-
tersucht: die Gravitation (XVIII. Jahrhundert), die elektromagnetische W.
(XIX. Jahrhundert), und schließlich die atomare – die starke und die schwa-
che Kernkraft (XX. Jahrhundert)

Eine schwache Wechselwirkung herrscht über den Peptonen – zu dieser
Familie gehören die Elektronen, die Myonen, Tauleptonen und alle Abarten
des Neutrino. An der starken Wechselwirkung sind die Adrone beteiligt, die
uns bekanntesten von ihnen sind die Protonen und Neutronen, dazu noch
einige hundert den Physikern schon bekannte Elementarteilchen. Der elektromagnetischen Kraft sind alle elektrisch geladenen Teilchen unterstellt.
Der Gravitation unterordnet sich alles auf der Welt.

Also, es gibt vier Wechselwirkungen, und nur eine davon, die schwächste,
die Gravitation, ist allgemein und allgegenwärtig. Aber die Gravitation ist
zu schwach, um die Einheit des Steins, des Moleküls, des Atoms und des
Atomkerns zu erhalten. Die stärkste Wechselwirkung – ist die, die man mit
Recht stark nennt. Sie hält Protonen und Neutronen zusammen, wobei die

60

Wechselwirkung, zum Beispiel zwischen zwei Protonen 1038 mal stärker ist als die Gravitationswechselwirkung zwischen ihnen. Für jede Wechselwirkung wurden eigene Theorien ausgearbeitet.

Zu seiner Zeit sagte das Akademiemitglied M. A. Markov philosophisch: „Müsste man nicht in Zukunft diese vier Arten von Wechselwirkung vereinen? Aber so möchte man fragen, wenn jemand wäre, den man fragen könnte: mein Gott, wozu sind diese vier Formen gut?" 69, S. 78).

Und tatsächlich, im Zuge der Entwicklung der theoretischen Physik begann die Vereinigung der Theorien dieser Wechselwirkungen. So entstand eine einheitliche Theorie der elektromagnetischen und der schwachen Wechselwirkung – die elektroschwache Wechselwirkung. Für die Schaffung dieser Theorie erhielten S. Weinberg, A. Sadam und P.Glashow den Nobelpreis.

Später gelang es, die Theorie der elektroschwachen Wechselwirkung und der starken Wechselwirkung zu vereinigen – die so genannte „große Vereinigung". Am Ende erschienen die Ideen des Aufbaus der Einheitlichen Feldtheorie (ETP) – als Supervereinigung aller vier Wechselwirkungen. *Das Feld – eine besondere Form der Materie, die die Teilchen eines Stoffes zu einem einheitlichen System verbindet und mit Endgeschwindigkeit die Tätigkeiten der einen Teilchen auf andere überträgt (70, S.22).* Am Geburtsort der Idee des Aufbaus des ETP stand A. Einstein.

Zu seiner Zeit schrieb Max Plank: „Die Schaffung eines einheitlichen und unveränderlichen Weltbilds – ist das Ziel, zu dem die Naturwissenschaft strebt".

Die Schaffung der Einheitlichen Feldtheorie hätte überzeugend bewiesen, dass sich die prinzipiellen Grundlagen des Universums auf einheitliche Gesetze stützen, und jegliche Wechselwirkungen, wie der Zufall, kommen aus der allgemeinen Wechselwirkung; dass zwischen allen Ebenen des

Daseins kein prinzipieller Unterschied besteht, das heißt, die eine Welt (zum Beispiel die materielle Welt) widerspricht nicht der anderen (der feinstofflichen).

Die materielle Welt ist einfach – die Welt niederfrequenter Schwingungen, und die feinstoffliche Welt – die Welt hochfrequenter Schwingungen.

Die Schaffung der Einheitlichen Feldtheorie würde es ermöglichen, die wichtigste These esoterischen Wissens wissenschaftlich zu bestätigen: die Entwicklung alles Bestehenden im Weltall unterliegt dem Gesetz der Evolution und entsteht im Ergebnis des ständigen Übergangs aus einer Welt in die andere durch die Erhöhung der Schwingungsfrequenz. Anders gesagt, das Leben im Weltall ist stetig und grenzenlos, da seine Grundlage – die Evolution ist. (Evolution – eine der Formen der Bewegung, der Entwicklung in der Natur und der Gesellschaft, des stetigen allmählichen Übergangs aus einem Qualitätszustand in einen anderen (27, S.361). Mit der Schaffung der Einheitlichen Feldtheorie befassten sich die bedeutendsten Physiker-Theoretiker, die langsam aber beharrlich neue Gebiete der Wissenschaft eroberten. Vor dem Hintergrund der großen Erfolge der Wissenschaftler in dieser Frage erscheint das Bestehen einer Gruppe von experimentellen Angaben seltsam, die man nicht erklären kann, selbst wenn man Begriffe der künftigen Einheitlichen Feldtheorie einbezieht. Besonders breit sind sie vertreten durch die so genannten parapsychologischen oder psychophysikalischen Erscheinungen (psi-Erscheinungen).

Außerdem ermöglicht keine der vier Wechselwirkungen das Phänomen Bewusstsein zu erklären. Das Bewusstsein ist doch eine objektive Realität der Natur. Wenn die Wissenschaft nicht in der Lage ist im System ihrer Vorstellungen eine Erklärung des Bewusstseins zu geben, ist folglich die Wissenschaft in ihrer gegenwärtigen Form nicht vollständig. Das Problem des Bewusstseins muss gelöst werden durch die Schaffung neuer wissenschaftlicher Paradigma (14, S.66).

Die vielfach überprüften und experimentell bestätigten psi-Erscheinungen, wie Telepathie, Psycho(tele)kinese, Hellsehen, Materialisierung und Dematerialisierung, zwingen dazu, die Realität neuer, der Wissenschaft früher nicht bekannter fundamentaler Gesetzmäßigkeiten anzuerkennen, die auf der engen Wechselwirkung des Bewusstseins des Menschen mit der ihn umgebenden Welt begründet sind.

Wissenschaftler haben angestrengt am Problem der feinstofflichen Welt, des Bewusstseins gearbeitet, haben Modelle gebaut mit Erweiterung der Begriffe des Raums und der Zeit und anderer fundamentaler Kategorien. Nach Irrtümern wieder von Anfang an beginnend, ist die Wissenschaft unentwegt an die Ausarbeitung eines neuen Paradigmas gegangen, neuer wissenschaftlicher Konzeptionen, die es erlauben, auf neue Art auf die Probleme des Universums zu schauen.

In den 90er Jahren des XX. Jahrhunderts wurde die neue, die fünfte fundamentale Wechselwirkung, die Information, entdeckt (15, S.21). Ihre Erscheinungsform waren die Torsionsfelder, die als Träger der Information in der feinstofflichen Welt auftraten. Mit der Entdeckung der fünften Wechselwirkung gelang es, die Einheitliche Feldtheorie zu schaffen, die in die Theorie des physikalischen Vakuums hinüber wuchs. Das Torsionsparadigma und die Konzeption des physikalischen Vakuums ermöglichten es, mit ausreichender Bestimmtheit davon zu sprechen, dass alle parapsychologischen Phänomene auf Gesetzen der Mikrowelt und der fundamentalen Wechselwirkungen beruhen. Es wurde möglich, für das Bewusstsein und das Denken ihren materiellen Träger in Form der Torsionsfelder zueinander in ein Verhältnis zu bringen. Letzte wissenschaftliche Untersuchungen zeigten, dass die Sphäre des Bewusstseins und des Denkens eine materielle Grundlage besitzt in Form des Einheitlichen Feldes. Wenn man die Physik des Einheitlichen Feldes (des physikalischen Vakuums) erkennt, Kann man die Natur des Bewusstseins, des Denkens und des Kollektiven Verstandes verstehen (16, S.68).

So kam die Wissenschaft mit großer Anspannung der Kräfte und der Methode Versuch und Irrtum, auf dem Weg hervorragender Höhenflüge und katastrophaler Abstürze trotzdem zum Verständnis des Wissens, das die Esoterik beherrscht. Leider kann nicht ein einziger Physiker-Theoretiker, soweit uns bekannt ist, durch Meditation Wissen aus dem Informationsfeld des Weltalls schöpfen, und nicht ein einziger Geistlicher (Lama, Swami, Guru usw.), der nicht Physiker ist, kann die von oben durch Meditation erhaltenen einzigartigen Kenntnisse in die Sprache der Wissenschaft übersetzen. Nur die gemeinsame Nutzung der wissenschaftlichen Methoden der Erkenntnis der Welt und der religiösen Arten des Erhalts des „reinen Wissens" ermöglicht es der Menschheit, mit vollem Verständnis der Grundlagen des Universums in das XXI. Jahrhundert zu schreiten.

Das Mitglied der Russischen Akademie der Naturwissenschaften, A. E. Akimov, unterstreicht in der Arbeit (17, S.11) „Die Schaffung einer neuen Konzeption – der Theorie des physikalischen Vakuums, und, als Folge, die Schaffung der Torsionstechnologien schließen ein apokalyptisches Szenarium für die Irdische Zivilisation aus. Die Torsionstechnologie ermöglicht es, aus allen Sackgassen der technokratischen Gesellschaft einen Ausweg zu finden, weil sie alle Sphären der menschlichen Tätigkeit erfasst".

Also betrachten wir die neue wissenschaftliche Konzeption des physikalischen Vakuums.

2.1. DIE WISSENSCHAFTLICHE KONZEPTION DES PHYSIKALISCHEN VAKUUMS

> Das physikalische Vakuum – ein Mittel, das den gesamten Raum durchdringt, das man vor der Zeit Newtons Äther nannte und dem man andere Eigenschaften zuschrieb.
>
> *A. Akimov*

In der Entwicklung der theoretischen Physik kann man drei Etappen unterscheiden: die Vorbereitungsetappe, die Etappe auf der Makroebene und die relativistische Etappe (relativistische Physik – das ist die Physik der hohen Geschwindigkeiten, (18, S.635).

Jetzt beginnt eine neue, die vierte, die klassische Etappe auf der Mikroebene, hervorgerufen vor allem durch den Nachweis der realen Existenz einer materiellen Substanz im Weltenraum – des physikalischen Vakuums. Den Beginn der neuen Entwicklungsetappe der Physik muss man offensichtlich vom Moment der Anerkennung der Richtigkeit der Lösung der fundamentalen Probleme der theoretischen Physik durch die wissenschaftliche Gesellschaft. Diese Lösung besteht in der Aufdeckung des fehlerhaften Wesens des Postulats der Unveränderlichkeit der Geschwindigkeit des Lichts mit dem parallelen Nachweis der Realität des materiellen physikalischen Vakuums (19, S. 322).

Nach der philosophischen Konzeption des großen altgriechischen Philosophen Demokrit bestehen alle Stoffe aus Teilchen, zwischen den sich Leere befindet. Bekannt ist, dass der Abstand zwischen den Molekülen des Wassers zehntausend mal (zwischen den Molekülen eines Gases – etwa einhunderttausend mal) größer ist, als die Moleküle selbst; das bedeutet,

65

nach Demokrit, dass die Leere den größten Teil des Volumens eines Stoffes ausmacht.

Aber nach der Konzeption eines anderen, nicht weniger bedeutenden Philosophen, Aristoteles, muss zwischen den Molekülen eines Stoffes irgendein Mittel sein. Diese Konzeption wurde von den Wissenschaftlern zur Erklärung verschiedener Erscheinungen benutzt, und das Mittel, das sich zwischen den Teilchen der Körper befindet, das auch den grenzenlosen Raum des Weltalls durchdringt, nannte man Äther.

2.1.1. DER WANDEL DES ÄTHERS

Die Antike hat ihren Äther dem Mittelalter hinterlassen, und in der europäischen Wissenschaft jener Zeit wurde der Äther als fünftes Element angesehen: Erde, Wasser, Luft, Feuer und Äther. Die Wissenschaftler des XVIII. – XIX. Jahrhunderts, die die Lehre vom Äther als globale Umwelt angenommen hatten, befanden sich von Anfang an in einer schwierigen Lage. Im Unterschied zu den antiken Philosophen und den Scholastikern des Mittelalters, waren sie die Vertreter der neuen Wissenschaft, die sich auf das von Francis Bacon laut verkündete Prinzip der experimentellen Überprüfung theoretischer Leitsätze stützte.

Bei der Untersuchung verschiedener Erscheinungen schrieben die Wissenschaftler dem Äther verschiedene Eigenschaften zu, aber es blieb unklar, was der Äther an sich eigentlich darstellt.

Die Beziehungen des großen Physikers Newton zum Äther waren kompliziert, schwierig, sogar tragisch. Newton hatte in seinem ganzen Leben die Existenz des Äthers als globale Umwelt einmal bestätigt und dann wieder abgelehnt. Indem er die zahlreichen Angaben über die Beobachtungen der Planetenbewegung analysierte, entdeckte Newton das Gesetz der

66

Erdanziehung, nach dem die Wechselwirkung der Kraft der Himmelskörper bestimmt wird. Im Weiteren wurde entsprechend diesem Gesetz die Wechselwirkung der Körper auf der Erde experimentell bestätigt. Das Gesetz der Erdanziehung – ist einer der Höhepunkte der klassischen Physik. Es ist ein typisches klassisches Gesetz der Fernwirkung. Aber nicht alles in diesem Gesetz befriedigte Newton. Was ist außerhalb von „allem"? Unvermeidlich ist in der Theorie der Fernwirkung – die sofortige Wirkung der Schwerkraft über große Entfernungen. Newton verstand, dass seine Gesetze nur dann einen Sinn haben, wenn der Raum eine physikalische Realität besitzt. In einem Brief schrieb Newton an einen seiner Freunde:

„Der Gedanke daran, ... dass ein Körper durch die Leere über eine Entfernung auf einen anderen einwirken kann, ohne Mithilfe von irgendetwas, das die Kraft und die Wirkung von einem Körper auf einen anderen überträgt, - stellt sich mir so absurd dar, dass es, wie ich meine, keinen Menschen gibt, der philosophisch denken kann, dem so etwas in den Sinn kommen könnte (105, S.182).

In seinem Schaffen kam Newton systematisch zu dieser Frage zurück, er war bemüht, der Gravitation eine theoretische Grundlage zu geben; dabei legte er große Hoffnungen auf den Äther und war der Meinung, dass es die Aufdeckung des Wesens des Äthers möglich macht, eine Lösung auch dieser wichtigen Frage zu erhalten. Äther war für die Theorien Newtons erforderlich und nützlich. Aber, weil er sich an das Prinzip der genauen Beobachtungen und strenger Experimente hielt, und keine Möglichkeit hatte, die Existenz von Äther nachzuweisen, warnt Newton, dass bei der Darlegung der Hypothese des Äthers man „manchmal so über sie sprechen wird, als ob ich sie angenommen hätte und an sie glauben würde", allein alles nur „um einen Wortschwall zu vermeiden und für eine bessere Vorstellung" (69, S.31).

1679 legt Newton in einem Brief an den großen Physiker Robert Boyle seine Vermutung über einen gewissen allgegenwärtigen feinstofflichen Stoff namens „Äther" dar. Der Stoff hat eine unterschiedliche Dichte, besteht aus „feinen" Teilchen, fein dabei in unterschiedlichem Grade. Je näher ein Körper (ein beliebiger) dem Zentrum der Schwerkraft ist, füllen die feinen Teilchen des Äthers immer mehr die Poren dieses Körpers, wobei sie die größeren, gröberen Ätherteilchen aus ihnen herausdrängen. Eine solche Bewegung des Äthers veranlasst den Körper auch, zum Zentrum der Gravitation zu streben, was den Fall des Körpers auf die Erde hervorruft.

Jedoch in der Hauptarbeit über die Gravitation (nicht nur darüber), in den „Mathematischen Grundlagen der Naturphilosophie", erschienen 1687 fehlt jeder Hinweis auf Äther. Aber in der zweiten Ausgabe dieser Arbeit 1713 widmet Newton ernsthafte Aufmerksamkeit „einem gewissen feinsten Äther, der alle festen Körper durchdringt und in ihnen bleibt, durch irgendeine Kraft und Tätigkeiten der Körperteilchen, die bei ganz kleinen Abständen einander anziehen und bei Berührung haften bleiben, elektrisch geladene Körper wirken auf große Entfernung, kleine in der Nähe befindliche Körper bald abstoßend, bald anziehend, Licht wird ausgestrahlt, widergespiegelt, gebrochen, abgelenkt und wärmt die Körper, das Fühlen wird angeregt, das die Glieder der Tiere sich nach Wunsch bewegen lässt, wird durch die Schwingungen eben dieses Äthers übertragen von den äußeren Gefühlsorganen auf das Gehirn und vom Gehirn auf die Muskeln" (69, S.32).

Im Laufe seines langen und erfolgreichen Lebens wechselte der große Gelehrte seine Position viele Male. Von Zeit zu Zeit bemerkte Newton einfach, dass über den Äther nichts Richtiges bekannt ist, unbekannt ist sogar, ob es ihn gibt oder nicht, und deshalb will er, Newton, sogar seine Meinung zu diesem Problem nicht äußern! Aber dann sagt er trotzdem wieder und wieder seine Meinung, und die ist einmal für die Existenz des Äthers, einmal dagegen.

Der Kandidat der physikalisch-mathematischen Wissenschaften S. Smirnov, der das Problem der komplizierten Beziehung Newtons zum Äther speziell untersucht hatte, fand die Lösung dieses Rätsels dank der Existenz der Erinnerungen der Freunde Newtons, und es kam eine erstaunliche Sache heraus: Newton glaubte nicht nur an Gott, den Allgegenwärtigen und Allmächtigen, sondern konnte ihn sich nicht anders vorstellen als in Form einer besonderen Substanz, die den ganzen Raum durchdringt und alle Kräfte der Wechselwirkung zwischen den Körpern regulierend und damit- alle Bewegungen der Körper, alles was auf der Welt vor sich geht. Wenn es Gott gibt, dann gibt es auch Äther! Vom Standpunkt der Kirche ist das Ketzerei, darum wagt es Newton (als guter Christ und guter Physiker) nicht, über diese seine Überzeugung zu schreiben, nur manchmal verplappert er sich in freundschaftlichen Gesprächen (69, S.34).

Die Intuition hat Newton niemals in die Irre geführt. Sie hat ihn auch mit dem Äther nicht angeführt.

Eine besondere materielle Substanz, die alle Räume durchdringt und ALLE Kräfte der Wechselwirkung reguliert, die sich freilich wesentlich von dem Äther unterscheidet, den man sich zu Zeiten Newtons vorstellte, wurde durch die Wissenschaftler des XX. Jahrhunderts gefunden, erforscht und physikalisches Vakuum genannt.

Die Autorität Newtons verlieh auch dem Äther mehr Autorität. Die Zeitgenossen und Nachfahren richteten eine viel größere Aufmerksamkeit auf die Aussagen des großen Physikers, die die Existenz des Äthers bestätigten als auf andere, die diese Existenz in Zweifel setzten.

Unter dem Begriff „Äther" begann man alles zusammenzufassen, was, wie wir heute wissen, was durch Gravitations- und elektromagnetische Kräfte hervorgerufen wird. Da andere fundamentale Kräfte der Welt vor der Entstehung der Atomphysik praktisch nicht erforscht wurden, begann man beliebige Erscheinungen und jeden beliebigen Prozess mit Hilfe des Äthers zu erklären.

Besonders wuchs das Interesse für den Äther nach der Entdeckung des elektromagnetischen Feldes. Wo ein besonders elastisches Mittel für die folgerichtige Umwandlung elektrischer in magnetische Felder und umgekehrt nicht ersetzbar schien, sah der geschickte Theoretiker elektromagnetischer Wellen, D. Maxwell, in seinen Konstruktionen wie mit eigenen Augen die dabei entstehenden Spannungen des Äthers. Etwas in der Art eines Feldes elastischer Kräfte, die in einem deformierten auseinander gezogenen oder zusammen gedrückten Stück Gummi wirken.

Äther musste die Geltung des Gesetzes der Gravitation sichern; Äther erwies sich als Mittel, nach dem die Lichtwellen gehen; Äther trug die Verantwortung für alle Erscheinungen der elektromagnetischen Kräfte; überhaupt, Antworten auf fast alle Rätsel der Natur: physikalische, chemische, biologische – verlangte man gerade im Äther zu finden. Für die gleichzeitige Erfüllung all dieser Funktionen musste er über völlig unterschiedliche und oft auch widersprüchliche Eigenschaften verfügen.

Zum Beispiel zwang die stürmische Entwicklung der Wellentheorie des Lichts dazu, dem Äther einfach phantastische Eigenschaften zuzuteilen. Als der Engländer Thomas Jung und der Franzose Augustin Fresnel zu dem Schluss kamen, dass das Licht keine Längsschwingungen darstellt, sondern Querschwingungen, fiel es ihnen schwer, das Ergebnis als real anzusehen. Um die Bewegung der Querwellen des Lichts mit der Geschwindigkeit zu sichern, die noch im XVII. Jahrhundert ziemlich genau bestimmt worden

70

war, musste Äther über eine phantastische Elastizität verfügen. Größer als der elastischste Stahl. Elastizität ist aber eine Eigenschaft vor allem fester Körper, nicht einmal aller. Gleichzeitig musste Äther für das Licht durchsichtiger sein als irgendein anderes Gas und durfte nicht die Bewegung der Sterne und der Planeten stören.

Jede neue Errungenschaft der Wellentheorie des Lichts zwang dazu, dem Äther immer neue und neue Eigenschaften zuzuteilen. Das einerseits – aber andererseits – gab es keine Experimente, die es erlaubten, Äther zu leugnen. Aber allmählich begannen die Erklärungen der Lichterscheinungen auf der Grundlage der Äther-Hypothese künstlich auszusehen. Es wuchs die Überzeugung von der Unvollständigkeit der Grundlagen der klassischen Physik.

Mit dem Ziel des Auswegs aus der Krise wurde Kurs genommen auf die Erarbeitung einer speziellen Physik – der Physik hoher Geschwindigkeiten, ähnlich der Lichtgeschwindigkeit (relativistische Physik).

In erster Linie musste man die Wirksamkeit der Hauptthesen der klassischen Physik bei Lichtgeschwindigkeit und bei nahezu Lichtgeschwindigkeit überprüfen.

Die klassische Physik basiert auf den drei Newtonschen Gesetzen, wobei alle Gesetze wie ein Sonderfall aus den Gesetzen einer allgemeinen Theorie kommen. Die klassische Physik stellt damit ein Beispiel einer hervorragend erarbeiteten Theorie dar, deren Details und allgemeine Prinzipien schon einige Jahrhunderte keinerlei Veränderungen oder Verbesserungen dulden.

Grundlage der klassischen Physik bildet die Absolutheit von Raum und Zeit, nach der der Lauf der Zeit (Dauer seiner Einheit, zum Beispiel Sekunde) und die Ausmaße eines Körpers (Größe der Einheit der Länge, zum Beispiel Meter) in beliebigen Bezugssystemen

Unveränderlich sind und nicht davon abhängen, ob das Bezugssystem ruht oder sich in irgendeiner Weise bewegt.

Eine wichtige Grundlage der klassischen Physik ist auch das Relativitätsprinzip Galileis, das bestätigt, dass die Versuche, die in einem unbewegten System durchgeführt wurden, und die gleichen Versuche, die einem System durchgeführt wurden, das sich gleichmäßig und geradlinig bewegt, gleiche Ergebnisse bringen, das heißt, alle Gesetze der Mechanik bleiben für beliebige Trägheitsbezugssysteme erhalten. Trägheitsbezugssysteme – sind Systeme, frei von äußeren Einwirkungen, die sich folglich gleichmäßig geradlinig bewegen oder sich in einem Zustand der Ruhe befinden (18, S.220).

Und schließlich zählt zu den Hauptthesen der klassischen Physik die Summenregel der Geschwindigkeiten: wenn die Quelle der Bewegung, die dem Körper Geschwindigkeit vermittelt, oder das Mittel, in dem sich der Körper mit der Geschwindigkeit U bewegt, in der gleichen Richtung noch die Geschwindigkeit V, bezogen auf den nicht bewegten Beobachter, hat, dann wird die Geschwindigkeit W des Körpers, bezogen auf diesen Beobachter, nach der Summenregel der Geschwindigkeiten bestimmt, nach der die Geschwindigkeit $W = V + U$ (20, S.24).

2.1.2. DAS FIZEAU - EXPERIMENT

Vor allem entstand die Frage nach der Richtigkeit der Summenregel der Geschwindigkeiten bei Lichterscheinungen. Dazu musste man ein Experiment zur Summierung der Geschwindigkeit der Bewegung des Mittels (zum Beispiel, Wasser) und der Geschwindigkeit der Ausbreitung des Lichts in diesem Mittel durchführen. Aber wie sollte man ein solches Experiment durchführen? Die Schwierigkeiten seiner Durchführung bestanden darin, dass die Geschwindigkeit des Lichts im Wasser $U = c/n = 225000$

72

km/s, wobei c – die Geschwindigkeit des Lichts im Vakuum ist, $c = 300000$ km/s; n – die Brechungszahl des Wassers, n = 1,33. Die Geschwindigkeit des Wassers konnte man in etwa festlegen mit 10 m/s festlegen, was zigmillionen mal weniger als die Lichtgeschwindigkeit ist. Deshalb gelang es lange nicht, so ein Experiment durchzuführen.

Aber es erwies sich, dass man die genannte Veränderung der Lichtgeschwindigkeit messen kann, wenn man die Erscheinung der Interferenz ausnutzt. Interferenz – das ist die Addition zweier oder mehrerer Wellen im Raum, wobei sich an seinen verschiedenen Punkten eine Verstärkung oder eine Abschwächung der Amplitude der resultierenden Welle ergibt. Die Interferenz ist charakteristisch für Wellen jeglicher Art: Wellen auf der Oberfläche einer Flüssigkeit; elastische (zum Beispiel Schallwellen); elektromagnetische (zum Beispiel Funkwellen oder Lichtwellen). Wobei nur kohärente Wellen interferieren, das heißt, Wellen, die eine beständige Phasendifferenz in der Zeit haben (70, S.290). Solche kohärenten Wellen-Strahlen sind zum Beispiel Strahlen, die von einem Punkt einer Lichtquelle ausgehen. Wenn man zwei Strahlen von einem Punkt einer Lichtquelle in verschiedene Richtungen ausgehen lässt und sie dann in einem Punkt zusammenführt, dann entsteht in diesem Punkt eine Interferenz des Lichts; wenn der Unterschied der Wege der Strahlen, gemessen nach der Anzahl der zurückgelegten Halbwellen, eine gerade Zahl ergibt, dann ergibt sich eine Summierung der Energie dieser Strahlen, und der Punkt wird deutlich heller, wenn sich eine ungerade Zahl von Halbwellen ergibt, dann wird die Energie der Strahlen subtrahiert, der Punkt wird deutlich dunkler.

Auf diese Weise wird sich in Abhängigkeit vom Weg der Strahlen die Helligkeit an dem Punkt ihres Zusammentreffens ändern. Wenn man die Wellenlänge des Lichts kennt (von 0,4 Mikron bis 0,7), kann man berechnen, welche Größe der Veränderung der Lichtgeschwindigkeit man messen

73

kann. Die Berechnungen zeigten, dass man eine Anlage schaffen kann, die es ermöglicht, die Veränderung der Lichtgeschwindigkeit auf ein Hundertmillionstel zu bestimmen, was sogar besser ist, als gefordert.

Eine solche Anlage fertigte der bekannte französische Physiker A. I. Fizeau zum ersten Mal, dann verwirklichte er auf ihr 1851 ein einmaliges Experiment.

Auf der Anlage teilte Fizeau mit Hilfe einer durchscheinenden Platte den Strahl von einer Lichtquelle in zwei Strahlen, einer davon, von einem Spiegel reflektiert, ging durch fließendes Wasser in der Richtung der Bewegung des Wassers, der zweite – entgegen der Richtung. Die Geschwindigkeit der Bewegung des Wassers wurde von 0 bis 7 m/s verändert. Beide Strahlen gingen weiter in ein Interferometer, wo man ein Interferenzbild beobachtete.

Nach der Verschiebung der Interferenzstreifen wurde der Zeitunterschied des Durchgangs der Lichtstrahlen durch das fließende Wasser (mit der Strömung und gegen die Strömung) bestimmt (18, S.818).

Die Ergebnisse des Versuchs waren unerwartet: Die Summierung der Geschwindigkeit des Lichts im Wasser mit der Geschwindigkeit der Bewegung des Wassers entsprach nicht den Forderungen der klassischen Physik:

$$W = V + U.$$

Der Versuch zeigte, dass die Summierung der Geschwindigkeiten nach dem Verhältnis $W = U + V(1-1/n)$, wobei n – die Brechungszahl des Wassers ist: $n = 1,33$.

Der viele Male überprüfte Versuch brachte die ganze Zeit ein und dasselbe Resultat.

Er zeigte, dass sich die Lichtgeschwindigkeit nicht nach der Summenregel der Geschwindigkeiten richtet. Der Schluss liegt nahe, dass die klassische Physik bei hohen Geschwindigkeiten, die mit der Lichtgeschwindig-

74

keit vergleichbar sind, fehlerhaft ist.

Um die klassische Physik zu retten, nahmen die Wissenschaftler die Hypothese über die Bewegung des Lichts im Äther, der sich zwischen den Teilchen des Wassers und der Luft befindet. Wenn man annimmt, dass sich der Äther nicht von den Teilchen des Stoffs in ihrer Bewegung mitreißen lässt, oder sich teilweise mitreißen lässt in Abhängigkeit von der Größe der Brechungszahl, dann wird die Erklärung des Versuchs von Fizeau von der Position der klassischen Physik verständlich: die Geschwindigkeit der Teilchen eines Stoffes wird nicht vollständig an den zwischen den Teilchen befindlichen Äther übertragen und kann deshalb nicht mit der Lichtgeschwindigkeit im Äther entsprechen der Summenregel der Geschwindigkeiten zusammengelegt werden, und für ein Mittel mit einer Brechungszahl nahe Eins bleibt der Äther unbeweglich.

Auf diese Weise war die Hypothese der Existenz des unbeweglichen Weltäthers angenommen, nach der sich alle Körper des Weltalls im unbeweglichen Weltäther bewegen.

So eine Hypothese erklärte den Versuch Fizeaus und rettete die klassische Physik.

Greifen wir etwas voraus und erklärenden durch diese Hypothese zugelassenen groben Fehler. Der Versuch von Fizeau, der auf der Erde durchgeführt wurde, zeugt davon, dass ein auf der Erde bewegter Stoff den die Erde umgebenden Äther mitreißt. Es genügte anzunehmen, dass nur der die Erde umgebende Äther in Bezug auf die Erde unbeweglich ist, und nicht die Hypothese von der Unbeweglichkeit des gesamten Weltäthers zu entwickeln.

Aber da die Hypothese angenommen wurde, entstand für die Gelehrten die Frage nach ihrer experimentellen Bestätigung. Bekannt ist, dass die Erde bei ihrer Bewegung um die Sonne eine Geschwindigkeit von $V = 30$ km/s hat. Darum, wenn man einen Versuch zur Entdeckung dieser Geschwindig-

75

keit der Bewegung der Erde im unbewegliche Weltäther macht, dann ist es auch möglich, die Richtigkeit der Hypothese zu bestätigen. Technisch ist es schwierig, so einen Versuch zu machen, erst 30 Jahr nach dem Versuch von Fizeau, das heißt 1881 wurde dieser einmalige Versuch erstmalig durch den amerikanischen Wissenschaftler A. Michelson durchgeführt.

2.1.3. DAS EXPERIMENT VON MICHELSON

> Der Versuch Michelsons- der größte aller negativen
> Versuche in der Geschichte der Wissenschaft.

J. Bernal

Die Wissenschaftler rechneten damit, dass ausschließlich die hohe Geschwindigkeit des Lichts, verbunden mit einer ungewöhnlichen Winzigkeit seines Trägers – der Photonen, ermöglicht, den geringen Einfluss des den ganzen Raum erfüllenden Äthers zu finden. Die Wissenschaftler, die den unbeweglichen und unwägbaren als reales Wesen angenommen hatten, glaubten, dass man die Geschwindigkeit der Erde hinsichtlich dieser Substanz auf folgende Art bestimmen kann. Wenn sich die Erde im Raum bewegt, worauf ihre Bahn um die Sonne hinweist, dann bewegt sie sich im Äther. Wenn ein auf der Erde befindlicher Beobachter die Geschwindigkeit eines Lichtstrahls messen kann, der sich in eine Richtung bewegt, die mit der Richtung der Erdbewegung übereinstimmt (mit der Strömung im Äther), und auch die Geschwindigkeit des entgegenkommenden Lichtstrahls (gegen die Strömung im Äther), dann kann man sich leicht vom Unterschied dieser Geschwindigkeiten überzeugen.

Nachdem er für diese Art der Messung geschickt ein hochempfindliches

76

Interferometer angepasst hatte, führte der amerikanische Physiker A. Michelson seinen berühmten Versuch durch, auf dessen Grundlage er gehofft hatte, verschiedene Geschwindigkeiten in Form eines Interferenzbildes zu erhalten. Aber wie groß war das Erstaunen, als sich keine Überlagerung der optischen Wellen im Beobachtungsfernrohr ergab! Es zeigte sich, dass für die Protonen völlig gleich war, wohin sie fliegen – mit der Strömung, gegen die Strömung oder auch irgendwohin zur Seite (21, S.27).

Es lag nur ein Schluss nahe: es gibt keine Bewegung der Erde durch den Äther, und folglich ist die Hypothese vom unbeweglichen Weltäther, auf die die klassische Physik so große Hoffnungen gelegt hatte, ist falsch.

Zur Rettung der Hypothese vom unbeweglichen Weltäther schlug der holländische Gelehrte Lorentz (gleichzeitig mit dem amerikanischen Physiker Fitzgerald) die Hypothese von der Verringerung der Maße eines Körpers in der Richtung der Bewegung. Es genügte anzunehmen, dass Gegenstände, die sich gegen die Strömung des Äthers bewegen, ihre Größe verändern, sie werden kleiner, je weiter sich ihre Geschwindigkeit der Lichtgeschwindigkeit nähert. Es wird angenommen, dass in dem Versuch Michelsons tatsächlich eine „Lorentzsche" Verkleinerung der Maße der Körper erfolgt, was eine experimentelle Bestätigung der Umwandlungen nach Lorentz sein soll, aus der mathematisch diese Verkleinerung folgt (20, S.35).

Tatsächlich, Hendrik Lorentz mit seiner hohen wissenschaftlichen Korrektheit verwirrte sehr, dass seine Idee, wie man sagt, zufällig, speziell zur Erklärung eines konkreten Experiments erdacht war. Er schrieb:

„So einer Einführung besonderer Hypothesen für jedes neue Experiment ist eine gewisse Unnatürlichkeit eigen (69, S. 53). Mit anderen Worten, Lorentz spürte den Bruch zwischen seiner Hypothese und den Konstruktionen der ganzen vorher gegangenen Physik.

Und trotzdem hat er die Hypothese herausgebracht! Wobei sie, wie sich

77

zeigte, die Fakten richtig beschrieben, sie aber nicht richtig erklärt hat.

Aus den Umwandlungen von Lorentz wurde ein Grundzug der relativistischen Kinematik erhalten – die Unabhängigkeit der Geschwindigkeit des Lichts von der Bewegung der Quelle des Lichts (18, S.510). Die Folgen des Experiments von Michelson waren praktisch schicksalhaft für alle wissenschaftlichen Ideen des XX. Jahrhunderts.

2.1.4. DIE VERTREIBUNG DES ÄTHERS

Aber die Geschichte der Wissenschaft beschränkt sich nicht auf die Aufzählung erfolgreicher Forschungen. Sie muss uns auch von erfolglosen Forschungen berichten und erklären, warum einige der fähigsten Menschen den Schlüssel des Wissens nicht finden konnten, und wie das Ansehen anderer für die Fehler, an die sie geraten waren, eine große Stütze war.

J. Maxwell

Für die weitere Entwicklung der theoretischen Physik war eine Theorie nötig, die helfen konnte, die nächste Krise, die sich ergeben hat, zu lösen. Lange Zeit waren die Versuche der Wissenschaftler in dieser Frage vergeblich. Und erst fast ein Vierteljahrhundert nach dem ersten Versuch Michelsons schlug 1905 der junge Albert Einstein einen Ausweg aus der entstandenen Lage vor, als er seine erste Arbeit zur Relativitätstheorie „Zur Elektrodynamik bewegter Körper" veröffentlichte.

Die Ergebnisse der Versuche von Fizeau und Michelson analysierend kam Einstein in seiner Arbeit zu dem Schluss, dass man die Einführung

78

des Begriffs Äther ablehnen muss, weil die Annahme, dass Äther gleich-zeitig in zwei Systemen vorhanden ist (in dem System, das mit der Erde verbunden ist, im Versuch Michelsons und in dem unbeweglichen System im Versuch Fizeaus), absurd ist.

Seinerzeit war der Versuch Fizeaus mit dem Vorhandensein des unbe-weglichen Weltäthers erklärt worden, in dem sich alle Körper bewegen. Der Versuch Michelsons widerlegte diese Hypothese: die Geschwindigkeit des Lichts in Bezug auf die Erde hatte immer den gleichen Wert, unabhän-gig davon, ob sich die Erde in der Richtung der Bewegung des Lichtstrahls bewegte oder entgegen dem Strahl. Das wäre möglich gewesen zu erklären durch die Bewegung der Erde zusammen mit dem die Erde umgebenden Äther, in welchem sich der Lichtstrahl ausbreitet. Von der Möglichkeit einer solchen Erklärung spricht auch Einstein, aber dann wird der Versuch Fizeaus unverständlich, der gezeigt hatte, dass sich der Körper nicht zusam-men mit dem Äther bewegt.

Wie durch die Wissenschaft viel später festgestellt wurde, ein sich auf der Erde bewegender Körper bewegt sich in Fizeaus Versuch nicht zusam-men mit dem Äther innerhalb des Körpers, weil sich dieser Äther durch die Kraft der Gravitation der Erde festhält.

Einstein kommt jedoch nicht nur auf der Grundlage der Analyse der Versuche von Fizeau und Michelson zur Ablehnung des Äthers, sondern im Ergebnis der Analyse der gesamten Geschichte der Entwicklung der Physik, die er in dem großartig geschriebenen Buch „Evolution der Physik" aufzeigt.

Ohne eine mechanische Erklärung des Äthers zu finden, spricht Einstein das Todesurteil für den Äther: "Alle unsere Versuche, den Äther real zu machen, sind gescheitert.

Er hat weder seinen mechanischen Aufbau noch seine absolute Bewegung nachgewiesen. Alle Versuche, die Eigenschaften des Äthers zu entdecken, führten zu Schwierigkeiten und Widersprüchen. Nach so vielen Misserfolgen kommt der Moment, wo man den Äther wirklich vergessen muss und sich bemühen muss, ihn nie wieder zu erwähnen" (20, S.34).

Nachdem er die Ablehnung des Äthers begründet hatte und dass man Erscheinungen der Natur nicht von einem mechanistischen Gesichtspunkt aus erklären darf, kommt Einstein zu dem Gedanken über die Unvollkommenheit der Grundlagen der klassischen Physik. Er nimmt sich eine Theorie vor, die die Grundlagen der klassischen Physik berichtigen könnte, die hilft, aus der entstandenen Krise herauszukommen und die als Grundlage für die weitere Entwicklung der theoretischen Physik dient.

Die in der Physik herangereifte Krise wies auf die Notwendigkeit eines Wechsels des Paradigmas in der Naturwissenschaft hin.

Die inhaltliche Basis der Paradigmen in der Naturwissenschaft baute stets auf einer Auswahl des entsprechenden Prinzips der Relativität auf, auf der entsprechenden Geometrie des Raums und auf der Postulierung der Existenz eines Universalmittels , das die Wechselwirkung überträgt. Zur Zeit Newtons herrschte die Geometrie Euklids, das Relativitätsprinzip Galileis, und die Rolle der Substanz, die die Wechselwirkungen überträt, beanspruchte der Äther. Und nun war der Äther verworfen worden. Eine von drei Stützen, die das alte Paradigma hielten, war zerstört. Aber gegen Ende des XIX. Jahrhunderts zeigte sich, dass auch die beiden anderen stark untergraben waren.

Erinnern wir uns, wie sich die Erde für die Gelehrten zur Zeit Newtons darstellte. Eine absolute, überall gleiche, mit nichts verbundene, von nichts abhängige Zeit. Ein absoluter, überall gleichförmiger Raum, mit einer absoluten, überall gleichen und ebenfalls von nichts abhängigen Geometrie. In solch einem absoluten Raum und solch einer absoluten Zeit existiert,

80

sich den Gesetzen der Physik unterordnend, die gesamte Materie. Zum Beispiel bestimmt das Gesetz der Gravitation die Abhängigkeit der Kraft der gegenseitigen Anziehung der Körper von der Größe ihrer Masse und dem Abstand zwischen ihnen. Und alle Gelehrten waren natürlich überzeugt, dass weder die Massen oder die Kräfte noch die sie verbindenden Gesetze von der Zeit oder dem Raum abhängig sind, so wie eben die Zeit und der Raum von nichts abhängig sind.

Und dann verkündete 1826 der mutige Rebell N. I. Lobachevskij aus Russland: „Das ist so. Mit den Kräften, mit den Massen ist die Zeit selbst verbunden, von ihnen hängt auch der Aufbau des Raums ab, das heißt, seine Geometrie" (105, S.51).

Aber was bedeutet die Abhängigkeit der Geometrie von den Kräften oder von den Massen? Das bedeutet, dass der Raum nicht absolut und gleichförmig ist, dass seine Geometrie durch die Größe und Verteilung der Massen bestimmt wird. Es gibt keinen absoluten, von nichts abhängigen Raum, der für alle gleich ist. Es gibt auch keine absolute Zeit, die für alle gleich verlaufen würde. Das heißt, unser realer Raum erweist sich als nicht euklidisch. Die Krümmung des Raums ergibt sich direkt aus der Fundamentalgleichung von

N. I. Lobachevskij. Auf diese Weise hat N. I. Lobachevskij als erster die Fesseln gesprengt, die die Geometrie seit den Zeiten Euklids binden. Er schuf ein breiteres geometrisches System – die Pangeometrie, die die Geometrie Euklids nicht ablehnte, nicht ersetzte, sondern ihr einfach den bescheidenen Platz eines Sonderfalls zuwies.Später erweiterte B. Riemann den Inhalt der Geometrie so, dass auch das Schaffen Lobachevskijs zu einem Sonderfall wurde.

Die Geometrie Euklids stellte eine Geometrie des Raums mit Nullkrümmung dar, die Geometrie Lobachevskijs – mit negativer Krümmung, und die Geometrie Riemanns - mit positiver Krümmung.

So war die Notwendigkeit der Ausarbeitung eines neuen Paradigmas zu Beginn des XX. Jahrhunderts offensichtlich: der Äther war verworfen, der Raum – nicht euklidisch (hat eine Krümmung) und nicht absolut.

Und in solch einer Situation machte sich Einstein an die Ausarbeitung der neuen Relativitätstheorie, die für die moderne Physik das war, was für die klassische Physik die Mechanik Newtons gewesen ist.

Alles ist einfach, wenn es schon gefunden ist, und unglaublich kompliziert, so lange nicht bekannt ist, auf welchem Weg man suchen soll.

2.1.5. EINIGES ÜBER DIE RELATIVITÄTSTHEORIE

> Newton, verzeih mir. Du hast zu deiner Zeit
> diesen einzigen Weg gefunden, der für einen
> Menschen mit einem großen Geist und schöp-
> ferischer Kraft das äußerst Mögliche war.
>
> *A. Einstein (105, S.273)*

Schon in der ersten Arbeit zur Relativitätstheorie „Zur Elektrodynamik beweglicher Körper" bemerkt Einstein, dass diese Theorie auf zwei Grundprinzipien beruht, die als Ausgangspostulate genommen wurden.

Das erste Postulat ist eine Verallgemeinerung des Relativitätsprinzips Galileis für beliebige physikalische Prozesse. Das zweite Postulat drückt das Prinzip der Unveränderlichkeit der Lichtgeschwindigkeit aus.

Seiner philosophischen Konzeption folgend, dass die Theorie aus dem Versuch hervorgehen muss, gibt Einstein dem Licht eine besondere Stellung, er kanonisiert es in der Annahme, dass das Licht im Vergleich mit be-

82

liebigen anderen Körpern immer ein und dieselbe Geschwindigkeit hat. Der Gedanke über so eine besondere Stellung des Lichts beherrschte Einstein so sehr, dass er ihn in das Gesetz der gleich bleibenden Lichtgeschwindigkeit aufnimmt, von ihm in der Arbeit „Über das Prinzip der Realität" folgendermaßen formuliert: * das Gesetz der Unveränderlichkeit der Lichtgeschwindigkeit im Vakuum muss für Beobachter, die sich im Verhältnis zueinander bewegen, so erfüllt werden, dass ein und derselbe Lichtstrahl im Verhältnis zu all diesen Beobachtern ein und dieselbe Geschwindigkeit hat" (20, S.37).

Dieses Gesetz wird zu einer wichtigen Grundlage für die Ausarbeitung der speziellen Relativitätstheorie (SRT).

Es muss bemerkt werden, dass die Gelehrten der Welt heute ein zwiespältiges Verhältnis zur SRT haben. Der größere Teil der Wissenschaftler hält die spezielle Relativitätstheorie für die moderne physikalische Theorie von Raum und Zeit. Ein anderer Teil der Wissenschaftler verhält sich zur SRT sehr negativ, hält das Gesetz der Unveränderlichkeit der Lichtgeschwindigkeit und das Gesetz der Umwandlung von Lorentz für falsch, die als mathematische Grundlage dieser Theorie genutzt wurden (20, 22, 79).

Aber die zwei Postulate, die der SRT zugrunde liegen, sind nicht miteinander vereinbar, weil, nach dem Prinzip der Relativität von Galilei ein und derselbe Lichtstrahl nicht ein und dieselbe Geschwindigkeit haben kann im Verhältnis zu den Beobachtern, die sich im Verhältnis zueinander bewegen.

Einstein sucht eifrig einen Ausweg aus der Lage, die sich ergeben hat und findet ihn bei der Überprüfung der wichtigsten These der klassischen Physik – der Absolutheit von Raum und Zeit.

Sich auf die Geometrie Riemanns und Lobachevskijs stützend, führt Einstein den Begriff der Verhältnismäßigkeit von Raum und Zeit ein, unter der die Veränderung der Größe des Körpers (des Raums) und der Lauf der

Zeit in verschiedenen Bezugssystemen zu verstehen ist. Das heißt, wenn Raum und Zeit verhältnismäßig sind, dann haben die Größe der Längeneinheit (zum Beispiel Meter) und die Länge der Zeiteinheit (zum Beispiel Sekunde) in beweglichen und unbeweglichen Systemen unterschiedliche Größen.

In der Arbeit „Was ist die Relativitätstheorie?" bemerkt Einstein, dass die Prinzipien der Relativität und der Unveränderlichkeit der Lichtgeschwindigkeit nicht vereinbar sind, aber „die spezielle Relativitätstheorie konnte sie durch die Veränderung der Kinematik vereinen, anders gesagt, durch die Veränderung der physikalischen Vorstellungen von Raum und Zeit" (70, S.60).

Wie könnte man sich hier nicht des Scherzgedichts eines leider unbekannten Autors erinnern.

Die irdische Welt war in undurchdringliche Finsternis gehüllt.
Es werde Licht! Und da erschien Newton.
Und Satan musste nicht lange auf Revanche warten:
Es kam Einstein und alles wurde wieder so, wie es gewesen war.

Also in der speziellen Relativitätstheorie begründete Einstein eine neue Kinematik, die auf der Relativität von Raum und Zeit basierte, wodurch es ihm gelang, das von ihm entwickelte Gesetz der Unveränderlichkeit der Lichtgeschwindigkeit dem Prinzip der Verhältnismäßigkeit unterzuordnen.

Außerdem gelang es Einstein in der speziellen Relativitätstheorie die organische Verbindung zwischen Raum und Zeit herzustellen und sie in einem einheitlichen Raum-Zeit-Kontinuum zu vereinen – „Raum-Zeit". Es erwies sich, dass für die Beschreibung physikalischer Prozesse die vierdimensionale Raum-Zeit verwendet werden muss, in der die Lage eines

84

Punktes durch die drei Raumkoordinaten X, Y, Z und die Zeitkoordinate *ct* bestimmt wird, wobei *c* = 300000 km/s – die Geschwindigkeit des Lichts im Vakuum (70, S.74). Die geometrischen Eigenschaften einer solchen Raum-Zeit werden durch die Geometrie Euklids beschrieben.

Diese These der speziellen Relativitätstheorie ruft keine einander widersprechenden Urteile der Wissenschaftler hervor.

Nachdem er die spezielle Relativitätstheorie ausgearbeitet hatte, denkt Einstein darüber nach, wie man die Fragen der Gravitation auf diese neue wissenschaftliche Basis stellen kann, das heißt, wie ist die Theorie der Gravitation (Schwerkraft) zu erarbeiten. Solch eine Theorie wurde von ihm in der allgemeinen Relativitätstheorie (ART), auch Gravitationstheorie genannt, erarbeitet.

Einsteins Gesetz der Gravitation wurde so formuliert: die Bewegung der Massen wird durch die Krümmung des Raums hervorgerufen, die Krümmung des Raums durch die ihn besiedelnde Materie (105, S.273).

Einstein tauschte das „Newtonsche flache" Weltall aus durch das grenzenlose, aber endliche Weltall. Der endliche Raum muss geschlossen und gekrümmt sein, ähnlich dem, wie sich jede geschlossene Oberfläche krümmt.

Entsprechend der Gravitationstheorie hängen die geometrischen Eigenschaften der Raum-Zeit von der Verteilung der schweren Masse und ihrer Bewegung im Raum ab. Ähnlich wie sich um sich bewegende elektrische Ladungen ein elektromagnetisches Feld bildet, so bildet sich auch im Raum, der jeden Körper umgibt, ein Gravitationsfeld.

Das ganze grenzenlose Weltall ist mit Körpern gefüllt, mit gigantischen Sternen oder kleinsten Teilchen kosmischen Staubs. Die Massen dieser Körper (Größe der Massen, ihre Lage zueinander, ihre relative Bewegung) schaffen ein Schwerkraftfeld, Gravitationsfelder, die in Raum und

Zeit existieren und sich verändern. Und die Eigenschaften dieser Felder prägen unauslöschlich den Raum und die Zeit, in der sie existieren. Die schweren Massen krümmen die vierdimensionale Welt der Raum-Zeit, in der sich die Körper bewegen. Dieses gekrümmte Raum-Zeit-Gravitationsfeld seinerseits bestimmt die Bewegung der Massen, ihre Bahn und ihre Geschwindigkeit.

Es ergibt sich eine enge gegenseitige Verbindung: die Massen erzeugen das Feld, das Feld steuert die Bewegung, das Verhalten der Massen.

Die Geometrie einer solchen gekrümmten vierdimensionalen Welt ist schon nicht mehr die Euklidische.

Auf diese Weise „krümmen" die Körper, die die Gravitationsfelder schaffen, den realen dreidimensionalen Raum und verändern in verschiedener Weise den Lauf der Zeit an seinen verschiedenen Punkten. Deshalb konnte man die Bewegung eines Körpers im Gravitationsfeld als Auslauf ansehen, aber in der gekrümmten Raum-Zeit.

Im Ergebnis kann man sagen, dass Einstein erstmalig die enge Wechselbeziehung zwischen dem abstrakten geometrischen Begriff der Krümmung der Raum-Zeit und den physikalischen Problemen der Gravitation aufzeigte. Es gelang ihm, die Gravitationsfelder durch die Krümmung der vierdimensionalen Raum-Zeit darzustellen.

Mit seiner hervorragenden Arbeit zur Relativitätstheorie sprengte Einstein die Fesseln, die die Mechanik gebunden hatten. Die Relativitätstheorie hat die Mechanik Newtons nicht verworfen. Sie wies ihr einen bescheideneren Platz in einer, für die Bewegungen, die im Vergleich zur Lichtgeschwindigkeit langsamer sind, gerechten Wissenschaft zu.

Auf der Grundlage seiner Theorie sagte Einstein zwei früher nicht bekannte Effekte voraus – die Krümmung der Bahn des Lichtstrahls im Gravitationsfeld und die Verringerung der Frequenz des Lichts, das sich in der

86

Nähe großer Massen befindet, - und erklärte die Seltsamkeiten der Verlagerung des Merkurperihels. Diese Effekte erklärte die Gravitationstheorie nicht. Als die Effekte, die von Einstein aufgezeigt wurden, experimentell bestätigt wurden, fand die allgemeine Relativitätstheorie allgemeine Anerkennung.

„Die Schaffung der ART stellte sich mir damals und stellt sich auch heute als größte Errungenschaft des menschlichen Denkens und der Naturerkenntnis dar, als verblüffende Verbindung philosophischer Tiefe, physikalischer Intuition und mathematischer Kunst" – schrieb einer der Begründer der Quantenmechanik Max Born (105, S.286).

In der Relativitätstheorie erscheint der Weltraum selbst das Mittel, das mit den gravitierenden Körpern in Wechselwirkung steht. Er nahm einige (bei weitem nicht alle) Funktionen auf sich, die früher der Äther hatte. Nachdem durch Einstein der Maxwellsche Begriff des Feldes auf die Gravitation ausgeweitet worden war, nahmen die physikalischen Felder die Pflicht der Übertragung der Tätigkeiten auf sich. Die Notwendigkeit des früheren Äthers verschwand. Mit dem Erscheinen der Relativitätstheorie wurde das Feld zur ersten physikalischen Realität, aber nicht zur Folge irgendeiner Realität.

Selbst die Eigenschaft der Elastizität, die für den Äther so wichtig war, erwies sich bei allen materiellen Körpern als verbunden mit der elektromagnetischen Wechselwirkung der Teilchen. Mit anderen Worten gesagt, nicht die Elastizität des Äthers gab dem Elektromagnetismus eine Grundlage, sondern der Elektromagnetismus diente als Grundlage für die Elastizität überhaupt.

Die elastischen Eigenschaften des „leeren" Raums werden durch die zehn so genannten Vakuumgleichungen Einsteins beschrieben (110, S.7), die keinerlei Konstante enthalten und in den Krümmungskoordinaten eingetragen sind (23, S.67). Später wird das Akademiemitglied Ja. B. Seldovich folgende Annahme zur Elastizität des Raums aussprechen: „ Die Vakuumgleichungen Einsteins beschreiben die Elastizität des Raums. Vielleicht wird diese Elastizität im Ganzen als Effekte der Polarisation bestimmt" (69, S.103). Wie die Zeit zeigte, hatte Seldovich Recht.

Heißt das etwa, dass die Physik kein materielles Weltmittel braucht? Bedeutet das, dass wir zur Leere zurückkehren müssen? Also, man muss folgendes sagen: Äther hatte man seinerzeit wirklich ausgedacht, weil er gebraucht wurde; zu Beginn des XX. Jahrhunderts entfiel die Notwendigkeit des Äthers mit den gesamten widersprüchlichen Eigenschaften; jedoch, wie selbst der Schöpfer der Relativitätstheorie annahm, ein allgegenwärtiges materielles Mittel musste trotzdem existieren und bestimmte Eigenschaften haben.

Später schlug Einstein vor, das neue materielle Mittel wieder Äther zu nennen. In den zwanziger Jahren unseres Jahrhunderts, schon nach der Veröffentlichung der klassischen Arbeiten zur speziellen und allgemeinen Relativitätstheorie wiederholt Einstein nicht nur einmal in seinen Artikeln: „Äther existiert. Nach der allgemeinen Relativitätstheorie ist der Raum ohne Äther unvorstellbar. Wir können in der theoretischen Physik nicht ohne Äther auskommen, das heißt, ohne das Kontinuum, das mit physikalischen Eigenschaften gemacht wurde" (69, S.56).

Aber „das Kontinuum mit physikalischen Eigenschaften gemacht" – das ist nicht der frühere Äther. Bei Einstein ist auch der Raum selbst mit bestimmten (für die Wissenschaft neuen) physikalischen Eigenschaften gemacht. Für die allgemeine Relativitätstheorie genügt das, darüber hinaus braucht sie in diesem Raum keinerlei besonderes materielles Mittel. Letztendlich ist die allgemeine Relativitätstheorie die Gravitationstheorie – nicht mehr und nicht weniger. Und den Raum mit den neuen physikalischen Ei-

88

genschaften konnte man wieder Äther nennen.

Aber in der modernen Physik teilt sich die Quantenfeldtheorie „die Macht über die Welt" mit der Relativitätstheorie. Sie hat ihrerseits im Raum Einsteins ein ganz spezifisches materielles Mittel mit ungewöhnlichen Eigenschaften entdeckt. Das materielle Mittel, gemeinsam für die Relativitätstheorie und für die Quantenfeldtheorie, wurde physikalisches Vakuum genannt. Die Wissenschaft hatte sich nicht entschlossen, zum Terminus „Äther" zurückzukehren.

So wurde zu Beginn des XX. Jahrhunderts in der Naturwissenschaft ein neues wissenschaftliches Paradigma angenommen, dessen inhaltliche Basis das Relativitätsprinzip Einsteins, die Geometrie des Raums von Riemann-Einstein und das universelle materielle Mittel, das physikalische Vakuum war.

Zum Abschluss muss noch unterstrichen werden, dass nicht eine einzige andere Theorie einen so revolutionären Einfluss auf die Physik und die Wissenschaft im Ganzen hatte, wie die Relativitätstheorie Einsteins (nach dem Maßstab kann man die Theorie Einsteins nur vergleichen mit der Theorie Newtons, die die Grundlage für die moderne Naturwissenschaft gelegt hatte). Nachdem er sich von den üblichen Vorstellungen abgewandt hatte, schlug Einstein völlig neue Interpretationen des Raums, der Zeit und der Masse vor, was eine radikale Umgestaltung der grundlegenden Begriffe und Ideen forderte.

Als interessanten Fakt bemerken wir noch, dass Einstein den Nobelpreis nicht für eine seiner Arbeiten zur Relativitätstheorie bekommen hat. (1921 erhielt er den Nobelpreis für die Theorie des Photoeffekts, die er noch 1905 veröffentlicht hatte.) Das zeugt unbestreitbar davon, dass die Relativitätstheorie den früheren Nobelpreisträgern, die die neuen Kandidaturen beraten haben, zu radikal war (79, S.428).

2.1.6. ÜBER DIE QUANTENMECHANIK

> Diejenigen, die die erste Bekanntschaft mit der
> Quantentheorie nicht in einen Schock versetzt hat,
> haben sie wahrscheinlich überhaupt nicht verstanden.
>
> *Max Born*

Zu Beginn des XX. Jahrhunderts wurden zwei Gruppen von Erscheinungen entdeckt (es schien, dass sie nicht miteinander verbunden sind), die von der Nichtanwendbarkeit der Mechanik Newtons und der klassischen Elektrodynamik Maxwells für Prozesse, die in einem Atom vor sich gehen, zeugten. Die erste Gruppe von Erscheinungen war verbunden mit der in einem Versuch festgestellten Doppelnatur des Lichts - dem Dualismus des Lichts; die zweite – mit der Unmöglichkeit auf der Grundlage klassischer Vorstellungen die Existenz stabiler Atome und auch ihrer optischen Spektren zu erklären.

Die Feststellung der Verbindung zwischen diesen Gruppen von Erscheinungen und die Versuche, sie zu erklären, führten letztendlich zur Entdeckung der Gesetze der Quantenmechanik.

Erstmalig wurde der Begriff des Quants durch den deutschen Physiker M. Planck 1900 eingeführt. Ausgehend von den Versuchsergebnissen sprach er die Idee aus, dass das Licht nicht ununterbrochen ausgestrahlt wird (wie das aus der klassischen Theorie der Strahlung hervorgeht), sondern in bestimmten diskreten Portionen-Quanten. Später, die Idee Plancks fortsetzend, erklärte Einstein, dass das Licht nicht nur ausgestrahlt und ab-

90

sorbiert wird, sondern sich auch in Quanten ausbreitet, das heißt, die Diskontinuität ist dem Licht eigen; das Licht besteht aus einzelnen Portionen - den Lichtquanten, die später Photone genannt wurden.

Außerdem begründete Einstein die Idee der Quantenenergie – die Teilung der Energie in Portionen (18, S.254).

1922 wies der amerikanische Physiker A. Compton experimentell nach, dass das Licht sowohl Welleneigenschaften als auch korpuskulare Eigenschaften besitzt, das heißt, das Licht ist gleichzeitig sowohl eine Welle als auch ein Teilchen. Es entstand ein logischer Widerspruch: für die Erklärung der einen Erscheinungen musste man das Licht als Welle betrachten, und für die Erklärung der anderen Erscheinungen – ein Partikel. „Die fundamentalen physikalischen Wesen der Mikrowelt – Teilchen und Wellen – offenbarten eine vorher in Versuchen nicht gesehene Fähigkeit, sich nur im Moment ihrer Betrachtung zu zeigen, entweder als Welle oder als Teilchen" (35, S.4). Und dem Wesen nach hat gerade diese Lösung des Widerspruchs zur Schaffung der physikalischen Grundlagen der Quantenmechanik geführt.

1924 entwickelte der französische Physiker Louis de Broglie die Hypothese vom allgemeinen Welle-Teilchen-Dualismus, nach dem nicht nur Photonen, sondern alle „gewöhnlichen Teilchen" (Protonen, Neutronen, Elektronen usw.) auch Welleneigenschaften haben. Später wurde diese Hypothese experimentell bestätigt. Der österreichische Physiker E. Schrödinger brachte 1926 eine Gleichung heraus, die das Verhalten solcher „Wellen" in äußeren Kraftfeldern beschreibt. So entstand die Wellenmechanik, und die Gleichung Schrödingers war die Grundgleichung der nichtrelativistischen Quantenmechanik. Aber der relativistischen Quantenmechanik lag eine relativistische Gleichung zugrunde, die von dem englischen Physiker P. Dirac zwei Jahre später gefunden wurde.

Die endgültige Formierung der Quantenmechanik als Folgethe-

91

orie erfolgte erst nach dem Erscheinen der Arbeiten von W. Heisenberg über das Prinzip der Unsicherheit und von N. Bohr über das Komplementaritätsprinzip.

ÜBER DIE PRINZIPIEN DER UNSICHERHEIT UND DER KOMPLEMENTARITÄT

Das Prinzip der Unsicherheit bestätigt, dass sich „ein beliebiges physikalisches System nicht in Zuständen befinden kann, in denen die Koordinaten seines Trägheitszentrums und der Impuls gleichzeitig vollkommen gleiche bestimmte Werte haben" (18, S.465). Was bedeutet das?

Ein wesentlicher Zug mikroskopischer Objekte ist ihre Welle-Teilchen-Natur. Der Zustand der Teilchen wird vollkommen durch die Wellenfunktion bestimmt. Ein Teilchen kann in einem beliebigen Punkt des Raums entdeckt werden, in dem die Wellenfunktion ungleich Null ist. Deshalb haben die Ergebnisse der Versuche zu Bestimmung, beispielsweise der Koordinaten, Wahrscheinlichkeitscharakter. Das bedeutet, dass man bei der Durchführung einer Serie gleichartiger Versuche in gleichartigen Systemen jedes Mal unterschiedliche Ergebnisse erhalten werden. Aber einige Werte werden wahrscheinlicher sein als die anderen, das heißt, sie erscheinen öfter. Wobei, je genauer die Koordinaten bestimmt werden, desto ungenauer wird der Wert des Impulses sein.

Auf diese Weise haben die „Quantengesetze" nicht die absolute Natur der Gesetze Newtons, die gesamte Quantentheorie baut auf Wahrscheinlichkeit auf. Und wenn die klassische Physik noch vor einem Experiment genaue Resultate vorhersagen kann, kann die Quantenphysik nur Wahrscheinlichkeiten vorhersagen.

Zu dem von N. Bohr formulierten Prinzip der Komplementarität sind die Physiker gekommen, als sie entdeckt hatten, dass sich der Forscher selbst

92

mit Hilfe der eigenen Tätigkeiten bei Experimenten mit Elementarteilchen stört. Das Prinzip Bohrs lautet: Der Erhalt einer Information in einem Experiment zu einigen physikalischen Größen, die das Mikroobjekt beschreiben, ist unausweichlich mit dem Informationsverlust zu einigen anderen zusätzlichen Größen verbunden (69, S.71).

Über Elementarteilchen erfahren gewöhnlich etwas durch die Ergebnisse ihres Zusammentreffens mit anderen Teilchen, die die Rolle von Sonden spielen. In der Quantenwelt ändern solche Treffen der Teilchen deren Eigenschaften. Und die Geräte, in denen wir die Teilchen registrieren, sind ihrer Natur nach immer – makroskopische Objekte.

Das Gerät verfälscht das, was es untersucht. Selbst der Vorgang der Beobachtung verändert das zu Untersuchende. Die objektive Realität hängt von dem Gerät ab, das heißt, letztendlich von der Willkür des Beobachters. Letzterer hat sich so vom Zuschauer in eine handelnde Person verwandelt. Deshalb war einer der „Väter" der Quantenmechanik, Bohr, der Meinung, dass der Naturforscher nicht die Realität selbst erkennt, sondern nur den eigenen Kontakt mit ihr (35, S.4). Einige Physiker, zum Beispiel E. Wagner, begannen die Frage über den Einfluss des Bewusstseins des Beobachters auf die Ergebnisse der Messungen der Quantenphysik zu untersuchen (50, S.220). Im Ergebnis dieser ganzen Unsicherheit, Wahrscheinlichkeit und Komplementarität gab Niels Bohr die so genannte „Kopenhagener" Interpretation des Wesens der Quantentheorie: „Früher war es üblich anzunehmen, dass die Physik das Weltall beschreibt. Jetzt wissen wir, dass die Physik nur das beschreibt, was wir vom Weltall sagen können" (94, S.81). Aus allem Gesagten kann man den Schluss ziehen, dass der „Kopenhagenismus" das Weltall postuliert, das magisch durch das menschliche Denken geschaffen wird.

Dazu sagte Einstein einmal, dass, wenn der Beobachter entsprechend der Quantentheorie das zu Beobachtende erschafft oder teilweise erschafft, dann kann eine Maus das Weltall verändern, indem sie es einfach ansieht. Weil das absurd zu sein scheint, schließt Einstein, dass in der Quantenphysik irgendein großer nicht erkannter Mangel enthalten ist.

Wie muss man in diesem Fall die fundamentale Unsicherheit (Indeterminismus) in der Quantentheorie bewerten?

Man kann annehmen, dass der Indeterminismus der Welt zugrunde liegt, aber die diskutierte Besonderheit der Quantentheorie ist eine adäquate Abbildung dieser Welt. Und gerade an diesen Punkt hielten sich Bohr, Heisenberg, Born, Dirac, Pauli und viele andere.

Aber es gab auch eine andere Meinung, und zwar: der Natur liegt eine Verschiedenartigkeit des Determinismus (Bestimmtheit) zugrunde, zum Beispiel statistischen Charakters im Sinne verdeckter Parameter, die bisher aus dem Gesichtsfeld der Forscher entwischt war. An diesen Gesichtspunkt hielten sich Planck, Einstein, de Broglie, Schrödinger, Lorentz, die sich von Anfang an gegen den „Kopenhagenismus" gewandt hatten, die darauf bestanden, dass letztendlich ein Verfahren gefunden werden wird, die „Realität" sogar in der Quantenwelt zu bestätigen (109, S.20).

Insbesondere Einstein war der Meinung, dass die Quantentheorie in der bestehenden Form einfach nicht vollendet ist. Das heißt, das, was wir bis jetzt vom Indeterminismus nicht befreien können, zeugt nicht von beschränkten Möglichkeiten der wissenschaftlichen Methode, wie Bohr bestätigt, sondern spricht nur von der Unfertigkeit der Quantenmechanik.

Schließlich ist das Argument Einsteins ausgewachsen zu der Hypothese vom Vorhandensein einer so genannten verdeckten Variablen.

Man kann nur überrascht sein von der titanischen Intuition Einsteins, der länger als 30 Jahre mit der Entwicklungsrichtung gekämpft hat, die die Quantenphysik in seinem Leben genommen hatte: „Ich habe ständig nach einem anderen Weg zur Lösung des Quantenrätsels gesucht... Diese Suche war bedingt durch einen tiefen Groll prinzipiellen Charakters, den mir die Grundlagen der statistischen Quantentheorie einflößten" (79, S.435). Einstein trat gegen das Prinzip der Unsicherheit, für den Determinismus auf, gegen jene Rolle, die man in der Quantenmechanik dem Vorgang der Beobachtung zugewiesen hatte (Einfluss des Messgeräts). Er meinte, dass die Quantentheorie durch die Erweiterung des allgemeinen Relativitätsprinzips vollkommener werden kann (26, T.2, S.48).

Den äußeren, den offenen Kampf führte Einstein lange und beharrlich. Er ging mit offenem Visier zur Verteidigung seiner Interessen, dachte sich immer neue, die raffiniertesten Argumente und Versuche aus – experimentelle und logische – als Beweis dafür, dass er Recht hatte. N. Bohr sagte danach nicht nur einmal, wie wichtig und fruchtbringend dieses lange Duell mit Einstein für die Entwicklung der Quantenmechanik geworden war. Wenn er sich auch in jedem Kampf geschlagen geben musste, fuhr Einstein fort zu glauben, dass die Wahrheit trotzdem auf seiner Seite ist und suchte sie leidenschaftlich weiter, weil die Wahrheit für ihn teurer war als alles.

1947 schrieb Einstein an Max Born, einen der Mitbegründer der Quantenmechanik:

„In unseren wissenschaftlichen Ansichten haben wir uns zu Antipoden entwickelt. Du glaubst an einen würfelnden Gott, und ich – an die volle Gesetzmäßigkeit der vollen Wahrheit... Wovon ich fest überzeugt bin, ist, dass man schließlich bei einer Theorie stehen bleiben wird, in der gesetzmäßig nicht Wahrscheinlichkeiten verbunden sein werden, sondern Fakten" (79, S.435). Wie die weitere Entwicklung der Wissenschaft zeigte, behielt Einstein Recht.

Aber die Existenz zweier prinzipiell verschiedener Richtungen beim Herangehen an die Quantenphysik charakterisiert die schon länger als ein halbes Jahrhundert andauernde Krise im Verständnis der physikalischen Realität. Buchstäblich bis in die letzte Zeit dauerte die Diskussion zu folgenden Fragen (26, T.1, S.9).

1.Was ist die Wellenfunktion in den Gleichungen Schrödingers und Diracs, das heißt, welches physikalische Feld stellen sie dar?

2.Gibt es den Determinismus und die Kausalität im Bereich der Mikrowelt?

3.Welche Form hat ein Quantenteilchen?

4.Ist die Quantenmechanik vollständig?

Auf all diese Fragen konnte man erst im letzten Jahrzehnt des zu Ende gehenden Jahrhunderts eine Antwort finden.

ÜBER DAS BELL - THEOREM

1965 veröffentlichte Dr. John S. Bell eine Arbeit, die die Physiker kurz das „Bell – Theorem" nennen (94, S.181):

Das Bell-Theorem bestätigt: wenn ein objektives Weltall existiert und wenn die Gleichungen der Quantenmechanik diesem Weltall strukturell ähnlich sind, dann besteht zwischen zwei Teilchen, die einmal in Kontakt gekommen sind, eine Art nicht-lokaler Verbindung.

Es muss bemerkt werden, dass die klassische Art nicht lokaler Verbindung – die magische Verbindung ist.

Alle Weltmodelle vor der Quantentheorie, einschließlich der Relativitätstheorie Einsteins hatten angenommen, dass beliebige Korrelationen (Wechselbeziehungen) Verbindungen erfordern.

In der Newton'schen Physik war die Verbindung mechanisch und deterministisch; in der Thermodynamik – mechanisch und statistisch;

im Elektromagnetismus tritt diese Verbindung als Überschneidung oder als Wechselwirkung der Felder auf; in der Relativitätstheorie – als Resultat der Krümmung des Raums, aber in jedem Fall setzt die Korrelation eine Verbindung voraus. Als einfaches Weltmodell in der Vor-Quanten-Epoche hatte man einen Billardtisch genommen. Wenn die auf ihm liegende Kugel in Bewegung gerät, liegt der Grund in der Mechanik (Stoß einer anderen Kugel), in den Feldern (die Einwirkung des elektromagnetischen Feldes schiebt die Kugel in eine bestimmt Richtung) oder in der Geometrie (der Tisch steht nicht gerade). Aber ohne Grund wird sich die Kugel nicht bewegen (36, S.12).

Bell hat mathematisch sehr exakt bewiesen, dass nicht lokale Effekte stattfinden müssen, wenn die Quantenmechanik in der zu beobachtenden Welt wirkt. Das heißt, wenn auf dem Billardtisch die Kugel A sich auf einmal im Uhrzeigersinn bewegt, dann bewegt sich am anderen Ende des Tisches die Kugel B auf einmal entgegen dem Uhrzeigersinn.

Tatsächlich, experimentell wurde eine Reihe von Effekten entdeckt, die man nur durch den Einfluss einer überirdischen Kraft erklären konnte. Zum Beispiel das Paradoxon Einstein- Podolskij- Rosen (das EPR-Paradoxon). Als die Wissenschaftler in einem starken Magnetfeld ein Atomteilchen spalteten, wurde entdeckt, dass die auseinander fliegenden Splitter sofort eine Information voneinander haben. Zwischen den Splittern des zerfallenen Teilchens bleibt die Verbindung erhalten, ähnlich einem tragbaren Funkgerät, so dass jeder in einem beliebigen Moment weiß, wo sich der andere befindet und was mit ihm geschieht (76, S.232).

Weil es für diesen Fakt keine vernünftige Erklärung gab, bestand in der wissenschaftlichen Öffentlichkeit praktisch einmütig die Meinung, dass das EPR-Paradoxon einen „metaphysischen" Charakter hat (109, S.21).

Im Bell-Theorem, das der Physiker D. Bohm ganz gründlich überprüft hat, sind keine Fehler enthalten, und die Experimente, die das bestätigen, wurden von Doktor A. Aspect aus Orsay vielfach wiederholt (96, S.279). Dabei wurden die nicht lokalen Korrelationen im Experiment genau so gründlich überprüft wie in den Gleichungen (in der Theorie).

Das Bell-Theorem stellte die Wissenschaftler vor die Wahl zwischen zwei Unannehmlichkeiten: entweder sich mit der fundamentalen Unsicherheit der Quantenmechanik abzufinden, oder die klassische Vorstellung von der Kausalität zu erhalten, zuzugeben, dass in der Natur etwas ähnlich der Telepathie wirkt (Einstein'sche Nicht-Lokalität).

Aus der Sicht Bohms unterstützten die Experimente Aspects die Positionen der nicht lokalen verdeckten Variablen, deren Existenz Einstein angenommen hatte.

Die Ungewöhnlichkeit und die Bedeutung des experimentell bestätigten Bell-Theorems berücksichtigend unterstreichen wir noch einmal sein Wesen: es gibt keine isolierten Systeme; jedes Teilchen des Weltalls befindet sich in augenblicklichem Kontakt mit allen übrigen Teilchen. Das ganze System funktioniert, selbst wenn seine Teile durch riesige Entfernungen getrennt sind und Signale, Felder, mechanische Kräfte, Energie usw. zwischen ihnen fehlen, wie ein Einheitliches System (96, S.278). Dabei erfordert die augenblickliche Verbindung, die durch das Bell-Theorem beschrieben wird, keinen Energieverbrauch.

Doktor Jack Saffatti äußerte die Meinung, dass die Information als Mittel der Bell'schen Verbindung dient. Und der Physiker Doktor E. G. Walker war der Meinung, dass das „Bewusstsein" das unbekannte Element ist, das sich schneller als das Licht bewegt und das System zusammenführt.

Etwas voraus eilend weisen wir darauf hin, dass man nach den modernen wissenschaftlichen Forschungen das Bewusstsein als die höchste Form der Entwicklung der Information ansehen muss – als Information hervor-bringend. Träger der Information in der feinstofflichen Welt sind die Tor-sionsfelder die sich augenblicklich und ohne Energieverbrauch verbreiten. Und heute, nach der Erarbeitung der Konzeption des physikalischen Vaku-ums, wird zum Beispiel das EPR-Paradoxon als besondere Art der Torsi-ons-Wechselwirkung erklärt (109, S.8). Erst neulich wurden noch einmal die korrekten Experimente organisiert (Bennett, Zeilinger), die die Stich-haltigkeit des EPR-Paradoxons beweisen und die Idee bestätigen, dass das Bewusstsein eine physikalische Realität ist (114, S.25).

2.1.7. DER DIRAC - SEE

Den Schöpfern der Quantenmechanik war es von Anfang an nicht nach Äther zumute, ihnen reichten die Sorgen mit der ungewöhnlichen neuen Welt, in der die Energie in Portionen gespalten wurde, wo sich die welle als Teilchen erwies und das Teilchen - als Welle.

Aber die Relativitätstheorie und die Theorie der Quantenmechanik mussten aufeinander treffen und beginnen, irgendwie die Entdeckungen, die jede von ihnen gemacht hatte, zu berücksichtigen, schon deshalb, weil die Elementarteilchen in der Lage sind, sich fast mit Lichtgeschwindigkeit zu bewegen, und die Photonen sich überhaupt nur mit Lichtgeschwindig-keit bewegen.

TEILCHEN UND ANTITEILCHEN

Als erster begann der englische Physiker Paul Dirac den Prozess der Vereinigung beider Theorien. Teilchen waren damals – um 1928 – nur drei bekannt: Photonen, Elektronen und Protonen. Das Photon – ein Elementarteilchen, das Quant einer elektromagnetischen Strahlung (im engeren Sinne – des Lichts); das Elektron - ein Elementarteilchen, das positive Energie besitzt und eine negative (auf diese Meinung hatte man sich geeinigt) Ladung, 1891 entdeckt von Thomson; das Proton – ein stabiles Elementarteilchen, der Kern des Wasserstoffatoms.

Das „älteste" war das Elektron. Mit ihm waren die Physiker schon Jahrzehnte bekannt. Verständlich, dass man auch bei den Elektronen beginnen musste. Paul Dirac hatte die Gleichung aufgestellt, die die Bewegung der Elektronen beschrieb unter Berücksichtigung der Gesetze auch der Quantenmechanik und der Relativitätstheorie und hatte ein nicht erwartetes Resultat erhalten. Die Formel für die Energie des Elektrons ergab zwei Lösungen: eine entsprach dem schon bekannten Elektron, dem Teilchen mit positiver Energie, die andere – einem Teilchen, dessen Energie negativ war. In der Quantentheorie des Feldes wird der Zustand des Teilchens mit negativer Energie als Zustand des Antiteilchens interpretiert, das positive Energie und positive Ladung besitzt (18, S.163).

Dirac richtete die Aufmerksamkeit darauf, dass nichtreale Teilchen mit negativer Energie aus ihren positiven „Antizwillingen" hervorgehen. Die Resultate der Experimente des Schweizer Gelehrten V. Pauli ausnutzend, kam Dirac zu einem erstaunlichen Schluss: „Dieser Ozean (das physikalische Vakuum) ist mit Elektronen angefüllt ohne Grenze für die Größe der negativen Energie, und deshalb geht nichts Ähnliches auf den Grund in diesem elektronischen Ozean" (69, S.16). Der Vergleich mit einem Ozean (oder einem Meer) erwies sich als glücklich. Das Vakuum nennt man oft „das Dirac- Meer". Wir finden keine Elektronen mit negativer Energie, weil sie einen dichten unsichtbaren Hintergrund bilden, auf dem alle Weltereignisse vor sich gehen (83, S.16).

Um diese Situation besser zu verstehen, betrachten wir folgende Analogie. Das menschliche Auge sieht nur das, was sich im Verhältnis zu ihm bewegt. Die Konturen unbewegter Gegenstände unterscheiden wir nur deshalb, weil sich die menschliche Pupille ständig bewegt. Aber viele Tiere (zum Beispiel der Frosch) besitzen nicht so einen Sehapparat, sie können, wenn sie sich nicht bewegen, nur bewegte Gegenstände sehen.

Wir alle, die im „Dirac-Meer" leben, befinden und in Bezug auf dieses Meer in der Lage des Frosches, der am Ufer eines Teiches in Erwartung eines unvorsichtigen Insekts erstarrt ist, Das liegende Insekt sieht er, ohne sich bewegt zu haben, aber der Teich, bei windstillem Wetter ohne das sich auf dem Wasser bewegende Kräuseln ist für ihn nicht sichtbar. So ist das auch für uns: die Hintergrundelektronen sehen wir nicht, aber die in der Rolle des Insekts auftretenden, im Vergleich zu den Hintergrundelektronen seltenen Teilchen mit positiver Energie.

1956 kam P. Dirac nach Moskau und las dort eine Lektion „Elektronen und das Vakuum". Er erinnerte darin daran, dass wir gar nicht selten in der Physik Objekte antreffen, die völlig real existieren und sich trotzdem bis dahin in keiner Weise zeigen. Zum Beispiel das nicht erregte Atom, das sich im Zustand der geringsten Energie befindet. Es strahlt nicht, das heißt, wenn auf das Atom nicht eingewirkt wird, bleibt es ungesehen. Wir wissen aber inzwischen genau, dass auch so ein Atom nichts Unbewegliches darstellt: die Elektronen bewegen sich um den Kern, und im Kern selbst gehen die üblichen Prozesse vor sich.

Den Ozean beobachten wir nur bis zu dem Zeitpunkt nicht, so lange man nicht in bestimmter Weise auf ihn einwirkt. Wenn aber in das „Dirac-Meer" , sagen wir, ein an Energie reiches Lichtquant - ein Photon fällt, dann veranlasst es „das Meer", sich zu erkennen zu geben, indem es aus dem Meer eines der unzähligen Elektronen mit negativer Energie ausstößt. Und wie die Theorie bestätigt, entstehen zugleich zwei Teilchen, die man experi-

101

© Тихоплав В.Ю., Тихоплав Т.С., 1999

mentell nachweisen kann: ein Elektron mit positiver Energie und negativer elektrischer Ladung und ein Antielektron auch mit positiver Energie und noch mit positiver Ladung.

Zur Bestätigung der Theorie Diracs fand 1932 der amerikanische Physiker K. D. Andersonexperimentell ein Antielektron in kosmischen Strahlen und nannte dieses Teilchen Positron (18, S.59).

Jetzt ist schon bewiesen, dass zu jedem Elementarteilchen in unserer Welt auch ein Antiteilchen existiert.

All das ist nicht ausgedacht, sondern offen, festgestellt, tausendfach überprüft und nachgeprüft. Und als theoretische Grundlage für die Entdeckungen diente das Dirac'sche physikalische Vakuum.

Der berühmte Physiker w. Heisenberg unterstrich die prinzipielle Bedeutung der Arbeiten Diracs zum Problem des Vakuums. Bis dahin meinte man, dass das Vakuum ein reines „Nichts" ist, das, gleich, was man mit ihm macht, welchen Veränderungen man es auch aussetzt, nicht fähig ist sich zu verändern, immer das gleiche Nichts bleibt. Die Theorie Diracs öffnete den Weg zu den Umwandlungen des Vakuums, in denen das frühere „Nichts" zu einer Vielzahl von Paaren Teilchen-Antiteilchen wurde.

VIRTUELLE TEILCHEN

Eine der Besonderheiten des Vakuums ist das Vorhandensein von Feldern in ihm mit Energie gleich Null und ohne reale Teilchen. Dieses elektromagnetische Feld ist ohne Photonen, das ist ein Pionenfeld ohne Pi-Mesonen, ein Elektronen-Positronenfeld ohne Elektronen und Positronen.

Aber wenn es ein Feld ist, dann muss es schwingen. Solche Schwingungen im Vakuum nennt man oft Null-Schwingungen, weil dort keine Teilchen sind. Eine erstaunliche Sache: Schwingungen eines Feldes sind unmöglich

102

ohne Bewegung von Teilchen, aber in diesem Fall sind Schwingungen da, aber keine Teilchen! Wie kann man das erklären? Die Physiker meinen, dass bei Schwingungen Quanten entstehen und verschwinden. Wenn ein elektromagnetisches Feld schwingt – entstehen und vergehen Photonen, schwingt ein Pionenfeld – erscheinen und verschwinden Pi-Mesonen usw. Die Physik konnte einen Kompromiss zwischen Vorhandensein und Fehlen von Teilchen im Vakuum finden. Der Kompromiss sieht so aus: die Teilchen entstehen bei Nullschwingungen, leben nur ganz kurz und verschwinden. Aber dann ergibt sich, dass die Teilchen, die aus „Nichts" entstehen und dabei Masse und Energie erwerben, damit das unerbittliche Gesetz von der Erhaltung der Masse und der Energie verletzen. Aber das Wesen besteht hier in der „Lebenszeit", die den Teilchen gelassen wird: sie ist so kurz, dass man nur theoretisch eine Verletzung der Gesetze errechnen kann, aber experimentell ist das unmöglich zu beobachten. Da ist ein Teilchen aus „Nichts" entstanden und sofort wieder gestorben. Zum Beispiel beträgt die ungefähre „Lebenszeit" eines Momentan-Elektrons ungefähr 1021 Sekunden, und die eines Momentan-Neutrons 1024 Sekunden. Ein gewöhnliches freies Neutron lebt Minuten, und als Teil des Atomkerns unbestimmt lange, wie ein Elektron, wenn es nicht berührt wird.

Deshalb nannte man die Teilchen, die so kurz leben, dass das im konkreten Fall nicht bemerkt werden kann, im Unterschied zu den gewöhnlichen, den realen – virtuelle Teilchen. In der genauen Übersetzung aus dem Lateinischen – mögliche. Aber zu glauben, dass diese Teilchen nur möglich sind, es sie aber in Wirklichkeit nicht gibt – ist falsch. Diese „möglichen" Teilchen wirken im Vakuum völlig real auf die völlig realen Bildungen aus zweifellos realen Teilchen und sogar auf mikroskopische Körper, wie das in genauen Experimenten beobachtet wird (69, S.67). Und wenn die Physik ein einzelnes virtuelles Teilchen nicht bemerken kann, wird aber ihre summarische Wirkung auf gewöhnliche Teilchen ausgezeichnet fixiert.

Den Einfluss der virtuellen Vakuumteilchen zu beobachten wurde nicht nur in Versuchen möglich, wo man die Wechselwirkungen der Elementarteilchen untersucht, sondern auch in einem Experiment mit Makrokörpern. Zwei Platten, die im Vakuum angebracht und einander genähert wurden, beginnen unter den Schlägen der virtuellen Teilchen sich anzuziehen. Dieser Fakt wurde 1965 durch den holländischen Theoretiker und Experimentator Hendrik Casimir entdeckt.

In Wirklichkeit gehen absolut alle Reaktionen, alle Wechselwirkungen zwischen realen Elementarteilchen unter unbedingter Teilnahme des virtuellen Vakuum-Hintergrunds vor sich, auf den die Elementarteilchen ihrerseits auch einwirken.

Ebenfalls zeigte es sich, dass die virtuellen Teilchen nicht nur im Vakuum entstehen. Sie werden auch von gewöhnlichen Teilchen hervorgebracht. Elektronen strahlen zum Beispiel ständig virtuelle Photonen aus und absorbieren sie wieder.

DIE POLARISIERUNG DES VAKUUMS

Das reale Elektron zieht virtuelle Positronen an und stößt virtuelle Elektronen ab – nach dem uns bekannten Gesetz der Anziehung ungleichnamiger und der Abstoßung gleichnamiger elektromagnetischer Ladungen. Im Ergebnis wird das Vakuum polarisiert, weil die Ladungen in ihm räumlich getrennt sind. Das Elektron ist von einer Schicht virtueller Positronen umgeben. Und jedes Elementarteilchen bewegt sich in Begleitung einer ganzen Suite virtueller Teilchen. Eine solche Wolke virtueller Teilchen um ein reales Teilchen nennt man oft Pelz, und setzt das nicht einmal in Anführungszeichen. So ein virtueller Pelz stört die Untersuchung des realen

104

Teilchens selbst.

Das korrespondierende Mitglied der Akademie der Naturwissenschaften der UdSSR, D. I. Blohinzev schrieb: „. . . . Im Ergebnis der Polisarisierung des Vakuums um ein geladenes Teilchen entsteht eine mit ihm in Verbindung stehende „Atmosphäre".

Das Atommodell von Rutherford, das an das Sonnensystem erinnert, musste man durch ein anderes ersetzen, wo um den Kern keine harte Kugel kreist, sondern eine über den ganzen Orbit verbreitete Wolke, und die Teilchen des Kerns bleiben zusammen, dank dem Wechsel mit anderen Teilchen.

Das große Verdienst Diracs besteht darin, dass er die relativistische Theorie der Elektronenbewegung erarbeitet hat, die das Positron, die Annihilation (das Verschwinden) und das Entstehen von Elektronen-Positronen-Paaren aus dem Vakuum voraussagte. 1933 erhielt er zusammen mit dem Physiker E. Schrödinger den Nobelpreis (18, S.399).

Die weiteren Forschungen der Quantenphysik waren insbesondere der Untersuchung der Möglichkeit des Erscheinens realer Teilchen aus dem Vakuum gewidmet. Was ist, wenn man auf das Vakuum mit irgendeinem Feld einwirkt, das in sich Energie trägt, genügend, um wenigstens einige virtuelle Teilchen in reale umzuwandeln?

Noch 1939 begründete E. Schrödinger theoretisch die Situation, bei der aus dem Vakuum reale Teilchen entstehen müssen. Aber die von ihm erhaltene Gleichung erwies sich, wenigstens für eine Zeit, klüger als ihr Schöpfer. Schrödinger hatte die Möglichkeit der Entstehung realer Teilchen aus dem Vakuum mit einem Mangel der Theorie berechnet, von der er in seinen Erwägungen und Überlegungen ausgegangen war.

Es muss noch gesagt werden, dass E. Schrödinger 1934 als Zeichen der Anerkennung seiner hervorragenden Verdienste zum Ehrenmitglied der

Akademie der Wissenschaften der UdSSR gewählt wurde (95, S.130). In den 90er Jahren, als die fünfte fundamentale Wechselwirkung – die Information entdeckt worden war, verstanden die Gelehrten, welches Feld genau auf das physikalische Vakuum mit dem Ziel des Erhalts realer Teilchen einwirken muss. Als solche erwiesen sich die Torsionsfelder, die als Träger der Information in der feinstofflichen Welt dienen, die sich mit augenblicklicher Geschwindigkeit ausbreiten und ohne Energieverbrauch.

Da sind sie, die Vermutungen Einsteins und das Bell-Theorem, und die Untersuchungen Bohms, und die Experimente Aspects.

Indem wir die Ergebnisse des Genannten ziehen, unterstreichen wir folgendes: die Quantenphysik hat bewiesen, dass an einem Vakuum in verdeckter Form Teilchen und Antiteilchen teilnehmen, und das Quant seiner Energie entwickelt das Paar (Elektron-Positron), gibt ihm eine zu beobachtende und sozusagen eine legale Position in der Welt.

Besonders die Quantenphysik machte den Einstein'schen Raum zum physikalischen Vakuum, erfüllte diesen Raum mit einem materiellen Mittel, ohne sich mit der Relativitätstheorie zu entzweien. Aber die Verbindung der Quantenphysik und der Relativitätstheorie konnten ihr Apogäum erst im Ergebnis der Schaffung der Einheitlichen Feldtheorie erreichen. Sie musste in enger Form mit den Eigenschaften des physikalischen Vakuums verbunden sein, sich in ihren Schlüssen auf diese Eigenschaften stützen und sie gleichzeitig erklären.

2.1.8. DAS PHYSIKALISCHE VAKUUM

Unsere modernen Vorstellungen über die Quelle aller Teilchen und Felder verbinden sich mit dem physikalischen Vakuum — den Hauptzustand jeder Art der Materie. Von meinem Standpunkt aus, hat das Problem der einheitlichen Theorie des Feldes die Lösung in der Theorie des physikalischen Vakuums bekommen.

G. I. Schipov (117, S.19)

DIE FORMIERUNG EINES EINHEITLICHEN WELTBILDES

Die alten Philosophen des Ostens haben bestätigt, dass alle materiellen Objekte aus der großen Leere entstehen, wo ständig Akte der Schaffung der Realität vor sich gehen. Diese Idee wird auch in der Physik untersucht, angefangen bei Newton bis in unsere heutige Zeit, mit dem Bestreben, die Geometrie des Raums der Ereignisse und die Mechanik der Bewegung der Körper zu koordinieren. Der englische Mathematiker W.Clifford bestätigte, dass in der physikalischen Welt nichts geschieht, außer der Veränderung der Krümmung des Raums, und die Materie stellt das Koagulum des Raums dar, nach ihrer Art Hügel der Krümmung vor dem Hintergrund eines flachen Raums. Die Ideen Cliffords nutzte auch Einstein, der in der allgemeinen Relativitätstheorie erstmalig die tiefe Wechselbeziehung des abstrakten geometrischen Begriffs der Raumkrümmung mit den physikalischen Problemen der Gravitation zeigte (23, S.67; 24, S.106).

Zu Beginn des XX. Jahrhunderts erschien mit der Schaffung der Quantentheorie Diracs einerseits und der Gravitationstheorie Einsteins andererseits eine neue Ebene der Realität – das physikalische Vakuum als Forschungsobjekt; dabei gaben ihrer Natur nach unterschiedliche Theorien unterschiedliche Vorstellung von ihm. Wenn in der Theorie Einsteins das Vakuum als leerer vierdimensionaler, nach der Geometrie Riemanns eingeteilter Raum angesehen wurde, stellt in der Quantentheorie Diracs das Vakuum (global neutral) eine Art aus virtuellen Teilchen – Elektronen und Positronen bestehende „kochende Bouillon" dar (25, S.89).

Um die zwei unterschiedlichen Vorstellungen vom Vakuum zu vereinen und eine einheitliche Theorie der Gravitation und des Elektromagnetismus zu schaffen, in dem das elektromagnetische Feld ebenfalls aus den besonderen geometrischen Eigenschaften des Raums entstehen könnte, wurde von Einstein ein Programm entwickelt, das den Namen Programm der Einheitlichen Feldtheorie erhielt. Gerade Einstein hatte die letzten 35 Jahre seines Lebens versucht, eine allgemeine Feldtheorie zu formulieren, oder einfacher gesagt, die Formel zu entdecken, die die ganze Welt beschreibt und aus der die übrigen wissenschaftlichen Wahrheiten hervorgehen. Einstein nahm an, dass irgendein allgemeines Feld existiert, das alle schon bekannten Felder einbezieht. Aber dieses Feld zu finden und die Einheitliche Feldtheorie zu schaffen, ist so nicht gelungen. Allein die Intuition hat ihn auch diesmal nicht betrogen. Wie im Weiteren gezeigt werden wird, existiert so ein Feld tatsächlich.

Trotzdem blieb die Geometrisierung der Felder ein attraktives Programm für die theoretische Physik.

Die Krümmung des Raums erwies sich nicht als seine einzige Charakteristik. 1922 richtete E. Cartan die Aufmerksamkeit auf die mögliche Verbindung einiger physikalischer Größen mit anderen geometrischen Begriffen – der Torsion des Raums. Seine Ideen wurden entwickelt und führten zur Schaffung der Theorie der Gravitation mit Torsion, und später in der allgemeinen Form, zur Quantentheorie der Felder mit Torsion(33, S.2).

Den nächsten Schritt, der zur Schaffung der ETF führte machte der englische Physiker-Theoretiker R. Penrose, der sich auf die Ideen der Krümmung und der Torsion des Raums stützte. Er zeigte, dass der Geometrie neben den fortschreitenden Koordinaten auch rotierende zugrunde liegen können, und dass sie die Eigenschaften des Raums und der Zeit bestimmen. Penrose schrieb die Vakuum-Gleichungen Einsteins in der Spinform (23, S.67).

Spin (vom englischen spin – sich drehen, rotieren) – ist ein eigener Moment der Anzahl der Bewegungen des Elementarteilchens, das eine Quantennatur hat und nicht verbunden ist mit der Bewegung des Teilchens als Ganzes (18, S.713). Die Konzeption des Spins wurde 1925 durch die amerikanischen Gelehrten J. Uhlenbeck und S. Goudsmit in die Physik eingeführt, die annahmen, dass man das Elektron auch als „sich drehenden Kreisel" Ansehen kann, weil der Spin neben der Masse und der Ladung eine der wichtigsten Charakteristiken des Elementarteilchens werden muss. Für bestimmte Gruppen von Elementarteilchen nimmt die Spin-Quantenzahl einen ganzzahligen oder einen halbzahligen Wert an. Zum Beispiel ist der Spin eines Elektrons, Protons, Neutrons, Neutrinos und ihrer Antiteilchen gleich 1/2; der Spin der P- und K- Mesonen gleich 0; der Spin des Photons gleich 1 (70, S.435).

So wurden in der Mitte des XX. Jahrhunderts mit dem Ziel der Schaffung eines einheitlichen Weltbildes zwei globale Ideen formuliert: das Programm Riemanns – Cliffords – Einsteins, nach dem „in der physikalischen Welt nichts geschieht, außer der Veränderung der Krümmung des Raums, der dem Gesetz der Kontinuität unterliegt", und dem Programm Heisenbergs – Ivanenko, das annimmt, alle Teilchen der Materie aus Teilchen mit dem Spin 1/2 zu bauen.

Die Schwierigkeit der Vereinigung dieser zwei Programme bestand nach

Meinung eines Schülers Einsteins, des bekannten Theoretikers John Wheeler darin, dass „der Gedanke vom Erhalt des Begriffs Spin allein aus der klassischen Geometrie nicht vorstellbar war". Wheeler hatte diese Worte 1960 gesagt, als er eine Vorlesung in der Internationalen Schule der Physik „Enrico Fermi" gehalten hatte (25, S. 89). Er wusste noch nicht, dass im Ergebnis der ausgezeichneten Arbeiten von Penrose die Vakuumgleichungen Einsteins schon in Spinform geschrieben waren, dass die Spinoren der klassischen Geometrie zugrunde gelegt werden können und dass gerade sie die topologischen und geometrischen Eigenschaften der Raum-Zeit bestimmen.

ÜBER DIE ARBEIT G. I. SCHIPOVS

Die weitere Entwicklung des Problems „Raum-Materie" , die von dem talentierten russischen Gelehrten G. I. Schipov (heute Mitglied der Akademie der Naturwissenschaften Russlands) vorgeschlagen wurde, ging den Weg der Vereinigung der Programme Riemanns – Cliffords – Einsteins und Heisenbergs – Ivanenko.

Nachdem er sich gründlich mit den bestehenden Ideen und Ausarbeitungen auseinander gesetzt hatte, richtete Schipov die Aufmerksamkeit darauf, dass in den untersuchten Gleichungen die Komponenten der rotierenden Bewegung fehlen, die alles in der Natur begleiten – von den Elementarteilchen bis zum Weltall. Wie sich herausstellte, spielen die Felder der Raumdrehung – die Torsionsfelder, die die Struktur der Materie beliebiger Natur bestimmen (111, S.3), die fundamentale Rolle bei dieser Bewegung. Als Ergebnis der Drehung des Raums ergab sich das Trägheitsfeld, Kenntnisse darüber fehlen praktisch in der modernen Physik (26, T.1, S.9)

Das Problem der Kräfte und der Felder der Trägheit in der klassischen

110

Mechanik und anderen Gebieten der Physik ist bis heute eins der brennenden Probleme der modernen Wissenschaft. Die Trägheitskräfte entsprechen nicht dem dritten Newtonschen Gesetz, sie sind gleichzeitig sowohl äußerlich als auch innerlich in Bezug auf ein isoliertes System; die Entstehung dieser Kräfte war immer eine sehr dunkle Frage in der Theorie der Teilchen und Felder (26, T.1, S.4). Dieses Problem erwies sich für die Physik als so kompliziert, dass sich die Kenntnisse über die Trägheitskräfte seit der Zeit Newtons nicht verändert haben.

In unserem Land entstehen periodisch Allunions-Diskussionen zu den Problemen der Trägheitskräfte. Die grundlegenden Fragen waren immer: sind die Trägheitskräfte real? Was ist ihre Quelle? Sind sie in Bezug auf ein isoliertes System äußerlich oder innerlich? Eine einheitliche Meinung zu diesen Fragen wurde jedoch nicht erreicht.

Wir stellen fest, dass in der Physik jede Erscheinung als real gilt, wenn sie in einem Versuch festgestellt wurde. Die Kräfte der Trägheit lassen sich in einem Versuch in beschleunigten Bezugssystemen gut beobachten. Deshalb verhielten sich Newton, Euler, Mach, Einstein und viele andere zu diesen Kräften wie zu realen Kräften. Aus dem Versuch ergab sich auch, dass bei beschleunigter Bewegung und ausgedehntem Körper ein Kraftfeld der Trägheit entsteht, dessen gleich wirkendes zum Massezentrum dieses Körpers gelegt ist. Weil die Realität der Felder und der Kräfte der Trägheit durch Versuche nachgewiesen wurde, war es vernünftig, die Frage nach dem Studium der physikalischen Eigenschaften des Trägheitsfeldes, das die Trägheitskräfte hervorbringt, aufzuwerfen.

Genau mit der Erforschung der Trägheitsfelder begann auch G. I. Schipov. Noch 1979 gelang es ihm, die Gleichung der Dynamik der Trägheitsfelder aufzustellen. Er hatte einen Weg gefunden, der es ermöglichte, die Trägheitsfelder mit der Torsion des Raums zu verbinden (26, T.1, S.4).

111

1988 legte Schipov neue fundamentale Gleichungen der Physik vor, die das Trägheitsfeld in die Qualität eines einheitlichen Feldes erhoben. Diese Gleichungen werden behandelt als Gleichungen, die die Struktur des physikalischen Vakuums beschreiben. Sie verallgemeinern alle bis zum heutigen Tag bekannten fundamentalen Gleichungen der Physik und stellen ein selbstkonsistentes System nichtlinearer Differenzialgleichungen erster Ordnung dar, zu dem die geometrisierten Gleichungen Heisenbergs, die geometrisierten Gleichungen Einsteins und die geometrisierten Gleichungen Yang-Mills gehören.

Schipov führte neue Vorstellungen über die Struktur der Zeit und des Raums ein. Wir wissen schon, dass der Raum Newtons dreidimensional ist (X,Y,Z), eingeteilt nach der Geometrie Euklids; dass die Raum-Zeit Einsteins vierdimensional ist (X, Y, Z, Ct), gekrümmt, eingeteilt nach der Geometrie Riemanns; die Raum-Zeit ist in der Arbeit Schipovs nicht nur gekrümmt, wie in der Theorie Einsteins, sondern auch gedreht, wie in der Geometrie Riemanns – Cartans. Für die Berechnung der Krümmung führte Schipov in die geometrisierte Gleichung eine Vielzahl von Winkelkoordinaten ein: drei Raumwinkel (Eulersche Ecken) und drei Raum-Zeit-Winkel (Winkel zwischen der Zeitachse und der Raumachse des Bezugssystems), wodurch es möglich wurde, in die Theorie des physikalischen Vakuums die Winkelmetrik einzuführen, die das Quadrat der unendlich kleinen Wendung des vierdimensionalen Bezugssystems bestimmt (26, T.3, S.6).

Die weitere Entwicklung der Arbeiten G. Schipovs zeigten, dass das Hinzufügen der Drehkoordinaten zur universellen Relativitätstheorie führt (26, T.3, S.27). Das Prinzip der universellen Relativität verallgemeinert das Prinzip der speziellen und das Prinzip der allgemeinen Relativitätstheorie Einsteins und bestätigt ebenso die Relativität aller physikalischen Felder (25, S.95). Faktisch stellt das Prinzip der universellen Relativität die

112

physikalische Realisierung der philosophischen These: „Alles in der Welt ist relativ" dar. So ist der Grad der Verallgemeinerung des physikalischen Prinzips, das der Vakuumtheorie zugrunde liegt.

Die Gleichungen des physikalischen Vakuums entsprechen dem von Schipov ausgearbeiteten Prinzip der universellen Relativität, - alle physikalischen Felder, die zur Vakuumgleichung gehören, haben einen relativen Charakter; der Raum der Ereignisse der Vakuumtheorie hat Spinorennatur; im Grundzustand hat das Absolute Vakuum einen Null-Mittelwert eines Moments, eines Impulses oder anderer physikalischer Charakteristiken.

Die gefundenen Lösungen der Gleichungen Schipovs beschreiben die gekrümmte und gedrehte Raum-Zeit, die als Vakuumanregungen interpretiert wird, die sich in einem virtuellen Zustand befinden. Diese Lösungen beginnen die reale Materie zu beschreiben, nachdem sich die in sie eintretenden Konstanten (oder Funktionen) der Integration mit den physikalischen Konstanten identifiziert haben (112, S. 6).

Außerordentlich wichtig ist, dass die Vakuumgleichungen und das Prinzip der universellen Relativität nach entsprechenden Vereinfachungen zu den Gleichungen und Prinzipien der Quantentheorie führen. Die auf diese Weise erhaltene Quantentheorie ist determiniert, weil in ihren Gleichungen das Trägheitsfeld in der Rolle der freien Funktion auftritt (110, S.12). Schipov gelang es, die Krise in der theoretischen Physik zu lösen, nachdem er Antworten auf Fragen erhalten hatte, die vor vielen Jahren von der Wissenschaft aufgeworfen wurden. Die freie Funktion in den Gleichungen Schrödingers und Diracs ist das reale physikalische Feld – das Trägheitsfeld; Determinismus und Kausalität existieren in der Quantenmechanik, obwohl eine stochastische Auslegung der Dynamik der Quantenobjekte unausweichlich ist; das Teilchen stellt einen Grenzfall der reinen Feldbildung dar mit dem Bestreben der Masse (oder der Ladung) dieser Bildung

113

zu einer konstanten Größe. In diesem Grenzfall geht die Entstehung des Welle-Teilchen-Dualismus und der optisch-mechanischen Analogie in der reinen Feldtechnologie (80, S.50) vor sich; die moderne Quantentheorie ist nicht vollständig, weil sie nicht mit dem Prinzip der Rotationsrelativität übereinstimmt; in der Quantentheorie wird eine Situation gemessen , die eine Kombination von Feldern darstellt, die vom Messgerät und vom gemessenen Objekt gebildet werden (26, T.1, S.9).

Die Vermutungen Einsteins, dass die Quantentheorie nicht vollständig ist und seine Annahme, dass „eine vollkommenere Quantentheorie auf dem Weg der Erweiterung des Relativitätsprinzips gefunden werden kann", hatten sich bestätigt (26, T.2, S.48).

Und heute entspricht die Quantentheorie, die die Wissenschaftler als vollständig bezeichnen und die aus der Gleichung der Theorie des physikalischen Vakuums hervorgeht, allen Forderungen Einsteins. Auf der Grundlage der erhaltenen Ergebnisse ergibt sich der Schluss, dass der Traum Einsteins von der Schaffung einer vollständigen, determinierten Quantentheorie durch die Verallgemeinerung der Gleichungen der allgemeinen Relativitätstheorie seine Verwirklichung in der Theorie des physikalischen Vakuums gefunden hat (80, S.1).

So haben das Prinzip der universellen Relativität und die Theorie des physikalischen Vakuums das Problem der Kräfte und der Felder der Trägheit in der klassischen Mechanik, das Problem der Divergenz in der Elektrodynamik und das Problem der Abgeschlossenheit der Quantenmechanik miteinander verbunden; indem sie gezeigt haben, dass diese Probleme eine einheitliche Quelle haben – das Fehlen von Kenntnissen in der modernen Physik, über das vielleicht fundamentalste physikalische Feld – das Trägheitsfeld, das in der Rolle des einheitlichen Felds auftritt und intern alle physikalischen Felder vereint. Und eben dieses Feld hatte der große Ein-

114

stein gesucht, wie sich herausstellte.

Nachdem er die Theorie des physikalischen Vakuums geschaffen hatte, konnte Schipov auch auf Fragen antworten, die die Trägheitskräfte betreffen: die Trägheitskräfte werden durch das Trägheitsfeld erzeugt, das in der Theorie des physikalischen Vakuums die Rolle des einheitlichen Feldes spielt; die Trägheitsfelder werden durch die Torsion des Raums, die die elastischen Eigenschaften des Raums charakterisiert und eine lokale Natur haben, bestimmt; die Trägheitskräfte sind gleichzeitig äußere und innere Kräfte in Bezug auf ein beliebiges isoliertes System (26, T. 3, S.27).

Ein ausnehmend wichtiges Ergebnis der Arbeit Schipovs ist die Herstellung der Verbindung zwischen dem Trägheitsfeld und den durch die Torsion des Raums bestimmten Torsionsfeldern.

Es muss auch bemerkt werden, dass das Programm der einheitlichen Feldtheorie im Ergebnis der Forschungen Schipovs zur Theorie des physikalischen Vakuums geworden ist.

Einheitlicher Träger der Felder (der Felder, und nicht der Wechselwirkungen) ist das physikalische Vakuum – „das fundamentale Feld", nach der erfolgreichen Terminologie des Akademiemitglieds I. L. Gerlovin, und alle Felder: das Gravitationsfeld, das elektromagnetische Feld, das Torsionsfeld (Spin-Feld) sind seine unterschiedlichen Phasen (84, S.15).

Die Theorie des physikalischen Vakuums führt zu einer ganzen Reihe Folgen theoretischen und praktischen Charakters (26, T.3, S.52):

* die Schaffung der Einsteinschen einheitlichen Feldtheorie als Theorie des physikalischen Vakuums;

* die Gleichungen des physikalischen Vakuums entsprechen allen fundamentalen Gleichungen der modernen Physik;

* die Schaffung der determinierten Quantentheorie, die den Forderungen Einsteins entspricht;

115

* die Entdeckung neuer Typen fundamentaler Wechselwirkungen auf der Grundlage der exakten Lösung der Gleichungen des physikalischen Vakuums;

* theoretische Beschreibung der Torsions-Wechselwirkung;

* die prinzipielle Möglichkeit der Schaffung eines Antriebs neuen Typs, der die Trägheitsfelder und Trägheitskräfte nutzt;

* Schaffung von Strahlungsemittern und Strahlungsempfängern einer ausschließlich elektromagnetischen Strahlung;

* Schaffung von Geräten, die neue Typen fundamentaler Wechselwirkungen nutzen (zum Beispiel die Torsionswechselwirkung) und vieles anderes.

So gelang es dem russischen Gelehrten G. I. Schipov glänzend, die große Arbeit einer Plejade hervorragender Gelehrter zu vollenden und die einheitliche Feldtheorie zu schaffen, von der der große Physiker Albert Einstein geträumt hatte und an deren Quellen er gestanden hatte. Wahrhaftig, „wenn ich weiter gesehen habe als die anderen, dann nur deshalb, weil ich auf den Schultern von Giganten gestanden habe" (Newton).

Am Ende des XX. Jahrhunderts wurden das Prinzip der universellen Relativität Schipovs, die Geometrie Riemanns – Cartans – Schipovs und das physikalische Vakuum – das materielle Mittel, das die Wechselwirkungen überträgt und Elementarteilchen hervorbringt, zur inhaltsreichen Basis des neuen Paradigmas.

EIGENSCHAFTEN DES PHYSIKALISCHEN VAKUUMS

Für uns ist heute das physikalische Vakuum das, was im Raum bleibt, wenn man aus ihm alle Luft und alle Elementarteilchen, bis auf das letzte, entfernt. Als Resultat gibt es keine Leere, sondern eine eigenartige Materie – den Vorfahren all dessen, was im Weltall ist, der Elementarteilchen hervorbringt, aus denen sich dann Atome und Moleküle bilden.

A. E. Akimov (11, S.24)

Weil in den Begriff des Vakuums das alles durchdringende Mittel hineingelegt wird, das sich zwischen den Teilchen befindet, nimmt das Vakuum den ganzen interpartikulären Raum ein; dieses Mittel kann man folglich als teilchenlose Form der Materie bestimmen, deren Dichte sich entsprechend den auf das Vakuum einwirkenden Kräften ändert. Die Dichte des Vakuums hat einen ganz geringen Wert im Vergleich zu den für uns üblichen Werten der Dichte eines Stoffes: zum Beispiel, die Dichte des Vakuums, das sich zwischen den Gasmolekülen bei einem Druck von einer Atmosphäre befindet, beträgt 10^{-15} g/cm^3, aber die Dichte destillierten Wassers beträgt unter den gleichen Bedingungen – 1 g/cm^3 (20, S.60).

Die Gravitation, die allen Massen eigen ist, ist auch der Masse des Vakuums eigen. Auf der Grundlage dieses Postulats wird die Kraft der Wechselwirkung eines Körpers mit beliebigem Vakuumteil durch das Gesetz der Gravitation bestimmt. Das heißt, der Körper zieht das Vakuum an, ähnlich dem, wie die Erde auf ihr befindliche Körper anzieht. Deshalb wird sich bei der Bewegung eines Körpers zusammen mit ihm auch das ihn umgebende Vakuum bewegen (sich mitreißen lassen). Natürlich erfolgt dieses Mitreißen nur in dem Fall, wenn auf dieses Vakuum keine große Kraft einwirkt

117

(von der Gravitationstätigkeit anderer Körper), die das Vakuum von diesem Mitreißen zurückhält. Aber das Vakuum wird nicht einfach hinter dem sich bewegenden Körper mitgerissen, sondern „spielt die Rolle des wirklichen Leiters jeglicher Bewegung. Als bildliche Vorstellung, das Vakuum klammert sich wie eine Bulldogge an ein beliebiges Makroobjekt mit umso größerer Kraft, je massiver sein Opfer ist. Wenn es sich festgeklammert hat, lässt es das Opfer niemals los, begleitet es bei allen Bewegungen durch den kosmischen Raum. Physikalisch bedeutet das, dass das Vakuum und das von ihm kontrollierte Objekt ein in sich geschlossenes System darstellen" (21, S.27).

Die einzigartigen Versuche von Fizeau und Michelson haben gezeigt, dass es in der Natur kein absolut unbewegliches Vakuum gibt. Das Vakuum, das eine Masse besitzt, wird immer von dem Körper mitgerissen, dessen Gravitationskräfte überwiegen. In den genannten Versuchen ist solch ein Körper die Erde, die das die Erde umgebende Vakuum mitreißt (im Versuch Michelson) und dem sich auf der Erde bewegenden Körper nicht erlaubt, das Vakuum mitzureißen, das sich zwischen den Teilchen des Körpers befindet (im Versuch Fizeau).

In der modernen Interpretation wird das physikalische Vakuum als kompliziertes dynamisches Quantenobjekt dargestellt, das sich durch die Fluktuation zeigt. Das physikalische Vakuum wird als materielles Mittel betrachtet, das isotrop (gleichmäßig) den ganzen Raum füllt (den freien Raum und auch die Materie), eine Quantenstruktur hat und im ungestörten Zustand nicht zu beobachten ist (33, S.4).

Für das bessere Verständnis des physikalischen Vakuums wurde als zweckmäßig anerkannt, es als Elektronen – Positronen - Modell von Dirac in seiner etwas veränderten Interpretation anzusehen.

Wir stellen das physikalische Vakuum als materielles Mittel vor, beste-

118

hend aus Elementen, die aus Teilchen-Antiteilchen-Paaren gebildet werden (nach Dirac Elektron -Positron - Paar).

Wenn man ein Teilchen und ein Antiteilchen ineinander legt, dann wird dieses System real elektroneutral. Aber weil beide Teilchen Spins haben, muss das System „Teilchen-Antiteilchen" ein Paar ineinander gelegter Teilchen mit entgegengesetzt gerichteten Spins sein. Infolge der realen Elektroneutralität und der entgegengesetzt gerichteten Spins wird dieses System auch kein Magnetmoment haben (33, S.5). Ein System aus Teilchen und Antiteilchen in der oben beschriebenen Art, das die genannten Eigenschaften hat, heißt Fitton. Die Dichtpackung der Fittone bildet auch das Mittel, das man physikalisches Vakuum nennt. Es muss aber daran erinnert werden, dass dieses Modell vollkommen vereinfacht ist, es wäre naiv, in dem aufgebauten Modell die wahre Struktur des physikalischen Vakuums zu finden (Bild 1, *a, b*).

Betrachten wir de in praktischer Beziehung wichtigeren Fälle der Störung des physikalischen Vakuums durch verschieden äußere Quellen (86, S.940).

1. Die Störungsquelle soll die Ladung *q* sein (Bild 1, *c*). Die Wirkung der Ladung ist die Ladungspolarisation des physikalischen Vakuums, sein Zustand erscheint als elektromagnetisches Feld (E-Feld). Darauf hat früher das Mitglied der Akademie der Wissenschaften der UdSSR Ja. B. Seldovich in seinen Arbeiten hingewiesen.

2. Die Störungsquelle soll die Masse *m* sein (Bild 1, *d*). Die Störung des physikalischen Vakuums durch die Masse *m* drückt sich aus in symmetrischen Schwingungen der Fitton Elemente entlang der Achse zum Zentrum des Störobjekts, wie das ungefähr in der Zeichnung dargestellt ist. Dieser Zustand des physikalischen Vakuums wird charakterisiert als Spin-Längspolarisation und wird als Gravitationsfeld (G-Feld) interpre-

119

tiert. Diese Idee war noch von A. D. Sacharov (87, S. 70) ausgesprochen worden Nach seiner Meinung ist die Gravitation überhaupt keine einzeln wirkende Kraft, sondern entsteht im Ergebnis der Veränderungen der Quanten-Fluktuationsenergie des Vakuums, wenn eine Materie vorhanden ist, ähnlich, wie das mit der Bildung der Kräfte im Versuch von G. Casimir vor sich gegangen ist. A. D. Sacharov war der Meinung, dass das Vorhandensein der Materie im Meer der Teilchen mit absoluter Nullenergie die Bildung unausgeglichener Kräfte hervor ruft, die die Materie bewegen, die Gravitation genannt werden (86, S.940).

3. Die Störungsquelle soll ein klassischer Spin sein (Bild 1, e). Die Spins der Fittone, die mit der Ausrichtung des Spins der Quelle übereinstimmen, behalten ihre Ausrichtung. Die Spins der Fittone, die entgegengesetzt dem Spin der Quelle ausgerichtet sind, machen eine Umkehrung durch. Im Ergebnis geht das physikalische Vakuum in den Zustand der transversalen Spin-Polarisation über. Dieser Zustand wird als Spin-Feld (S-Feld) interpretiert, das heißt, als Feld, das durch einen klassischen Spin entstanden ist. So ein Feld nennt man noch Torsionsfeld (31, S. 31).

Nach dem Dargelegten kann man annehmen, dass das einheitliche Mittel – das physikalische Vakuum sich in verschiedenen Polarisationszuständen befinden kann, in EGS-Zuständen. Wobei das physikalische Vakuum in dem Phasenzustand, der dem elektromagnetischen Feld entspricht, gewöhnlich als supraflüssige Flüssigkeit angesehen wird. Im Phasenzustand der Spin-Polarisation benimmt sich das physikalische Vakuum wie ein fester Körper.

Die genannten Überlegungen versöhnen zwei einander ausschließende Positionen – die Position vom Ende des XIX. Jahrhunderts und Beginn des XX. Jahrhunderts, als man den Äther als festen Körper ansah, und die Vorstellung der modernen Physik vom physikalischen Vakuum als supra-

120

flüssige Flüssigkeit. Beide Positionen sind richtig, aber jede für ihren Phasenzustand (33, S.13).

Alle drei Felder: das Gravitationsfeld, das elektromagnetische Feld und das Spin-Feld sind universell. Diese Felder zeigen sich sowohl in den Mikroebenen als auch in den Makroebenen. Hier ist es angebracht, sich der Worte des Mitglieds der Akademie der Wissenschaften der UdSSR, Ja. I. Pomeranchuk zu erinnern: „Die gesamte Physik – das ist die Physik des Vakuums", oder des Mitglieds der Estnischen Akademie der Wissenschaften, G. I. Naan: „Vakuum ist alles, alles ist Vakuum" (63, S.14).

Im Ergebnis der Bekanntschaft mit der Theorie des physikalischen Vakuums wird klar, dass die moderne Natur keine „Vereinigungen" braucht. In der Natur gibt es nur das physikalische Vakuum und seine polarisierten Zustände, und „Vereinigungen" drücken nur den Grad unseres Verständnisses der Wechselwirkung der Felder aus (31, S. 32).

Man muss noch einen außerordentlich wichtigen Fakt erwähnen, der das physikalische Vakuum als Energiequelle betrifft.

Der moderne Gesichtspunkt wurde zu der Bestätigung gebracht, dass, weil das physikalische Vakuum ein System mit minimaler Energie ist, man aus so einem System keinerlei Energie gewinnen kann. Dabei wurde jedoch nicht beachtet, dass das physikalische Vakuum ein dynamisches System ist, das intensive Fluktuationen besitzt, die auch eine Energiequelle sein können. Die Möglichkeit der effektiven Wechselwirkung drehender Objekte mit dem physikalischen Vakuum erlaubt es, die Möglichkeit der Schaffung von Torsionsenergiequellen von neuen Positionen aus zu betrachten.

Nach J. Wheeler beträgt die Plancksche Dichte der Energie des physikalischen Vakuums 10^{95} g/cm³, während die Dichte der Kernstoffenergie 10^{14} g/cm³ beträgt. Bekannt sind auch andere Einschätzungen der Energie der Vakuumfluktuationen, aber alle sind deutlich höher als die Einschätzung

121

J. Wheelers (31, S. 34). Folglich kann man folgende viel versprechende Schlüsse ziehen.

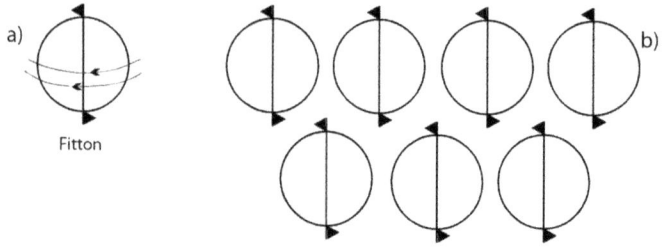

Fitton

Fittonstruktur des physikalischen Vakuums

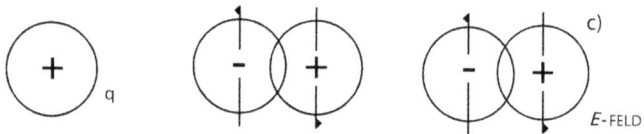

Ladungspolarisation des physikalischen Vakuums

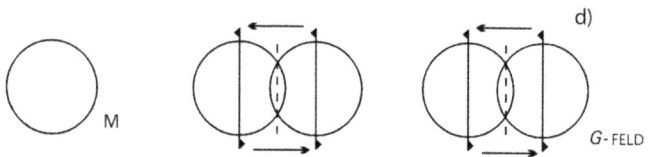

Spin-Längspolarisation des physikalischen Vakuums

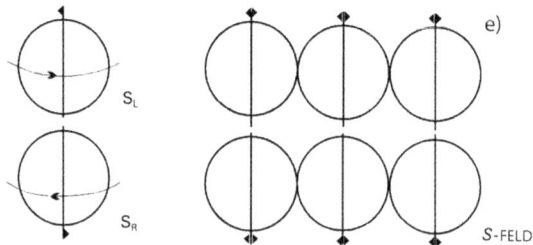

Transversalen Spin-Polarisation des physikalischen Vakuums

Bild 1.: Diagramm der Polarisation- Zustände des physikalischen Vakuums

122

* die Energie der Vakuumfluktuationen ist bedeutend größer im Vergleich zu beliebigen anderen Energiearten;

* durch Torsionsstörungen kann man Energie der Vakuumfluktuationen freisetzen.

Russische Gelehrte nehmen an, dass im physikalischen Vakuum verdeckte Materie und latente Energie verborgen sind, fast gleich der Hälfte der, die in der Form des Weltalls realisiert werden (113, S.7).

EBENEN DER REALITÄT DES UNIVERSUMS

Ich weiß, dass es Gott gibt, ich sehe Ihn hinter meinen Gleichungen.

Die Existenz der feinstofflichen Welten – ist eine Realität, die sich im Laufe der wissenschaftlichen Forschungen vor mir aufgetan hat.

G. I. Schipov (108)

Aber das erstaunlichste in der Arbeit G. I. Schipovs ist, dass die exakten Lösungen der Gleichungen des physikalischen Vakuums ermöglichten, die sieben Ebenen der Realität des Universums zu bestimmen und mathematisch zu beschreiben.

Es sollte bemerkt werden, dass sich das zehndimensionale Modell des Weltalls von Schipov ausnehmend genau in das esoterische Wissen einpasst, dass es die Kenntnisse, die verschlüsselt in der Bibel enthalten sind und alle parapsychologischen Phänomene erklärt. Aber sein Modell als vollendet anzusehen, ist scheinbar unbegründet. Vielleicht ist die Dimension des Raums nicht mit der Zahl 10 beendet. Außerdem kann vielleicht auch die Zeit mehrdimensional sein. Na und! Wie hat V. Vysotzkij gesungen:

„Andere werden kommen, die Gemütlichkeit zum Risiko und zu maß-

123

loser Arbeit wandeln und einen Weg gehen, den du nicht gegangen bist!"

Aber schauen wir uns erst einmal die erstaunlichen Ergebnisse der Arbeit einer ganzen Plejade großer Physiker an, die durch den talentierten russischen Gelehrten G. I. Schipov so schön zu Ende gebracht wurde.

Die bestehende wissenschaftliche und technische Literatur beschreibt im Allgemeinen vier Ebenen der Realität: feste Körper, Flüssigkeiten Gase, verschiedene Felder und Elementarteilchen. Im letzten Jahrzehnt hat die theoretische Physik erfolgreich eine fünfte Ebene der Realität gewonnen – das physikalische Vakuum. Aber in den letzten zwanzig Jahren erscheinen in zunehmendem Tempo Fakten, die darauf hinweisen, dass noch zwei Ebenen existieren. Diese Ebenen werden von vielen Forschern als Ebenen der Realität angesehen, auf denen schon lange von der Menschheit verlorene Technologien basieren. Hauptmethode der Erkenntnis in diesen Technologien ist die Meditation. Die orthodoxen Gelehrten haben kategorisch das Vorhandensein der zwei höchsten Ebenen der Realität abgelehnt, die nur von Eingeweihten durch Meditation erkannt werden können.

Und mit einem Mal: wie ein Blitz aus heiterem Himmel! Es wurden exakte mathematische Beschreibungen aller sieben Ebenen der Realität erhalten. Und dieses ganze System passt herrlich in das Einheitliche wissenschaftlich-theistische Bild der Welt, dessen Grundlage folgende Thesen sind (4, S.5).

1. Die objektiv existierende Welt erschöpft sich nicht in der Welt der empirischen materiellen Wirklichkeit – der stofflichen Welt, die mit unseren Gefühlsorganen wahrgenommen wird.

2. Es existiert eine andere Realität mit einer anderen Form des Daseins, die außerhalb des Gebiets der Existenz der materiellen Welt liegt – eine Welt der ultimativen Realität.

3. Die physische Welt, in der wir leben, ist zweitrangig, nachgemacht

124

mit der Aufschrift „Welt der ultimativen Realität

4. Die Welt der ultimativen Realität ist unendlich, ewig und unveränderlich. In ihr fehlen solche Kategorien wie Raum. Zeit, Bewegung, Evolution, Geburt, Tod.

5. Das Universum, das ist die Welt, einbezogen die Welt der ultimativen Realität und die Welt der materiellen Wirklichkeit, und stellt ein offenes System dar.

6. Dem Universum liegen zugrunde ein in Beziehung zu ihm äußerer gewisser allumfassender Ursprung – ein transzendenter, transrationaler, unbegreifbarer, überpersönlicher Gott (Absolut), erreichbar durch die Offenbarung nur mystischer Kenntnisse".

Ach! Wie gut passen diese Thesen zu den letzten wissenschaftlichen Ausarbeitungen der Physiker-Theoretiker!

Bewiesen, begründet und mathematisch exakt beschrieben – die sieben Ebenen der Realität des Universums (Bild 2), die vollkommen mit dem esoterischen Wissen korrelieren: Das Absolute „Nichts" (die göttliche Monade), die ursprünglichen Torsionsfelder der Drehung (Feld des Bewusstseins des Weltalls), das physikalische Vakuum (Äther), das Plasma (Feuer), Gas (Luft), Flüssigkeit (Wasser), fester Körper (Erde) (25, S. 86).

Die 1. Ebene – das Absolute „Nichts".

Die erste Ebene der Realität – der geometrische Raum – Absolutes „Nichts" – Große Leere. Erinnert euch der Behauptung Cliffords und Cartans darüber, dass es in der Welt nichts gibt, außer dem Raum mit seiner Krümmung und Drehung. Die Änderung der Krümmung und der Drehung des Raums führt zu zwei seiner Zustände. Der erste entspricht dem geordneten Zustand des Absoluten „Nichts", der zweite – dem ungeordneten. Auf dieser Ebene der Realität gibt es nichts Konkretes: keinen Beobachter

125

(Bewusstsein), keinen Stoff (Materie). „Der leere Raum nimmt die Existenz „des ursprünglichen Bewusstseins oder des Superbewusstseins" an, das in der Lage ist, das Absolute „Nichts" zu begreifen und es geordnet zu machen. Auf dieser Ebene der Realität spielt „das ursprüngliche Bewusstsein" die entscheidende Rolle, das in der Rolle des aktiven Anfangs – Gottes auftritt und sich nicht analytisch beschreiben lässt" (25, S.91).

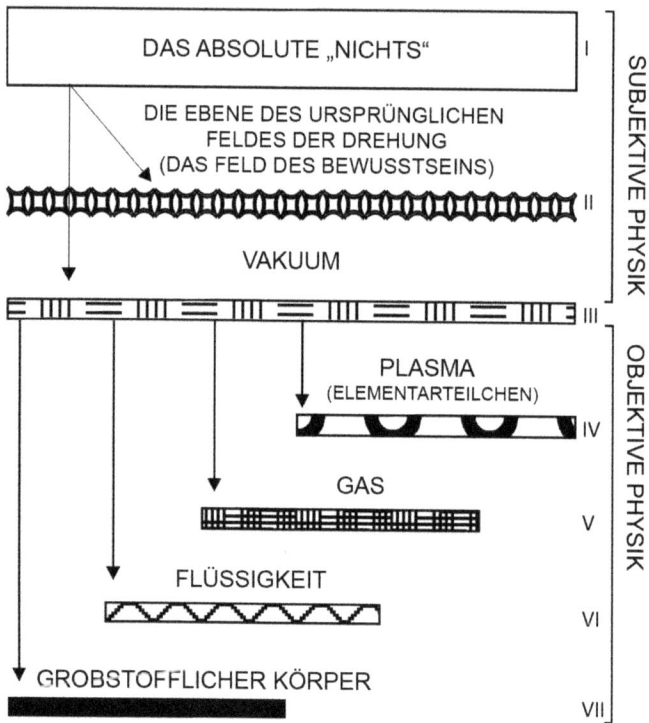

BILD 2.: 7 EBENEN DER REALITÄT

Die 2. Ebene – das Feld des Bewusstseins des Weltalls. Der Übergang von der ersten Ebene der Realität zur zweiten Ebene – die Ebene des ursprünglichen Feldes der Drehung oder des ursprünglichen Torsionsfeldes – wird dank dem aktiven Anfang – „dem ursprünglichen Bewusstsein

126

oder dem Superbewusstsein" verwirklicht (23, S.68). Aus dem Absoluten „Nichts" entstehen die ursprünglichen Torsionsfelder, die durch die Drehung des Raums erklärt werden. Solche ursprünglichen Torsionsfelder stellen die elementaren Raum-Zeit-Wirbel, rechtsdrehend und linksdrehend, dar, die keine Energie, aber Information übertragen. Die Geometrie des Raums stellt auf dieser Ebene eine zehndimensionale Vielfalt dar (vier Übertragungskoordinaten und sechs Winkelkoordinaten) wobei seine Krümmung gleich Null, aber die Drehung unterschiedlich von Null ist (25, S. 92). Diese Wirbel entstehen sowohl als rechte als auch als linke Torsionsfelder, man kann sie wie ein Informationsfeld behandeln, das den Raum durchdringt. Die Gleichung des Torsionsfelds ist absolut nichtlinear, deshalb können die Torsionsfelder eine komplizierte innere Struktur haben, was ihnen erlaubt, Träger bedeutender Mengen an Information zu sein (121, S.29).

Das Programm der Transzendentalen Meditation von Maharishi Mahesh Yogi, über welches später gesprochen werden wird, das die aktive Wechselwirkung des menschlichen Gehirns mit dem ersten Torsionsfeld annimmt, hat vorgeschlagen, dieses Feld „Feld des Bewusstseins" zu nennen. Dieses Feld trägt in sich die Information über die gesamte Realität. Es ist in der Lage, auf das Bewusstsein des Menschen einzuwirken, und im Ergebnis dieser Einwirkung geht die Verbalisierung des wissenschaftlichen oder religiösen Wissens (Phänomens) vor sich (25, S. 93).

In der Zeitung „Reine Welt" (Nr.4, 1996) schreibt V. Ekschibarov in dem Artikel „Wir sind in die Epoche des Wassermanns eingetreten":

„Wenn man das vereinfacht sagt, sind die Torsionsfelder – die Materie des Bewusstseins. Die Torsionsfelder tragen in sich das Wissen über die Zukunft des Weltalls, in ihnen wird das Schicksal jedes einzelnen Menschen ursprünglich formuliert. Sie können Einfluss nehmen auf Gegenstände und Erscheinungen der materiellen Welt und den Lauf aller Prozesse lenken. Diese Felder durchdringen jeden Augenblick unseres Lebens, von der Geburt bis zum Tod und nach dem Tod. Nur wir sind ziemlich dickhäutig und schaffen es, sie nicht zu bemerken. Und diejenigen, die sie bemerken, nennen wir entweder Genies oder Hellseher oder Propheten".

Im Laufe der Evolution füllt sich das Feld des Bewusstseins des Weltalls (oder Informationsfeld des Weltalls) mit Information, so wie sich das Bewusstsein des Menschen während seines Lebens mit Information füllt. Das kosmische Energieinformationsfeld, das rund um die Erde konzentriert und lokalisiert ist, bildet das Energieinformationsfeld der Erde, das die Wissenschaft „Zentrum" nennt. In der Gegenwart versuchen die Gelehrten die Geometrie des Zentrums zu bestimmen, es ergibt sich eine kunstvoll verdrehte Spirale (63, S.58).

In unserem Land entwickelt die Schule des Mitglieds der Russischen Akademie der Naturwissenschaften, A. E. Akimov, das wissenschaftliche Herangehen an das Studium der ursprünglichen Drehungsfelder. Sie nutzt die künstliche Erzeugung dieser Felder mit Hilfe technischer Anlagen und führt die experimentelle Untersuchung unterschiedlicher Einwirkungen dieser Felder auf lebende und nicht lebende Objekte durch. Die Gesamtheit der experimentellen und theoretischen Arbeiten in dieser Richtung schafft die Grundlage, diese Felder Torsionsfelder zu nennen.

Es gibt drei Grundeigenschaften der ursprünglichen Torsionsfelder, die sie von den bekannten physikalischen Feldern unterscheiden, das sind: die Fähigkeit der Torsionsfelder, eine Information zu übertragen ohne Energie zu übertragen; eine Information mit einer Geschwindigkeit zu übermitteln, die höher ist als die Lichtgeschwindigkeit; sich nicht nur in die Zukunft, sondern auch in die Vergangenheit zu verbreiten,(25, S.93).

Unter Berücksichtigung des Gesagten kann man den Schluss ziehen,

128

dass die zwei oberen Ebenen unter teilweiser Einbeziehung der Ebene des physikalischen Vakuums die subjektive Physik bilden, weil das Bewusstsein der Hauptfaktor in den Erscheinungen unterschiedlicher Art in den oberen Ebenen ist. Die Hauptenergie, die in den oberen Ebenen wirkt, ist die psychische Energie, die man sich in der nahen Zukunft aneignen muss. In der Gegenwart beschäftigen sich die Gelehrten in mehr als 120 Ländern mit dem Studium der zweiten Ebene der Realität – des Feldes des Bewusstseins des Weltalls. Dafür wurden wissenschaftliche Zentren geschaffen, ausgestattet mit moderner Ausrüstung, und es wurden wissenschaftliche Programme vom Typ des Programms der Transzendentalen Meditation (TM) ausgearbeitet, die es erlauben, reale eindrucksvolle Erfolge auf vielen Gebieten des menschlichen Lebens zu erreichen: bei der Gesundheit, beim Studium, in der Ökologie, in der Wissenschaft usw. Es ist verständlich, dass ohne Berücksichtigung der drei oberen Ebenen das Bild der Welt nicht vollständig wird. Mehr noch, es erfolgt der Zusammenfluss moderner Methoden des Studiums physikalischer Gesetze mit dem Erhalt „reinen Wissens" durch die Wechselwirkung des menschlichen Bewusstseins mit dem „Feld des Bewusstseins des Weltalls", das nach dem wissenschaftlichen Programm von Maharishi-Hagelin (übrigens ein Physiker-Theoretiker) die einheitliche Quelle sowohl für die Gesetze der Naturwissenschaft als auch für die gesellschaftlichen Gesetze darstellt (25, S.88).

Die 3. Ebene – das physikalische Vakuum

Die ursprünglichen Torsionsfelder bringen das physikalische Vakuum hervor, und das physikalische Vakuum ist der Träger aller übrigen Felder – der elektromagnetischen, der Gravitationsfelder und der sekundären Torsionsfelder, die durch Stoff entstehen. Die Elektronen jedes Stoffes, die sich

129

um den Kern und gleichzeitig um die eigene Achse drehen, können von Umlaufbahn zu Umlaufbahn gehen, wobei sie elektromagnetische Wellen ausstrahlen. Aber gleichzeitig strahlen sie bei so einem Übergang nach Aussage von

G. I. Schipov auch Torsionswellen ab, die aus der eigenen Rotation des Elektrons entstanden sind. Sie stellen ein „gewisses Gedächtnis" der vergangenen Rotation des Teilchens dar, etwas der Trägheit ähnlich. „Der Impuls der eigenen Rotation – der Spin kann sich „lösen" vom Teilchen", sagt der Gelehrte.

Das beweist die Existenz eines solchen Teilchens wie das Neutrino. Das musste erst „erdacht" werden (und danach wurde es experimentell entdeckt), als sich herausstellte, dass bei der Zerfallsreaktion des Neutrons das Gesetz von der Erhaltung nicht eingehalten wird: die Summe der Spins der Teilchen vor der Reaktion war nicht gleich der Summe der Spins nach der Reaktion. Die Differenz hatten die Neutrinos mitgerissen.

„Und dieser „freie" Spin, diese vom Stoff abgelöste Rotation, ist nach Meinung der Mitarbeiter des Wissenschaftlichen Zentrums des physikalischen Vakuums beim Institut für theoretische und angewandte Physik (ITPF) jene Information, die ohne jegliche Einwirkung von Kraft eine Vielzahl der Prozesse im Weltall bestimmt. Die Information wegtragend, gehen die Wellen der freien Spins in den Raum. Diese Ausstrahlung nannte man im Institut für theoretische und angewandte Physik (ITPF) sekundäres Torsionsfeld" (71, S. 4).

Es gibt Grund zu der Annahme, dass die so genannten Niedrigenergie-Reliktneutrinos die Quanten des Torsionsfelds - die Tordionen sind (14, S. 68).

In einer Mikroebene stellt unser Körper einen Satz kleiner Gyroskope, Kreises in Form von Elementarteilchen dar, die durch ihre Rotation das

130

Entstehen von Torsionsfeldern hervorrufen. Unser Bewusstsein – ist letztlich auch ein System von Spin-Schwingungen der Teilchen, aus denen das Hirn besteht. Unser Planet, der sich um die Sonne und um die eigene Achse dreht, erzeugt auch Torsionsfelder. Das gleiche kann man auch vom rotierenden Sonnensystem und vom rotierenden Weltall sagen, und sogar vom Raum selbst, der auch gedreht ist. Und alle erzeugen Torsionsfelder. Und diese Felder von unzähligen Elementarteilchen, Atomen, Wesen und Sternen vereinigen sich im Weltall. Und es zeigt sich, dass wir mit unseren Mikrowirbeln – keine isolierten Systeme von Gedanken und Erscheinungen sind, die einmal für immer verschwinden werden, sondern echte Empfänger – Sender von Torsions-Wechselwirkungen im Weltall. Und jedes Gehirn ist so ein Teil, eine Zelle, ein Neuron des Weltverstands.

Und wir als Menschheit haben wahrscheinlich unseren Abonnementspreis noch nicht eingebracht und sind an dieses unübersehbare „Internet" nicht richtig angeschlossen, aber wenn jemand die Begabung hat, sein Torsionsfeld in Resonanz mit unserem Torsionsweltall zu bringen, - und schon haben sie geniale Erleuchtungen und prophetische Fähigkeiten und die Natur vieler Wunder und übernatürlicher Erscheinungen.

Vielleicht ist das die Erklärung für das Fehlen von Funkkontakten mit außerirdischen Zivilisationen? Sie haben einfach nicht die Notwendigkeit, die langsamen, störanfälligen und riesige Energien verbrauchenden elektromagnetischen Wellen zu benutzen, wenn sie schon die Torsionstechnologien beherrschen. Wahrscheinlich schließen sie sich einfach an das Torsionsfeld des Weltalls an und erhalten so jede Information, die sie brauchen.

Der weitere Übergang der Materie aus dem virtuellen Zustand in den realen geschieht

im Ergebnis einer spontanen Fluktuation oder durch Einwirkung der schon aus dem Vakuum entstandenen Materie. Die Entstehung realer Materie aus dem Vakuum kennzeichnet den Übergang in die vierte Ebene der Realität.

„Die Experimente zeigen, dass das Hauptinstrument der Psychophysik das menschliche Bewusstsein ist, das sich an das ursprüngliche Drehungsfeld (an das Feld des Bewusstseins) „anschließen" kann und durch dieses einwirken kann auf die „groben" Ebenen der Realität – Plasma, Gas, Flüssigkeit, fester Körper. Es ist sehr wahrscheinlich, dass im Vakuum kritische Punkte existieren (Punkte der Bifurkation), in denen alle Ebenen der Realität gleichzeitig in virtueller Form erscheinen. Es genügt eine unbedeutende Einwirkung auf diese kritischen Punkte durch das Feld des Bewusstseins, damit die Entwicklung der Ereignisse zur Entstehung entweder eines festen Körpers, oder einer Flüssigkeit, oder eines Gases usw. aus dem Vakuum führt" (25, S. 103).

Die Existenz der Erscheinung der Teleportation von Gegenständen weist auf die Möglichkeit des „Eingangs in das Vakuum" und „Entstanden aus dem Vakuum" nicht nur der Elementarteilchen und Antiteilchen hin, sondern auch komplizierterer physischer Objekte, die eine riesige, geordnete Ansammlung dieser Teilchen darstellen. Man muss noch bemerken, dass die Theorie des physikalischen Vakuums außer dem Gravitationsfeld und dem elektromagnetischen Feld auch dem Feld des Bewusstseins eine besondere Rolle zuweist, dessen physikalischer Träger das Trägheitsfeld (Torsionsfeld) ist. Nicht ausgeschlossen, dass die Erscheinung der Telekinese (Bewegung von Gegenständen verschiedener Art durch psychophysische Kraft) durch die Möglichkeit des Menschen erklärt wird, das physikalische Vakuum in der Nähe eines Gegenstands so zu stören, dass Trägheitsfelder und Trägheitskräfte entstehen, die die Bewegung des Gegenstands hervorrufen.

Eine gute Bestätigung solcher parapsychologischer Phänomene sind die

Beispiele von Sathya Sai Baba und Uri Geller.

„Sai Baba besitzt so eine Gedankenkraft, dass er auf das Bewusstsein freier Teilchen einwirken und sie anregen kann, sich zur Bildung der Materie zu verbinden. Er kann Elektronen und Protonen mit einer Information anweisen, dass sie sich in einer bestimmten Form verbinden und verschiedene Elemente bilden" (76, S.231).

Als Ergebnis der Gedankenkraft materialisiert er unterschiedliche Körper und Gegenstände – Salz, Steine, Medaillons, Ohrringe u. dgl., aber auch Früchte, Konfekt, Fett und gibt sie den Anwesenden. Seine ungewöhnliche Gabe ist schon fast 50 Jahr bekannt und durch Wissenschaftler dokumentarisch bestätigt.

„Physikalische Grundlage dieser Phänomene ist ein neuer Typ fundamentaler Erscheinungen – die Fähigkeit des Menschen, ein Biogravitationsfeld zu schaffen und Energie aus dem Zustand, der Biovakuum genannt wird, zu gewinnen" (88, S.17).

Und das schreibt der bekannte Gelehrte Lyell Watson (77, S. 356) über eine Begegnung mit Sai Baba: „ Während meiner Reise nach Indien sah ich einen Menschen, der fast alle Wunder Christi vollbringen konnte . . . Er verwandelt Steine in Süßigkeiten, Blumen – in Wertsachen, Luft in heilige Asche und heilt durch Handauflegen und von fern".

Erstaunliche Ergebnisse der Telekinese demonstriert Uri Geller. Mit der Kraft seiner Gedanken biegt er metallische Gegenstände, löscht Magnetaufzeichnungen, lässt Gegenstände verschwinden und wieder erscheinen (78, S. 250). Russische Gelehrte haben mit Hilfe eines Röntgen – Mikrospektrum –Analysators den Löffel aus einer Metalllegierung untersucht, der im Ergebnis der Einwirkung des Phänomens Uri Geller deformiert war. „In der Mitte des überdrehten Teils des Löffels stellte man eine Zone fest, an deren Grenze und in der Nähe der Grenze war eine Umverteilung der Konzentration der Elemente der Legierung vor sich gegangen. Im Gebiet der Deformation war die Struktur mehr dispers, mit einer Vielzahl spezifischer Mikrorisse in der Nähe der Zone. Das komplexe Bild der festgestellten Veränderungen ist ähnlich einer thermischen Einwirkung, die durch eine lokale Zone der Veränderungen vom Typ Abbrand gegangen war" (89, S. 57).

2.2. TORSIONSFELDER

Erstmalig wurde das Wort „Torsions-" durch den französischen Mathematiker Eli Cartan in einer Arbeit verwendet, die 1913 in den Vorträgen der Französischen Akademie der Wissenschaften veröffentlicht worden war. Er war der erste Mensch, der völlig bestimmt sagte: „ In der Natur müssen Felder existieren, die durch Rotation erzeugt worden sind"

(11, S. 24). Und die Rotation ist überall: die Planeten kreisen um die Sonne, der Atomkern dreht sich um seine eigene Achse, um den Kern kreisen die Elektronen. Und weil in der englischen Sprache „rotieren" das Wort „torsion" ist, begann man die Felder „torsion field" – Torsionsfelder zu nennen.

Die Theorie der Torsionsfelder ist schon gut ausgearbeitet. Sie geht zurück zu den Ideen des japanischen Gelehrten Uchiyama, der annahm: wenn die Elementarteilchen einen Satz unabhängiger Parameter haben, dann muss auch jedem von ihnen sein Feld entsprechen: der Ladung – das elektromagnetische, der Masse – das Gravitationsfeld, dem Spin – das Spin- oder Torsionsfeld.

Im Unterschied zu elektromagnetischen Feld und zum Gravitationsfeld, die eine zentrale Symmetrie haben, ist sie beim Torsionsfeld axial (Bild 3), das heißt, das Feld verbreitet sich von der Quelle in Form von zwei Konussen (15, S. 22).

134

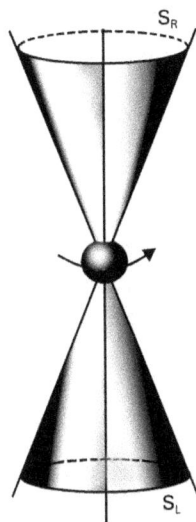

BILD 3.: ILLUSTRATION DER STRUKTUR DES
TORSIONSFELDES
IN UMGEGEND EINES SPIN-OBJEKTES

Nach der Klassifikation Uchiyamas sind die Torsionsfelder – universelle, weit wirkende Kraftfelder der ersten Generation. Überträger der Torsionswechselwirkung ist das physikalische Vakuum.

In der Zeitung „Reine Welt" (Nr.4, 1996) wird in einem Artikel von A. Pavlov über die Torsionsfelder buchstäblich folgendes gesagt: „ Alles begann damit, dass die theoretischen Ausarbeitungen des bemerkenswerten russischen Physikers G. I. Schipov überraschende Ergebnisse brachten: die Torsionsfelder – sind der fünfte Zustand der Materie.

Das wurde noch in keinem Lehrbuch gesagt. Schipov zeigte, dass alles mit den Torsionsfeldern beginnt. Aus ihnen besteht das Vakuum, das die Elementarteilchen hervorbringt, aus denen die Atome aufgebaut sind, die sich zu Molekülen zusammenfügen, die alle möglichen Zustände der Materie bilden".

135

In Russland war Nikolaj Konstantinovich Karpov der erste Mensch, der eine Methodik ausgearbeitet hatte, die es ermöglichte, mit hundertprozentiger Reproduzierbarkeit Torsionsfelder zu fixieren. Dank den Arbeiten vieler Experimentatoren, darunter V. V. Kasjanov und F.A. Ohatrina und besonders Karpov wurden in großem Umfang Fotografien (etwa 300) erhalten, die die Möglichkeit der Fotovisualisierung von Torsionsfeldern beweisen, dazu mit exakter Registrierung der Abbildungen (19, S.12).

2.2.1. EIGENSCHAFTEN DER TORSIONSFELDER

Torsionsfelder besitzen unikale Eigenschaften und können nicht nur durch Spins erzeugt werden. Wie der Nobelpreisträger P. Bridgeman gezeigt hat, können sich diese Felder unter bestimmten Bedingungen selbst regenerieren. Wir wissen, zum Beispiel, wenn es eine Ladung gibt, gibt es auch ein elektromagnetisches Feld, gibt es keine Ladung, gibt es kein elektromagnetisches Feld. Das bedeutet, wenn es keine Störungsquelle gibt, gibt es auch keinen Grund, dass eine Störung entsteht. Aber es zeigt sich, dass die Torsionsfelder im Unterschied zu den elektromagnetischen Feldern nicht nur von einer Quelle entstehen können, die einen Spin oder eine Rotation hat, sondern auch wenn sich die Struktur des physikalischen Vakuums verzerrt.

Wenn wir in die linear geschichtete Struktur des physikalischen Vakuums einen krummlinigen Körper bringen, dann reagiert das physikalische Vakuum auf diese Verzerrung, indem es neben dem Körper eine Spinstruktur schafft, die als Torsionsfeld erscheint. Zum Beispiel, wenn der Mensch spricht, entstehen Luftverdichtungen, sie schaffen eine Ungleichartigkeit, und im Ergebnis erscheinen in dem Umfang, wo die Schallwelle existiert, Torsionsfelder. Mit anderen Worten, jedes Bauwerk, das auf der Erde er-

136

richtet wird, jede Linie, die auf dem Papier gezogen wird, ein geschriebenes Wort oder nur ein Buchstabe, -gar nicht zu reden von einem Buch – stören die Gleichartigkeit des Raums des physikalischen Vakuums, und das reagiert darauf mit der Schaffung eines Torsionsfeldes (Effekt der Form). Sicher waren die ersten Torsionsgeneratoren, die den Effekt der Form genutzt haben, die Pyramiden, als Kultbauten in Ägypten und in anderen Ländern, aber auch die Turmspitzen und Kuppeln der Kirchen (16, S.60).

Die wichtigsten Eigenschaften der Torsionsfelder sind folgende.

* Torsionsfelder entstehen um ein rotierendes Objekt und stellen die Gesamtheit der Mikrowirbel des Raums dar. Weil die Materie aus Atomen und Molekülen besteht, und Atome und Moleküle ein eigenes Spin-Moment der Rotation haben, hat die Materie immer ein Torsionsfeld. Ein rotierender massiver Körper hat auch ein Torsionsfeld. Es existieren statische und wellenförmige Torsionsfelder. In Bezug auf die Torsionsfelder verhält sich das physikalische Vakuum wie ein holographisches Mittel. Die Torsionsfelder können durch eine besondere Geometrie des Raums entstehen.

* Im Unterschied zum Elektromagnetismus, wo gleichnamige Ladungen einander abstoßen und ungleichnamige einander anziehen, ziehen Torsionsfelder eines Zeichens (einer Rotationsrichtung) einander an (Bild 4). Wir erinnern daran, dass in der Esoterik „Gleichartiges von Gleichartigem angezogen wird". Das Mittel der Verbreitung der Torsionsladungen – ist das physikalische Vakuum,, das sich in Bezug auf die Torsionswellen wie ein absolut fester Körper verhält.

* Weil die Torsionsfelder durch einen klassischen Spin erzeugt werden, ändert sich bei ihm im Ergebnis der Einwirkung des Torsionsfeldes auf ein Objekt nur sein Spin-Zustand.

* Die Geschwindigkeit der Ausbreitung von Torsionswellen ist nicht geringer als 10^9S, wobei S die Lichtgeschwindigkeit im leeren Raum ist, S =

300000 km/s, das bedeutet, augenblicklich von einem beliebigen Punkt des Weltalls zu einem beliebigen Punkt (31, S.33).

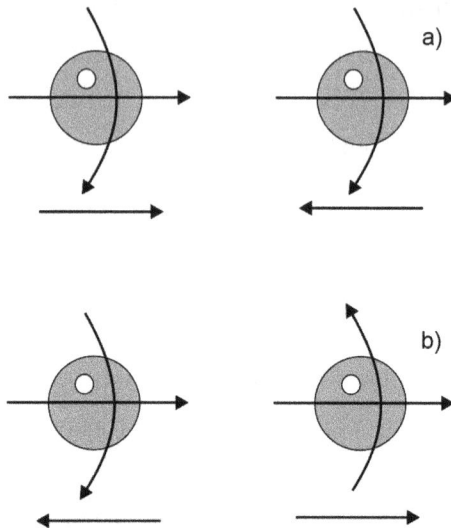

Bild 4.: Gegenseitige Anziehung und
Abstoßung der Spin-Objekte

Die Arbeiten des sowjetischen Astrophysikers N. A. Kosyrev erlaubten die Annahme, dass sich die Einwirkungen von Objekten, die ein Rotationsmoment haben, mit einer Geschwindigkeit ausbreiten, die unermesslich größer ist als die Lichtgeschwindigkeit. Bei der Erforschung des Feldes, das den Lauf der Zeit charakterisiert, dessen Quelle die Sterne sind – Objekte mit einem großen Rotationsmoment, untersuchte Kosyrev im Grunde genommen die Torsionsfelder, aber in einer anderen Nomenklatur (82, S. 22). „ Wenn man berücksichtigt, dass N. A. Kosyrev betont hat, dass eine der Haupteigenschaften des Feldes, das den Lauf der Zeit charakterisiert, „rechts" und „links" ist, aber die Quellen der registrierten Strahlungen die Sterne waren – Objekte mit einem großen Drehimpuls der Rotation, dann

138

wird die Identität der Zeit und des Torsionsfelds in der Terminologie Kosyrevs verständlich" (33, S.14).

Die Möglichkeit der Superlichtgeschwindigkeit kann man mit folgendem Beispiel illustrieren. Stellen Sie sich vor: Sie haben einen sehr langen Stab, dessen eines Ende auf der Erde ist, das andere Ende stützt sich auf den Stern Alpha Centauri. Dieser Stab soll sehr hart und nicht elastisch sein. Wenn man jetzt an das Ende des Stabs schlägt, das sich auf der Erde befindet, dann wird wegen der absoluten Härte des Stabs diese Einwirkung den Stab als Ganzes verrücken, und das andere Ende auf dem Stern Alpha Centauri wird sich gleichzeitig mit dem auf der Erde bewegen. Das heißt, die Signalverschiebung hat die Entfernung augenblicklich überwunden, obwohl diese Entfernung irrsinnig groß ist (11, S. 25). Die große Geschwindigkeit der Ausbreitung von Torsionswellen löst das Problem der Verspätung des Signals sogar im Bereich der Galaktik (81, S. 7).

* Die Torsionsfelder gehen durch alle natürlichen Mittel ohne Energieverlust. Die hohe Durchdringungsfähigkeit der Torsionswellen lässt sich dadurch erklären, dass die Quanten des Torsionsfelds (die Tordionen) Niedrigenergie-Reliktneutrinos sind. Das Fehlen von Energieverlusten bei der Ausbreitung der Torsionswellenmacht die Schaffung von Unterwasserverbindungen und unterirdischen Verbindungen mit Nutzung einer geringen Leistung bei der Übertragung möglich. Mit dem Ziel des Schutzes vor der Einwirkung von Torsionswellen haben die Wissenschaftler künstliche Bildschirme geschaffen.

* Die Torsionswellen sind eine unausweichliche Komponente des elektromagnetischen Felds. Deshalb diene die funktechnischen und elektronischen Geräte als Quellen der Torsionsfelder, wobei das rechte Torsionsfeld das Befinden der Menschen verbessert, und das linke – verschlechtert. Die

139

unliebsam bekannten geopathogenen Zonen sind auch Hintergrund-Torsionsstrahlungen (15, S.22).

* Torsionsfelder haben ein Gedächtnis. Jede Quelle eines Torsionsfeldes polarisiert das Vakuum. Im Ergebnis orientieren sich die Spins der Elemente des physikalischen Vakuums auf das Torsionsfeld der Quelle, indem sie deren Struktur wiederholen. Das physikalische Vakuum wird dabei genügend stabil, und nach der Abnahme des Torsionsfeldes der Quelle behält es die Spin-Struktur sehr lange. Die mit bloßem Auge nicht sichtbare Spin-Raumstruktur nennt man allgemein „Phantom". Weil alle Körper der lebenden Natur ein eigenes Torsionsfeld haben, bilden sich Phantome auch von Menschen und Gegenständen.

Mit den dargelegten Positionen findet die ewige Frage – ist die unsichtbare Welt real – eine eindeutige Antwort: ja, sie ist real. Real ist sie im gleichen Maße, in dem zum Beispiel das materielle Magnetfeld real ist (10, S. 11).

Die Menschen prägen sich im Laufe ihres Lebens auf ihre Phantome, Das erlaubt Auserwählten die „Vergangenheit" zu sehen. Schon jetzt werden Untersuchungen zur Schaffung von Geräten zur Visualisierung von Torsionsfeldern durchgeführt. Die Modelle haben schon die ersten Tests durchlaufen (10, S.11).

* In der Zeitung „Sozialistische Industrie" (19 Oktober 1989) wurde in einem Interview mit der Bezeichnung „Energie aus dem Nichts" von Professor A. Chernetskij folgendes gesagt: Wenn man an einem beliebigen Ort, zum Beispiel in der Zimmerecke eine gedankliche Gestalt schafft, dann fixiert das Gerät die „Hüllen" (Aura) dieses Phantoms, aber wenn man diese Gestalt gedanklich wegwischt, dann verschwinden die „Hüllen" – das Gerät wird nichts zeigen". Wenn es gelungen ist, die unsichtbare Welt

zu visualisieren, dann hätte sich nicht nur für Hellseher, sondern auch für alle Menschen die Möglichkeit eröffnet, die verdeckte Realität zu sehen. Und wie schrecklich kann sie sich zeigen!

Bei der Einwirkung eines äußeren Torsionsfeldes auf die Materie geht auch eine Spin-Polarisation der Materie vor sich, die sich noch ziemlich lange nach Wegnahme des äußeren Torsionsfeldes hält. Das Vorhandensein dieses Effekts – des Effekts des Gedächtnisses der Torsion ermöglicht die Aufzeichnung des Torsionsfeldes auf beliebiger Materie, zum Beispiel auf Wasser, Wachs, Zucker usw. Erinnern Sie sich, die Hellseherin Vanga hatte von einem Stück Zucker die Information über den Besucher abgelesen.

* Das Torsionsfeld hat Eigenschaften informativen Charakters – es überträgt keine Energie, aber überträgt Information. Eine positive Information (Worte, Gedanken, Tätigkeiten u. dgl. dreht die Torsionsfelder in eine Richtung, eine negative – in die entgegen gesetzte.

Die Frequenz der Rotation der Torsionswirbel wechselt in Abhängigkeit von der Information. Torsionsfelder können kompliziert und mehrschichtig werden (32, S.97). Torsionsfelder – sind die Grundlage des Informationsfeldes des Weltalls.

* Veränderungen in den Torsionsfeldern werden begleitet von der Veränderung der Charakteristiken und Abgabe von Energie.

* Der Mensch kann Torsionsfelder unmittelbar wahrnehmen und umbilden. Sinn hat die Torsionsnatur. Wie G. Schipov annimmt: „Der Gedanke – das sind die selbst organisierenden Feldbildungen. Das ist das Konzentrat im Torsionsfeld, das sich selbst hält. Wir spüren es wie Gestalten und Ideen" (108).

* Für Torsionsfelder gibt es keine zeitlichen Begrenzungen. Torsionssignale von einem Objekt können aus der Vergangenheit, der Gegenwart und der Zukunft der Objekte empfangen werden.

* Torsionsfelder sind die Grundlage des Universums.

Es muss gesagt werden, dass fast alle genannten Eigenschaften der Torsionsfelder durch die Theorie vorhergesagt und direkt oder indirekt experimentell bestätigt wurden (14, S. 69).

Es ist möglich, dass im Weitern auch andere unikale Eigenschaften der Torsionsfelder entdeckt werden.

2.2.2. PRAKTISCHE NUTZUNG DER TORSIONSTECHNOLOGIEN

Erstmalig sind vor einigen Jahren Mitteilungen über Torsionsfelder in allgemein zugänglichen Veröffentlichungen erschienen. Im Westen bestand die feste Überzeugung, dass, auch wenn diese Felder in der Natur existieren, dann sind sie infolge ihrer großen Schwäche faktisch nicht zu beobachten und haben deshalb keinerlei praktische Bedeutung. Der traditionelle Standpunkt hatte zu der Meinung geführt, weil das physikalische Vakuum ein System mit minimaler Energie ist, dass man aus so einem System keinerlei Energie gewinnen kann. Dabei hatte man nicht berücksichtigt, dass das physikalische Vakuum - ein dynamisches System ist, das über intensive Fluktuationen verfügt, die auch Energiequellen sein können.

Unsere jungen einheimischen Wissenschaftler beschlossen, das Problem der Torsionsfelder und des physikalischen Vakuums näher zu betrachten. Vor allem musste man den Widerstand der alten wissenschaftlichen Umwelt überwinden, denn die alten Vorstellungen leisten immer einen erbitterten Widerstand gegenüber neuen Theorien oder Entdeckungen. Schon Planck hatte gesagt, dass „die wissenschaftliche Theorie siegt, wenn die Vertreter der alten Wissenschaft aussterben".

„Wir haben verstanden: der Widerstand der alten wissenschaftlichen

142

Umgebung lässt uns nicht arbeiten, wenn wir versuchen in ihrem Rahmen zu arbeiten und versucht haben, alltägliche Wege zu finden. Am Vorabend des totalen Zusammenbruchs des Landes, Mitte 1986, schrieb N. I. Ryshkov zu einem Vortragsbericht über die Perspektiven der Entwicklung der Torsionstechnologie die Resolution: „Maßnahmen einleiten zur Organisation der Arbeit".

Und 1987 gelang es uns, an die Organisation einer eigenen Richtung der Forschung zu gehen" (108).

Die Ergebnisse ließen nicht auf sich warten. Die erste Anwendung fanden sie beim Militär. In den 80er Jahren erfand der Doktor der physikalisch-mathematischen

Wissenschaften, A. E. Akimov einen Spin-Torsionsgenerator, eine Waffe, viel gefährlicher als eine atomare. Sie war vorgesehen für den Kampf gegen die SDI der USA. Es begann eine grandiose Entwicklung der Torsionstechnologien in der Rüstungsindustrie.

Im Beschluss des staatlichen Komitees für Wissenschaft und Technik der Obersten Sowjets der UdSSR Nr. 58 vom 4. Juli 1991 wurde bescheiden vermerkt, dass für die Erforschung der Spin- und Leptonenfelder durch die Rüstungsindustriekommission beim Ministerrat der UdSSR über die Linie Ministerium für Verteidigung, Innenministerium und Komitee für Staatssicherheit der UdSSR 500 Millionen Rubel (noch mit vollem Wert) ausgegeben wurden. Und das Zentrum für nichttraditionelle Technologien des staatlichen

Komitees für Wissenschaft und Technik der UdSSR untersuchte nur „einige Fragen der medizinisch-biologischen Fernwirkung der Torsionsstrahlung auf die Truppen und die Bevölkerung" (44, S.6). Später wurde dieses Zentrum umgebildet zum überbereichlichen wissenschaftlich-technischen Zentrum nichttraditioneller Venture-Technologien (MNTZ VENT).

Aber beeindruckende Erfolge gibt es nicht nur in der Rüstungsindustrie. In den letzten 15 Jahren ist es in Russland gelungen, einen Komplex von Technologien auf neuen physikalischen Prinzipien zu erarbeiten – die Torsionstechnologien. Diese Technologien erfassen alle Bereiche der Volkswirtschaft und der sozialen Sphäre. Zum Gebiet der Torsionstechnologien gehören die Torsionsenergetik, der Torsionstransport, Torsionskommunikationen und Nachrichtenwesen, Torsionsproduktion von Konstruktionsmaterialien, Torsionsgeologie und Torsionsgeophysik, die chemische Produktion, die Ökologie, die Verwertung der Abfälle der atomaren Produktion, die Reinigung des Territoriums von radioaktiven Verschmutzungen, die Landwirtschaft und die Medizin (14, S.70; 58).

Die theoretische Auswahl erfolgt nach einem vom Nobelpreisträger A. M. Prohorov empfohlenen Programm. Einen großen Beitrag zur Erforschung der Torsionsfelder leisten das Akademiemitglied E. S. Fradkin, Die Doktoren der Wissenschaften D. M. Gitman, V. G. Bagrov, D. D. Ivanenko, I. L. Buchbinder. Interessante Ergebnisse wurden erreicht von G. I. Schipov und anderen. Viele bekannte Wissenschaftler unterstützen diese Arbeiten, darunter das Akademiemitglied N. N. Bogoljubov (15, S. 23).

In den letzten zehn Jahren wurde durch die Anstrengungen von mehr als 150 Organisationen nicht nur die wissenschaftliche und experimentelle Möglichkeit der Realisierung aller genannten Anwendungsrichtungen bei der Nutzung der Torsionsfelder gezeigt, sondern ein Teil der Technologien wurde schon zur kommerziellen Anwendung gebracht und in die Produktion eingeführt. In einer Reihe von Anwendungen läuft die Ausarbeitung der Ausrüstung. So wird in der Metallurgie die Verwendung von Torsionstechnologien in den Induktionsschmelzöfen abgeschlossen. Die Gelehrten haben Methoden der Übertragung zielgerichteter Information übernommen – Anweisungen an die Materialien, was aus ihnen werden soll. Die Ein-

144

wirkung der Torsionsfelder auf die Metallschmelze waren im Institut für Probleme der Materialkunde der Akademie der Wissenschaften der Ukraine in Zusammenarbeit mit dem MNTZ VENT in den Jahren 1989 -1993 experimentell bestätigt worden (31, S. 36).

Es wurden erfolgreiche Versuche der Informationsübermittlung mit Hilfe eines Torsionsfeldgenerators durchgeführt. Erste Experimente waren schon 1986 in Moskau durchgeführt worden (81, S.7), gegenwärtig werden die Arbeiten zur Schaffung industrieller Sende- und Empfangsanlagen der Torsions-Informationsübermittlung abgeschlossen.

Perspektive: Sofortige Verbindung über beliebige Entfernung bei geringstem Energieverbrauch. In Bezug auf eine ganze Reihe von Technologien gibt es experimentelle Bestätigungen ihrer praktischen Realisierung und ihrer außerordentlich hohen Effektivität. Ihre Effektivität wird nicht, wie üblich, nach einzelnen Prozenten bewertet, sondern wird nach Fällen und Ordnungen gezählt (115).

Versuchen wir einmal, alle erhaltenen Ergebnisse zu erarbeiteten und eingeführten Technologien zu zählen.

* Erstens, es wurden Torsionsfeldgeneratoren geschaffen und zur augenblicklichen Informationsübertragung über große Entfernungen erprobt. Materielle Hindernisse gibt es für diese Felder nicht (81, S.7).

* Zweitens, es wird mit Hilfe der Generatoren Metall geschmolzen, das über neue und ungewöhnliche Eigenschaften verfügt (31, S. 36).

* Drittens, stellen Sie sich Ihr Passfoto vor. Nachdem es in besonderer Weise durch das Torsionsfeld bearbeitet wurde, kann man ein Bild sehen, das über den Rahmen eines Fotos hinausgeht. Zum Beispiel die Schuhe, die sie im Moment der Fotografie anhatten, die außerhalb des Ausschnitts geblieben sind. Solche Versuche werden jetzt mit Fotografien des Sternenhimmels und der Erdoberfläche gemacht. Auf jeder beliebigen Aufnahme

145

ihrer Oberfläche kann man, nachdem man verschiedene Torsions-Matrizen aufgelegt hat, alles sehen, was sich in der Tiefe der Erdrinde befindet. Das bietet die Möglichkeit, Lagerstätten von Bodenschätzen zu entdecken, ohne das Arbeitszimmer zu verlassen (108).

Etwas schwieriger wird es sein, eine Apparatur zu entwickeln, die anhand einer Fotografie des Menschen das innere Wesen und das Schicksal abliest.

In der wissenschaftlichen Produktionsvereinigung „Energija" wird der erste fliegende Teller zur Erprobung vorbereitet. Die Besonderheit dieses Apparats besteht darin, dass er keine traditionelle Art von Treibstoff braucht und ein besonderes neues Prinzip der Bewegung nutzt (108). Überhaupt sind die Ausarbeitungen der Wissenschaftler zur Verwendung neuer Energiearten äußerst vielversprechend. Energie, zeigt sich, kann man aus dem Nirgendwo, aus dem Raum schöpfen. Wobei seine Vorräte unerschöpflich sind. Die experimentellen Ergebnisse die im letzten Jahrzehnt durch Moore, König, Nipper und andere erhalten wurden haben gezeigt, dass die Ausgaben für die Gewinnung von Energie der Vakuumfluktuation verschwinden gering sind, im Vergleich zur erhaltenen und nützlich verwendeten Arbeit (31, S.34).

In Russland wurde eine thermische Versuchsanlage ähnlichen Typs geschaffen, die Ergebnisse der Versuche übertrafen alle Erwartungen.

Torsionsantriebe zu testen ist in der nächsten Zeit geplant. Ihr Funktionsprinzip wurde von G. I. Schipov genau untersucht (116; 117). Die Technologie, für die bis jetzt noch nur die experimentelle Bestätigung geplant ist, - das ist die Technologie der Verwendung der Abfälle der atomaren Produktion und der Reinigung von Gebieten mit radioaktiver Verschmutzung.

Im Zuge der immer größeren Aneignung der Torsionstechnologien in verschiedenen Zweigen der Industrie werden sich die Positionen des auf der

146

Theorie des physikalischen Vakuums beruhenden neuen wissenschaftlichen Paradigmas erweitern. Dieser Prozess läuft schon, und er läuft ziemlich aktiv. Davon zeugen die Schlussfolgerungen des Instituts für strategische Forschungen des Römischen Klubs (14, S. 70). Die Torsionstechnologie hat keine Analoga in der Welt.

Erst 1996 begannen in den USA, mit 15 Jahren Verspätung gegenüber Russland, die Arbeiten, die nur die Aufgabe stellen, nach Wegen der Erarbeitung der Torsionstechnologie zu suchen.

In seiner Rede sagte das Akademiemitglied A. E. Akimov (115): „Russland wird noch lange Monopolinhaber der Torsionstechnologie sein. Die Veränderung der Technologien führt zur Veränderung des Charakters der Industrie, und diese Veränderungen in der Basis führen unausweichlich zur Veränderung im Überbau – zur Veränderung des ganzen Systems der sozialökonomischen und geopolitischen Beziehungen in der Welt, zur kardinalen Veränderung der Probleme der internationalen Sicherheit. Diese Veränderungen werden unausweichlich von Russland ausgehen, und, auch wenn das unter den Bedingungen unserer Realität paradox klingt, Russland muss die Welt in die Neue Epoche führen, den Übergang zur Neuen Rasse der Menschheit der Epoche des Wassermanns sichern, wie die Esoteriker im Laufe vieler Jahrhunderte vorhergesagt haben".

Gerade Russland steht bevor, die Menschheit in das dritte Jahrtausend zu führen. Diese Mission Russlands wurde vor fast einhundert Jahren von Max Heindel äußerst genau vorhergesagt. Er hatte geschrieben: „Mit dem Eintritt der Sonne in das Zeichen des Wassermanns werden das russische Volk und die slawische Rasse im Ganzen den Grad der geistigen Entwicklung erreichen, der sie viel höher führen wird, als ihr jetziger Zustand. Die Geistigkeit muss sich zusammen mit der Intelligenz und durch die Intelligenz entwickeln. Die Existenz der slawischen Zivilisation wird kurz sein,

147

aber im Laufe ihrer Existenz wird sie groß und froh sein, weil sie aus tiefem Elend und unsagbaren Leiden geboren wird. Aber das Gesetz der Kompensation führt in dieser Zeit zum Gegenteil. Aus den Slawen entsteht das Volk, das die letzte Unterrasse der arischen Epoche bildet. Die slawische Zivilisation wird das Fundament der Entwicklung der sechsten Rasse der Menschheit sein (128, S.242).

Jetzt wird schon verständlich, dass das auf der Grundlage bahnbrechender Technologien auf neuen physikalischen Prinzipien geschehen wird.

KAPITEL 3

INFORMATION, BEWUSSTSEIN, MENSCH

3.1. ÜBER DIE INFORMATION

Eine Information ist eine Information, aber keine Energie, keine Materie.

N. Wiener, „Kybernetika"

Am 26. November 1997 fand in Moskau eine Sitzung des Sechsten Internationalen Forums für Informatisierung (MFI-97) statt, organisiert von der Internationalen Akademie für Informatisierung unter der Schirmherrschaft der UNO (57, S. 139).

Mit einem interessanten Vortrag trat das Akademiemitglied E. V. Efreinov auf, der unter anderem folgendes sagte: „Die Information als wissenschaftliche Kategorie ist eingeführt als ursprünglicher Begriff, der wie die Begriffe Materie und Energie keiner Erklärung bedürfen. Die erstaunliche Eigenschaft der Information ist, dass sie nicht geringer wird, weil man sie gebraucht, im Gegenteil, das Verb „sich vermehren" hatte noch keine wissenschaftliche exakte Erklärung bekommen. Aber klar ist, dass in der Informatiologie das Fundament einer künftigen Wissenschaft gelegt wird, die auf Prinzipien aufgebaut ist, die sich im Kern von der klassischen unterscheiden".

Die Rede des Akademiemitglieds V. I. Astafev war dem Informationsbild der Welt und seinem Einfluss auf den Menschen gewidmet. Er unterstrich, dass alle Prozesse im Weltall von Information durchdrungen sind und sich zwei fundamentalen Gesetzen unterordnen: der Homeostasis und dem Blockprinzip des Aufbaus aller Steuerungsprozesse (von der Zelle bis zum Sozium). Die Homeostasis – die relative dynamische Beständigkeit der Zusammensetzung und der Eigenschaften des inneren Mittels und die Festigkeit der physiologischen Funktionen des Organismus (51, S.324).

150

Der menschliche Organismus stellt einen Empfänger und Analysator unterschiedlicher Informationsströme der Umwelt dar, und der Mensch selbst ist der Träger der Information. Zur Bestätigung des Gesagten kann man die Worte eines großen Experimentators, eines nicht schablonenhaft denkenden Gelehrten, des Ordentlichen Mitglieds der Russischen Akademie der Medizinischen Wissenschaften und der Russischen Akademie der Naturwissenschaften, des Doktors der mathematischen Wissenschaften V. P. Kasnacheev nehmen: "In den Zellen einer lebendigen Materie existiert neben ihnen eine zweite Form des Lebens, und sie, diese Form, ist die Feldform des Lebens! Die Feldform des Lebens – das ist die Organisation materiell-energetischer Ströme, wenn die Aufbewahrung und die Speicherung der Information auf der Ebene der Mikroteilchen, der Mikrofelder laufen. So ein Konzentrat kann die Information wiedergeben, aufbewahren und vervielfältigen, es ist verbunden mit anderen materiellen Körpern wie ein aktives Gebilde, fähig, sich in andere Gebilde einzufügen und auf sie einzuwirken, auf den umgebenden Raum" (102, S.7).

Das Wort „Information" war schon zu Zeiten Aristoteles' bekannt, aber erst am Ende unseres Jahrtausends wurde klar, dass die Wurzel dieses Wortes „forma" absolut nicht zufällig ist. Man brauchte 2500 Jahre um von der Form als rein geometrischen Begriff den Sprung zur Information als vollständige Beschreibung eines Gegenstands zu machen, nicht nur einschließlich seines äußeren Aussehens, sondern auch seines inneren Aufbaus. So erhielt die Information ihren Platz im Alltagsbild als verallgemeinerte ideale Form.

Ungeachtet dessen, dass die Information als ursprünglicher Begriff angesehen wird, der keiner Erklärung bedarf, versuchen die Gelehrten zu verstehen, was das ist – die Information. So schreibt der Doktor der technischen Wissenschaften, Professor V. N. Volchenko in seiner Arbeit (30,

151

S. 4): „... Inhaltlich – ist das eine strukturell-gedankliche Vielfalt der Welt, metrisch – ist das ein Maß dieser Vielfalt, realisiert in der entwickelten, nicht entwickelten und widergespiegelten Art". Der Doktor der technischen Wissenschaften Professor G. N. Dulnev bringt in dem Artikel „Die Information – das fundamentale Wesen der Natur" (90, S.65) eine etwas erweiterte Bestimmung der Information, die von Ashby vorgeschlagen wurde. Er meint, dass die Information das Maß der Veränderung in Zeit und Raum der strukturellen Vielfalt der Systeme ist. Und der Doktor der technischen Wissenschaften A. A. Silin bestätigt in seinen Arbeiten, dass die Information – eben so ein fundamentales Wesen des Daseins ist, wie Raum-Zeit und Energie (122, S. 9).

Völlig klar ist eins: Information – das ist eine universelle Eigenschaft der Gegenstände, Erscheinungen, Prozesse, die die Fähigkeit umfasst, den inneren Zustand und die Einwirkung der Umwelt aufzunehmen, die erhaltenen Mitteilungen umzuformen und die Ergebnisse der Bearbeitung an andere Gegenstände, Erscheinungen und Prozesse weiterzugeben. Alle materiellen Objekte und Prozesse sind von Information durchdrungen. Alle lebenden Wesen sind von ihrer Geburt bis zum Ende ihrer irdischen Existenz in einem Informationsfeld, das unaufhörlich, pausenlos auf sie einwirkt. Das Leben auf der Erde wäre unmöglich, wenn die lebenden Wesen nicht die Information aufnehmen würden, die sie aus der Umwelt erreicht, wenn sie diese nicht verarbeiten und mit anderen Lebewesen austauschen könnten (34, S. 211).

Der ganze uns umgebende Raum bildet ein Informationsfeld. Schon 1982 trug das Akademiemitglied M. A. Markov im Präsidium der Akademie der Wissenschaften der UdSSR vor: „Das Informationsfeld des Weltalls erinnert geschichtet und strukturell an eine „Matrjoschka", wobei jede Schicht hierarchisch mit den höheren Schichten verbunden ist, bis hin zum

152

Absoluten, und ist außer einer Informationsbank auch noch ein Regulator des Anfangs in den Schicksalen der Menschen und der Menschheit" (28, S.183). Professor

S. Rejdak präzisiert, dass das Informationsfeld des Weltalls eine lebendiges System ist, fähig, eine Information aufzunehmen, sie aufzubewahren, von einer früher erhaltenen Information zu lernen, eine neue Information in sich zu schaffen und nach seinem Willen Anweisungen zur materiellen Bewegung und Tätigkeit zu geben (180, S. 50).

Die Wissenschaftler meinen, dass auch der die Erde umgebende Raum geschichtet ist. Wir wissen schon, dank den heliemetrischen Untersuchungen, dass die Erde – ein lebendiges Wesen ist. Der Doktor der technischen Wissenschaften V. D. Plykin sieht den Planeten Erde in seinen Ausarbeitungen als lebenden Organismus, der ein System verschiedenartig-materieller Welten (Schichten) darstellt, die durch eine Informationsschicht verbunden sind und durch die Schicht des Bewusstseins des Planeten steuerbar sind (29, S.18).

Die Informationsschicht des Planeten (nach Plykin) enthält die ganze Information über unseren Planeten und über jeden Menschen, der auf ihm lebt. Diese Schicht sichert den Informationsaustausch der Erde mit dem Weltall und den Informationsaustausch der Erde mit jedem Menschen, der sie besiedelt. Die Schicht des Bewusstseins stellt die Informations- und Energie-Sphäre dar, geschaffen durch die Gesamtheit der Wechselwirkungen des Gewissens aller Wesen der Erde. Die unteren Schichten der Informationsschicht des Planeten schlug der Doktor der Landwirtschaftswissenschaften, Professor E. K. Borosdin vor, Biosphäre, Noosphäre und Psychosphäre zu nennen (119, S.19). Nach seiner Meinung stellen die Biomasse alles Lebenden und die Energie der Lebenssicherung die Biosphäre dar; die Noosphäre schließt in sich den Teil des Planeten ein, der sich unter

153

dem Einfluss der Bioenergie lebender Wesen und vor allem des Menschen, und komplizierter Wechselbeziehungen der Menschen und der gesamten Menschheit zur Natur befindet; die Psychosphäre der Menschheit ! (oder der Erde) mündet in die Harmonie des Bewusstseins des Weltalls und spielt in ihr eine bestimmte Rolle. Und je mehr sich die Geistigkeit der Menschheit entwickelt, einen desto größeren Einfluss übt die Psychosphäre der Erde auf das Weltallbewusstsein aus.

Als Schlussakkord über den vielschichtigen Raum können die Worte des Professors V. N. Volchenko dienen (30, S.9): „Die feinstoffliche Welt kann vielschichtig sein, wobei die oberen Schichten eine viel subtilere energetische (nach unserer Anschauung – Informations-) Struktur haben. Gleichzeitig enthält die feinstoffliche Welt einen Satz eigenartiger Muster-Informationsmatrizen, nach denen der Aufbau der materiellen Welt realisiert wird. Die Realität der feinstofflichen Welt ist von Gelehrten verschiedener Länder durch qualifizierte Untersuchungen der Phänomene des Bewusstseins in der Psychophysik und in der Quantenmechanik bewiesen worden. Andererseits muss die feinstoffliche Welt, als Welt des reinen Bewusstseins, Informationen über alles Materielle enthalten. Aber das ist sehr schwierig: Ideen, Naturgesetze, Entwicklungsalgorithmen, Datenbanken u. dgl. Auf diese Weise muss die Welt des Bewusstseins oder die nicht entwickelte feinstoffliche Welt unvergleichlich komplizierter sein, als die materielle, körperliche".

Das Einheitliche Informationsfeld des Weltalls hat wahrlich kosmische Dimensionen, es enthält die Information, die nicht nur für das Weltall als Ganzes charakteristisch ist, sondern auch die Information aller Ebenen, darunter auch der Informationsebene des menschlichen Daseins. Das Einheitliche Informationsfeld enthält Hologramme jedes Menschen und die Welt seiner Gefühle und Meinungen (50, S.157).

154

Von den Gelehrten wurde schon lange festgestellt, dass der materielle Träger der Information in der physischen Welt die elektromagnetischen Wellen sind. Das elektromagnetische Spektrum (ein Spektrum einfacher sinusförmiger Schwingungen) stellt eine eigenartige Sprache dar, in der die Sendung und der Empfang einer Information zwischen physikalischen Systemen, darunter auch zwischen lebenden Organismen, erfolgen.

Hieraus folgt, dass der Mensch im Prozess der Erkenntnis der Welt mit Hilfe der Gefühlsorgane die in der elektromagnetischen Strahlung kodierte Information empfängt und decodiert. Denn unser Sehen, unser Gehör, unser Geruchssinn, unser Geschmack und der Tastsinn funktionieren auf der Ebene der Atome mit Hilfe des elektromagnetischen Feldes. Der Mensch und die Tiere haben ein Akupunktursystem, das fähig ist, Signale von außen aufzunehmen und sie dann in die entsprechenden Formen der inneren Aktivität zu überführen (50, S. 159).

Aber die materiellen Träger der Information in der feinstofflichen Welt sind die Torsionsfelder oder Torsionswellen. Gerade sie liegen solchen Phänomenen zugrunde wie Intuition, Hellsehen, Telepathie, Vorahnung usw. Eine interessante Meldung wurde in der „Russischen Zeitung" (17. Juni 1995) veröffentlicht. Darin heißt es, dass eine der geschlossenen Organisationen zum Zweck der Spionage Menschen in bestimmten telepathischen Fähigkeiten ausbildet. Die Kommunikation der Telepathie-Kursanten erfolgt durch das Informationsfeld der Erde, das Hologramme unterschiedlicher Art enthält: visuelle, Wärme-, auditive usw. In diesen Hologrammen sind Gedanken, Gefühle und Worte eines jeden Menschen kristallisiert (50, S.242).

Vor einigen Jahren haben die Akademiemitglieder V. P. Kasnacheev und A. P. Dubrov festgestellt, dass ein gewisser Faktor kosmischer Herkunft, der keinen molekularen Aufbau hat, einen steuernden Einfluss auf biologische Objekte ausübt.

Er besitzt eine feste innere Struktur, die fähig ist, eine kodierte Information zu speichern. Die Prozesse, die mit seiner Mitwirkung vor sich gehen, befinden sich irgendwie außerhalb der Zeit, und die Vergangenheit, Gegenwart und Zukunft existieren in ihm irgendwie nebeneinander (118, S. 75). Heute ist schon klar, dass in der Natur das physikalische Vakuum, das Träger der Torsionsfelder ist, diesen Anforderungen entspricht, und die Torsionsfelder ihrerseits sind Träger des Bewusstseins.

Schon 1990 nahm die bekannte Autorität in der Kosmologie, A. D. Linde in seinem Buch „Physik der Elementarteilchen und die inflationäre Kosmologie" an, dass unsere Vorstellungen über das Bewusstsein im nächsten Jahrzehnt wesentliche Veränderungen erfahren werden. „Kann es nicht so sein, dass das Bewusstsein, genau wie die Raum-Zeit, seine eigenen Abstufungen der Freiheit hat, ohne deren Berücksichtigung die Beschreibung des Weltalls prinzipiell nicht vollständig sein wird? Wird es sich nicht erweisen, dass die Erforschung des Weltalls und die Erforschung des Bewusstseins untrennbar miteinander verbunden sind? Wird nicht die Entwicklung des einheitlichen Herangehens an unsere ganze Welt, einschließlich der inneren Welt des Menschen, die nächste Etappe sein?" (63, S.59).

Er hatte wie in Wasser geschaut. Und heute sagt der Doktor der physikalisch-mathematischen Wissenschaften A. V. Moskovskij in seinem Interview für die Zeitung „Reine Welt" (108): „Die Welt – ist ein kolossales Hologramm. Jeder seiner Punkte besitzt die vollständige Information über die Welt im Ganzen. Grundlage der Welt – ist das Bewusstsein, als dessen Träger die Spin-Torsionsfelder auftreten. Wörter und Gedanken – sind Torsionen, die die Erscheinungen der Welt schaffen. Der Gedanke wird geboren, und von ihm weiß sofort die ganze Welt. Der Mensch wird in Proportionen, die nicht vergleichbar sind mit der Größe seines physischen

156

Körpers, ins Weltall projiziert. Eine ungeheuerliche Verantwortung wird mit dem Verständnis dafür auf den Menschen gelegt. Objektiv sind wir zu dem Schluss gekommen, dass die Welt als ihre Grundlage das Bewusstsein hat, als einheitlichen globalen Anfang. Heute, im Licht der letzten Entdeckungen, ist die Existenz der Welt als Universalbewusstsein, das sich in verschiedener Weise zeigt, wissenschaftliche Realität. Das Feld des Bewusstseins bringt alles hervor, und unser Bewusstsein ist ein Teil von ihm".

Eine große Gruppe Wissenschaftler ist der Meinung, dass im Weltall ein „Supercomputer existiert, der mit Hilfe von Torsionsfeldern und virtuellen Teilchen alle Elementarteilchen, Atome und Moleküle und auch deren Wechselwirkungen steuert". Zum Beispiel schreibt das Akademiemitglied A. E. Akimov dazu: „Wenn man berücksichtigt, dass das Weltall von einem Mittel – dem physikalischen Vakuum durchdrungen ist, und wenn man weiter berücksichtigt, dass das physikalische Vakuum die Eigenschaft eines Hologramms hat, und wenn man beachtet, dass seine Eigenschaften wie die eines Spin-Systems sind (Rolle der Torsionsfelder mit ihren ungewöhnlichen Eigenschaften), dann wird eine Betrachtung des Weltalls als ganzheitliches System möglich, und die Ideen der Feld- (Torsions-) Rechenmaschinen (TEM) erlauben nicht abstrakt, sondern völlig konkret, den Quantenzugang zum Problem des Weltalls als Super-TEM zu besprechen. Wenn man die Annahme über die Torsions- (Spin-) Grundlage dieses Super-TEM annimmt und sich der Konzeption der Torsionsnatur des Bewusstseins erinnert, dann wird offensichtlich, dass das Bewusstsein ein organischer Teil des Super-TEM (des Weltalls) ist, eingebaut auf die natürlichste Art als Verallgemeinerung der physikalischen Funktionsprinzipien" (16, S.74).

Stellen Sie sich eine Rechenmaschine vor, die bei einem Volumen des zu beobachtenden Weltalls (sein Radius liegt bei etwa 15 Mrd. km) mit Elementen mit einem Volumen von 10^{-33} cm³ gefüllt ist. Und so ein Verstand, der das ganze Weltall ausfüllt, hat natürlich Möglichkeiten, die man sich nicht vorstellen, nicht phantasieren kann. Und wenn man berücksichtigt, dass dieses Gehirn nicht nach dem Prinzip elektronischer Rechenmaschinen funktioniert, sondern auf der Grundlage von Torsionsfeldern, dann ist, wie Akimov glaubt, „das Weltall eine supermoderne Rechenmaschine und nichts auf der Welt ist größer. Alles Übrige – ist die eine oder die andere Form des Absoluts" (11, S.27).

Wenn man anerkennt, dass das Weltall ein gigantischer Computer ist, dann füllt das Energieinformationspaket (Konzentrat) das unsere große Seele darstellt, nach dem Tod eine bestimmte Zelle seines Speichers. Dabei wird von der Qualität des im Moment des Todes reproduzierten „Bandes des gelebten Lebens" abhängen, auf welche Ebene der feinstofflichen Welt unsere Seele fällt. Gerade daran haben sich alle erinnert, die den Zustand des klinischen Todes überlebt haben oder in Extremsituationen gewesen sind, indem sie sagen, dass „vor ihren Augen das ganze gelebte Leben in umgekehrter chronologischer Folge ablief"

Und hier ist es angebracht, sich an den genialen Sciencefictionroman „Solaris" des bekannten polnischen Phantasie-Schriftstellers Stanislav Lem zu erinnern. Im Roman „Solaris" hat Lem hervorragend die Möglichkeit und die Folgen des Erscheinens vernunftbegabter Wesen beschrieben, die nach den Informationen unserer Gefühle und Erinnerungen ausgeführt waren. Diese Wesen – genaue Kopien der Frauen und der Kinder der Astronauten – waren durch eine fremde Welt ausgeführt aus dichter Materie. Als Matrize für die Herstellung solcher komplizierten Strukturen diente das Informationsfeld eines Astronauten. Die Phantome waren vernunftbegabt, kopierten genau das Verhalten der Menschen, waren für jede Art der Einwirkung unverwundbar, waren unsterblich, allerdings

158

Nur bis zu dem Punkt, in dem der energetische Kontakt zu ihrem Schöpfer – dem denkenden Ozean Solaris abriss.

Also, in der Welt regiert die Information.

3.2. ÜBER DAS BEWUSSTSEIN

Der Buddhismus glaubt, dass alles im Endergebnis durch das Bewusstsein geschaffen wurde. Die Ebenen des Bewusstseins sind unterschiedlich, und die dünnste Ebene davon ist ewig.

Dalai-Lama (106, S. 21)

Von Newton bis Kuhn, keinen Schlaf, keine Ruhe kennend, entwickelte sich, die Paradigmen wechselnd, die Wissenschaft. ...Und es beschloss die Wissenschaft, dass im Bewusstsein Kraft ist, und nicht nur in der Materie, wie man früher lehrte.

A. Iljin (114, S. 24)

Entsprechend den modernen wissenschaftlichen Ansichten muss man das Bewusstsein als höchste Form der Entwicklung der Information verstehen – als schaffende Information, wobei die Verbindung „Information – Bewusstsein" als ebensolche fundamentale Erscheinung des Weltalls wie „Energie – Materie" verstanden wird. Bei der Betrachtung der Natur des Bewusstseins durch spezifische Erscheinungen der Torsionsfelder – materieller Objekte – wird offensichtlich, dass das Bewusstsein an sich ein materielles Objekt ist. Vom physikalischen Standpunkt aus ist das Bewusstsein eine besondere Form der Feld- (Torsions-) Materie (14, S.72).

159

Das Bewusstsein und die Materie erwiesen sich auf der Ebene der Torsionsfelder als untrennbare Wesen. Von dieser Position aus wurde offensichtlich, dass das Bewusstsein als Vermittler auftritt, der einerseits alle Felder, die ganze materielle Welt vereinigt, andererseits – alle Ebenen der feinstofflichen Welt.

So fand die schon von Pythagoras ausgesprochene Idee der Monade als eigenartiger „Mikrokentaur" des Bewusstseins und der Materie, das heißt, die Idee der Untrennbarkeit von Bewusstsein und Materie ihre wissenschaftliche Bestätigung erst zweitausend Jahre später.

Mit dem Problem des Bewusstseins auf modernem Niveau befassen sich sehr viele Wissenschaftler. Die physikalische Realität des Bewusstseins ruft schon keinerlei Zweifel mehr hervor. Die Wissenschaftler gehen weiter, sie versuchen zu verstehen, wie die Information in unser Gehirn kommt, was dabei im Gehirn und im menschlichen Organismus vor sich geht, wie sich unser Bewusstsein zeigt.

V. V. Nalimov hatte zu seiner Zeit zwei Formen des Eintritts der Information in das Gehirn begründet, die durch reflektives und kontinuales Denken bestimmt waren. Im ersten Fall erhält der Mensch die Information mit Worten, denkt mit Worten und wandelt sie manchmal um in Bilder. So eine Form der Informationsübermittlung (verbal) hat einen geringen Informationsumfang, erfordert die aktive Teilnahme der Gehirnstrukturen beim Decodieren, Bearbeiten, Ergänzen der empfangenen Information. Diese Art von Denken kann ohne Sprache nicht existieren. Die Unkenntnis der Sprache macht die erhaltene Information nutzlos für die Schaffung eines Bildes.

Beim kontinualen Bewusstsein wird das Denken nicht durch Worte, sondern durch Bilder verwirklicht. So ein bildliches Denken wird durch einen großen Eingang der Information in das Gehirn in einer Zeiteinheit charakterisiert, ist nicht vergleichbar mit dem verbalen Denken (118, S.8).

160

Das bildliche Denken nutzen sowohl der Mensch, als auch Tiere. Aber mit der Entwicklung des verbalen, logischen (durch Worte ausgedrückten) Denkens wurde das für den Menschen die Hauptform. Das verbale Denken ermöglicht es, dass sich das abstrakte Denken entwickelt und bringt einige Vorzüge in der Kommunikation.

Für Emotionen und bildliches Denken ist die rechte Hirnhälfte zuständig. Das logische und abstrakte Denken befindet sich unter der Kontrolle der linken Hirnhälfte, die für den Menschen die führende geworden ist. Die rechte Hirnhälfte erwies sich zuerst bei den Männern, und danach auch immer häufiger bei den Frauen in einer untergeordneten Lage. Wir begannen, weniger mit Emotionen, mehr mit Logik zu leben.

Was ist daran schlecht? Zum Beispiel baut die ganze Wissenschaft auf Logik auf. Wie nutzen Tiere ihr bildliches Denken und warum beneiden sie uns nicht? Oder beneiden sie uns?

Im Haus ist ein Mensch gestorben. Im Hof hat sein Hund geheult. Woher hat er den Moment des Todes erfahren? Am Vorabend eines Erdbebens, einer Überschwemmung oder anderer Naturkatastrophen beginnen die Tiere, sich durch Flucht zu retten. Während des zweiten Weltkriegs war eine Katze nicht zu faul, all ihre Jungen in einen anderen Flügel des Hospitals, in dem sie wohnte, zu schleppen, und später fiel auf den von ihr verlassenen Platz eine Bombe. Zufall? Eine andere Katze weckte nachts die Hausfrau und erreichte, dass die ganze Familie das Haus verließ, und zwar rechtzeitig: in das Haus schlug eine Granate ein.

Und solche Beispiele gibt es sehr viele. In England wurde sogar eine Medaille herausgegeben für Katzen für die Rettung von Menschen (75, S.23).

Es kommt vor, dass Tiere, und wie sich herausstellte, sogar Pflanzen ein irgendwie wichtiges Verfahren des Empfangs von Informationen besitzen,

161

das für den Menschen, die „Krone der Schöpfung" nicht zugängig ist. Und dieses Verfahren – ist die Methode des direkten Wissens, begründet gerade auf dem bildlichen Denken, auf der arbeit der rechten, der emotionalen Hirnhälfte. Das kann man trainieren, um die verlorene Fähigkeit in einem gewissen Maße wiederherzustellen.

In vollem Maße besaßen die Vertreter alter Zivilisationen diese Fähigkeit zum bildlichen Denken. Die Analyse der Beschreibung des Lebens in Atlantis, ausgeführt durch den Doktor der medizinischen Wissenschaften E. M. Kastrubin, erlaubt den Schluss, dass sie Vertreter der „Rechte-Hirnhälfte-Zivilisation" waren, wo die Intuition das Verfahren der Erkenntnis war. Ihre Kommunikation erfolgte auf dem Weg der Übermittlung von Bildern, die Sprache fehlte. Ihr Gehirn konnte besondere Resonanzeffekte mit der feinmateriellen Welt, der Quelle der tätigen Energie, schaffen. Mit Hilfe uns unbekannter psychischer Energie konnten sie materielle Werte schaffen.

„Es ruft jetzt schon keinen Zweifel mehr hervor, dass viele Vertreter vergangener Zivilisationen die Möglichkeiten des Einheitlichen Informationsfeldes nutzen konnten, ihr Gehirn enthielt die unterschiedlichsten Programme der Fernwechselwirkung mit dem einheitlichen semantischen Informationsbewusstsein" (118, S.8). Die uns vorangegangene Zivilisation hat die Möglichkeiten der Bewohner von Atlantis verloren, aber sie konnte überleben dank dem Erscheinen der Sprache und des Bewusstseins. Das war ein ausgleichendes Geschenk der Natur, das das Überleben der Menschheit sicherte: wir sind eine klassische „Linke-Hirnhälfte-Zivilisation", unser verstand schafft die Sprache und Kultur, unsere Devise der Ethik und der Moral ist die Formel "nicht gegen den gesunden Menschenverstand"".

Das Interview des bekannten Wissenschaftlers Ju. A. Fomin, das er dem Korrespondenten der Zeitschrift ‚Terminator' gegeben hat, ruft ein gewisses Interesse hervor (103, S.7). Auf die Frage des Journalisten: „Wie stellen Sie sich den Übermenschen des XXI. Jahrhunderts vor?" antwortete der Wissenschaftler so: „Das Problem besteht im Erhalt der Information durch den Menschen. Bei verbalen Wechselwirkungen können wir nur bis 500 Bit Information in der Sekunde aufnehmen. Ein Buchstabe des russischen Alphabets ist gleich 5 Bit. Aber das Gehirn nimmt vier Milliarden Bit in der Sekunde auf. Früher konnten die Menschen miteinander auf Gefühlsebene kommunizieren, aber dann verrohten sie und gingen vollkommen zu verbalen Beziehungen über. Bis jetzt empfangen einige Stämme, die sich noch auf der Entwicklungsstufe der Urgemeinschaft befinden, vieles auf der Ebene der Gefühle, der Intuition. Eine gute Mutter fühlt trotzdem, dass ihr Kind in Gefahr ist, selbst wenn es von ihr weit weg ist.

- Sie sprechen von telepathischen Kontakten?

- Die Aufnahme von Bildern ist auch ein telepathischer Kontakt.

- Nehmen Sie an, dass im XXI. Jahrhundert viele Menschen über solche Fähigkeiten verfügen werden?

- Ich nehme das nicht an, sondern ich weiß das ganz genau. Der Mensch der Zukunft wird sich vom Informationsaustausch durch die Sprache lossagen, nachdem er wie ein Teilchen des gemeinsamen Gehirns geworden ist. Jeder wird von Geburt an die Fähigkeiten besitzen, die die Menschheit besitzt. Auch mit dem eigenen Organismus wird der Mensch ganz andere Wechselbeziehungen haben. Er wird in der nötigen Richtung auf seinen Organismus einwirken können, beginnend bei der Selbstheilung und endend bei der Selbstvernichtung. Aber die Hauptsache, sein Bewusstsein verändert sich".

Was sind das für Kanäle für den Eingang der Information in das Gehirn? Im Ergebnis vieler Experimente und wissenschaftlicher Untersuchungen kam A. V. Bobrov in seiner Arbeit zu interessanten Schlussfolgerungen

163

(120, S.58). Er bestätigt wie viele andere, dass dem Mechanismus des Bewusstseins Feld-Informations-Wechselwirkungen zugrunde liegen und bringt die Grundlage für folgende Bestätigung:

- mit modernen wissenschaftlichen Methoden wurden in der Hirnrinde keine Denkzentren und Gedächtniszentren festgestellt, aber spezifische Strukturgebilde, die Funktionen des Denkens und des Gedächtnisses regulieren;

- der Mechanismus der Realisierung des Denkens und des Gedächtnisses ist nach seiner Bestätigung unbekannt;

- das Denken und das Langzeitgedächtnis können nicht auf dem Weg der Verbreitung nervlicher Impulse auf die Neuronennetze des Gehirns realisiert werden, da die Geschwindigkeit der Verlagerung des Potentials der Tätigkeit entlang der Nervenfaser und die Zeit der synaptischen Übergabe die real existierende Schnellwirkung der Mechanismen des Denkens und des Gedächtnisses nicht sichern kann. So eine Schnellwirkung bei der Übertragung, Speicherung und Extraktion aus dem Gedächtnis einer Information unbegrenzten Volumens kann nur auf der Feld-Ebene verwirklicht werden;

- biologische Systeme besitzen eine materielle Grundlage zur Realisierung des Mechanismus des Bewusstseins auf der Feld-Ebene. Die von ihnen ausgehende Strahlung trägt eine komplizierte Information und hat, wie A. V. Bobrov meint, eine Torsionsnatur. Tatsächlich, die Tätigkeit des Menschen hängt in bedeutendem Maß vom Spin-Zustand der Moleküle ab, die in den Bestand einer beliebigen Zelle gehen. Jede Zelle schafft ihr Torsionsfeld und unterliegt dem Einfluss des äußeren Torsionsfeldes. Und wenn als Zelle eine Gehirnzelle mit einem besonders feinstofflichen Organisations-Neuron auftritt, dann ist es natürlich, anzunehmen, dass die Torsionsfelder gewisse Bilder des Bewusstseins induzieren werden. Die Gesamtheit der

164

Torsionsfelder aller Moleküle des Neurons bilden das Torsionsfeld der Nervenzelle, das die Information über ihren Zustand trägt – erregt oder ruhig. Das Torsionsfeld des Neurons ist ein Teil des Torsionsfeldes der Hirnrinde, das die Information über die Bilder trägt. Folglich bilden sich bei der Einwirkung der äußeren Torsionsfelder in den Zellen des Gehirns Spin-Strukturen, die im Bewusstsein entsprechende Bilder und Gefühle hervorrufen (85, S.134).

Der Doktor der physikalisch – mathematischen Wissenschaften, L. V. Petrova, die sich schon acht Jahre mit der Erforschung der Psychophysik beschäftigt, spricht von der starken Einwirkung der psychischen Energie auf die physischen Prozesse, auf das Schicksal des einzelnen Menschen und darüber, dass man mit Hilfe der Torsionsfelder jedes Problem erklären kann, das mit der psychischen Energie verbunden ist, wobei die psychische Energie als real existierendes energetisches Feld untersucht wird.

„Der Austausch mit dem Wort, dem Gedanken – das ist der Austausch einer starken Energieladung. Und das ist schon wissenschaftliches Wissen! Der Mensch ist nur ein Zweiglein der Menschheit, Freud und Leid widerspiegeln sich in allem. Untersuchungen haben gezeigt, dass 70 % der Kinder mit Zerebralparese von Eltern geboren wurden, die bis zum dritten –vierten Monat entscheiden, ob das Kind sein soll oder nicht. Kinder mit starkem Schielen oder mit Kurzsichtigkeit werden von Paaren geboren, wo einer der Eltern ein Mädchen, der andere einen Jungen will" (108).

Alles Gesagte bestätigt überzeugend: unsere Gedanken und Gefühle – das sind Torsionen, wobei die Materie der Gedanken und Gefühle ein Element der Torsionsfelder ist.

„Die Gleichungen, die den Gedanken beschreiben, sind nicht linear. Das zeugt davon, dass der Gedanke auf sich selbst einwirken kann, das heißt, er stellt eine sich selbst organisierende Struktur dar, die in der Lage ist, ihr eigenes Leben zu leben" (108).

„Gedanken, die wir auswählen, sind wie Farben, mit denen wir auf der Leinwand unseres Lebens malen" (98, S.18).

Wie wichtig ist das für jeden von uns, das zu wissen, sich das zu merken! Darum hat die Esoterik immer versichert, dass es außerordentlich wichtig ist, seine Gedanken zu kontrollieren, weil der Gedanke materiell ist! Und wie leichtsinnig haben wir uns immer zu dieser Warnung verhalten. Vielleicht wird uns die Wissenschaft zwingen, die Aufmerksamkeit auf unsere Worte und Gedanken zu richten?

Die Gedanken verbreiten sich im Gehirn sehr schnell, und am Anfang ist es schwierig sie auszudrücken. Aber unser Sprechapparat dagegen, arbeitet langsam. Und wenn wir beginnen können, unsere Rede zu „redigieren", indem wir auf das hören, was wir sagen wollen und uns nicht erlauben, etwas Negatives zu sagen, dann beherrschen wir die Kunst, unsere Gedanken zu steuern. Die von uns ausgesprochenen Worte haben eine riesige Kraft, wenn auch viele von uns ihre ganze Wichtigkeit nicht verstehen. Worte – sind die Grundlage all dessen, was wir regelmäßig wiedergeben in unserem Leben. Wir sagen ständig etwas, aber tun das nicht sorgfältig, selten denken wir über den Inhalt und die Form unserer Aussagen nach. Wir achten nicht darauf, welche Worte wir wählen. Und es zeigt sich, die Mehrheit von uns nutzt negative Formen. Aber man sollte immer daran denken, dass man „mit einem Wort töten kann, dass man mit einem Wort retten kann, dass man mit einem Wort Regimenter hinter sich bringen kann!"

Jedes Wort, jeder Laut, den wir hervorbringen, jeder Gedanke, der von uns ausgestrahlt wird, verzerrt das physikalische Vakuum um uns und schafft Torsionsfelder. Diese Felder können rechts- oder linksdrehend sein (in Abhängigkeit von dem Gedanken oder dem Wort), und ihre Einwirkung auf einen beliebigen Menschen, auch auf uns selbst, kann sowohl positiv

166

als auch negativ sein.

Sehr starke Generatoren negativer Torsionsfelder, richtige psychotronic – Waffen - sind die Fernsehgeräte. Von ihren Bildschirmen fließt das Blut in Strömen, Grausamkeit, Gewalt, Gemeinheit, Leidenschaft, Erotik – so nennt man die etwas verdünnte Lüsternheit. Diese Arten der Torsionsfelder beginnen sofort die den Stoff des Schicksals der Menschen aufzufressen, die sich einer solchen Bearbeitung unterziehen. Und unser Leben, die Politik und die Wirtschaft – das ist das in der Materie erscheinende Bild, das wir vorher in den Torsionsfeldern gezeichnet haben. Warum leben wir so trübe? Weil wir unsere Zukunft mit den Torsionen des Schreckens, der Gereiztheit, des Hasses, der Bosheit zeichnen.

Um all diesem Negativen entgegenzuwirken, hat man in vielen Ländern Europas und in den USA begonnen Schulen zu schaffen, die die Mentalität des Erfolgs auf der Basis der Wechselwirkung mit dem Informationsfeld der Erde studieren. Dieser psychologischen Entdeckung liegt zugrunde – den Menschen Verfahren zu lehren, sich glücklich zu fühlen.

Man muss aus seinem Bewusstsein die Gedanken über Misserfolge ausschließen und sich nur auf Erfolg einstellen. Die Konzentration auf den Erfolg zwingt uns, nur an ihn zu denken, nur von ihm zu sprechen, ihn zu fühlen. Ganz gleich wie muss man sich weigern, ein Pechvogel, eine Nichtigkeit zu sein. Der Begriff „Erfolg" ruft einen qualitativen Ruck in unserem Bewusstsein hervor, und das widerspiegelt sich unbedingt in unseren Arbeiten wider.

Schöpfer dieser prinzipiellen Thesen über den Abruf des Erfolgs und die Nutzung des Informativ-energetischen Feldes wurde der amerikanische Professor Ch. Teutsch (118, S.85).

Aber das Bewusstsein ist zu noch Größerem fähig. Das Bewusstsein schafft die Gedankenformen – einige beständige Feldgebilde, die eine bestimmte Information tragen (113, S.7). A. P. Dubrov geht in seinen Folgerungen etwas weiter: „Das Bewusstsein ist nicht nur in der Lage, Gedankenformen zu schaffen, sondern auch sie nach seinem Wunsch aus virtuellen Teilchen zu objektivieren. Daraus folgt, dass der Gedanke selbst, der bei dem Menschen entstanden ist, eine universelle Energiefeld – Substanz darstellt, die in der Lage ist, sich in beliebige Arten von Materie zu transformieren und mit den virtuellen Teilchendes physikalischen Vakuums in Wechselwirkung zu treten (88, S.18). Hier ist es angebracht, sich der Materialisierung von Gegenständen aus „Nichts" des Sathya Sai Baba zu erinnern.

Wenn man berücksichtigt, dass man das Weltall als Super-TEM betrachten kann, dann ist „das menschliche Gehirn nur ein biologischer Computer und ein Empfänger und Sender der Information". So meinen viele Wissenschaftler, zum Beispiel der Nobelpreisträger und Anthropologe Professor R. Eccles (63, S.53).

Der biologische Computer, oder wie man ihn noch nennt, der Biocomputer des Bewusstseins – BKS, begründet auf molekularer Elementenbasis, der ein Gedächtnis und die Fähigkeit des Denkens besitzt, bezieht durch die Wechselwirkung der Strukturen der Torsionsfelder die Hirnrinde und einen gewissen Raum des physikalischen Vakuums des Endmaßes rund um den Menschen in sich ein. Das bedeutet, dass das Funktionieren dieses BKS auf der Ebene des physikalischen Vakuums durch die Wechselwirkungen der Strukturen der Torsionsfelder , die durch Hirnrinde des Individuums geschaffen werden mit den Torsionsfeldern, die durch andere Objekte gebildet werden, vor sich geht.

Das Akademiemitglied A. E. Akimov schreibt dazu (85; 135): „Das individuelle Bewusstsein als funktionale Struktur schließt in sich nicht nur das eigene Gehirn ein, sondern auch das in Form einer Torsionsrechenmaschine strukturierte physikalische Vakuum im Raum in der Nähe des Gehirns, das heißt, es ist eine Art Biocomputer".

Dieser Standpunkt weicht nicht ab von der Meinung des Professors E. K. Borosdin, der meint, dass die Information in allen Teilen des physischen Körpers enthalten ist, in den feinmateriellen und geistigen Körpern des Menschen und anderer Lebewesen, und das Gehirn ist die Vorrichtung, die die Auswahl der nötigen Information und ihre Bearbeitung bis zu dem Zustand sichert, der auf der Ebene des Unterbewusstseins oder des Bewusstseins erkannt oder aufgenommen werden kann (46, S.58).

Eine ähnliche Wertung gibt auch Digenius Ruller Wang (76, S.237): „Ein Teil unseres Gehirns kann wie ein Fernsehempfänger und –Sender arbeiten, der andere Teil kann die Information bearbeiten und bewerten".

3.3. DER MENSCH UND DIE TORSIONSFELDER

Wir alle sind Giganten, erzogen von Pygmäen,
die gelernt haben zu leben, sich in Gedanken beugend.

R. A. Wilson (96, S.23)

Schon N. Bohr hatte gesagt, dass „die neue Physik in sich das Bewusstsein einschließen muss, als Objekt ähnlich allen übrigen Objekten der Physik. Nun hat die Theorie der Torsionsfelder gezeigt, dass man auf der Grundlage der Spin-Effekte die Probleme des Bewusstseins und des Denkens erklären kann, dass man sie wie normale physikalische Objekte in das allgemeine Bild der physikalischen Vorstellungen von der Welt einbeziehen kann" (11, S. 25).

Der Mensch, als Teil der Natur, geschaffen aus Atomen und Molekülen, die Kern- und Atom-Spins besitzen. Weil ein Spin die Quelle von Torsionsfeldern ist, schafft jede Zelle des Menschen ihr eigenes Torsionsfeld. Die Zellen, die einander berühren, bilden ein gemeinsames Torsionsfeld, das sie wie ein Magnet anzieht und in eine bestimmte Lage im Raum ausrichtet, indem es eine einmalige Kombination von Zellen bildet. Man kann zu dem Schluss kommen, dass der menschliche Organismus im Ganzen sein allgemeines Torsionsfeld bildet. Und das ist die Grundlage alles Lebendigen, weil es als Träger der Information des Organismus im Ganzen und seiner Zellen über die Struktur, den Zustand sowohl der inneren als auch der äußeren Welt des Menschen dient. Mit seiner Hilfe werden alle Gedanken, Gefühle, Wünsche, Richtungen der Lebenstätigkeit des Menschen, seine Bestrebungen, zu jeder Zelle getragen (40, S. 52).

Das Akademiemitglied G. I. Schipov sagt dazu folgendes: "Im Menschen entsprechen einige Ebenen der Torsionsfelder unsichtbaren energetischen Körpern, die im Osten als „Chakry" bekannt sind. Im menschlichen Körper sind Chakry – Brennpunkte der Torsionsfelder. Je höher ein Chakra gelegen ist, desto höher ist die Frequenz des Feldes".

Im Rahmen der Konzeption der Torsionsfelder wird der Mensch als eines der sehr komplizierten Spin-Systeme betrachtet. Die Kompliziertheit seines räumlichen Frequenz-Torsionsfeldes – schreibt A. E. Akimov – wird bestimmt durch den riesigen Satz chemischer Stoffe in seinem Organismus und die Schwierigkeit ihrer Verteilung in ihm, aber auch durch die komplizierte Dynamik der biologischen Umwandlung im Prozess des Austauschs. Jeden Menschen kann man als Quelle (Generator) eines streng individuellen Torsionsfeldes betrachten. Sein Torsionsfeld ruft eine Spin-Polarisation im Umfeld des Erdradius hervor, es trägt die Information über ihn und hin-

170

terlässt seine Kopie sowohl auf der Kleidung als auch im physikalischen Vakuum" (50, S.268).

Wie die moderne Wissenschaft festgestellt hat, hat das allgemeine Torsionsfeld des Menschen eine Rechtsdrehung, nur bei einem von einigen Millionen kann das Torsionsfeld linksdrehend sein. Der Mensch hat die Möglichkeit, auf sein Torsionsfeld einzuwirken.

Vor allem gibt es gewisse biochemische Prozesse, die die Struktur der Teilchen-Spins, aus denen der Mensch besteht, verändern. Mit Hilfe dieser biochemischen Prozesse kann man den Spin-Zustand verändern und damit das äußere Torsionsfeld tauschen, das wir ausstrahlen.

Wenn wir, zum Beispiel, den Atemrhythmus beim Ein- und Ausatmen ändern (das heißt das Verhältnis von Kohlensäure und Sauerstoff ändern), können wir erreichen, dass bei uns die Abstrahlung des rechtsdrehenden Torsionsfeldes vorwiegt, oder des linken, obwohl im Normalzustand das Feld bei uns rechtsdrehend ist, So vergrößert das Anhalten des Ausatmens um eine Minute die Spannung dieses Feldes doppelt, das Anhalten des Einatmens ändert das Zeichen des Feldes (50, S.269).

Außerdem kann man die Wechselbeziehung zwischen den Torsionsfeldern und dem Menschen als selbst regulierende Quelle dieser Felder und als Empfänger äußerer Torsionsstrahlungen mit Hilfe der Konzeption des „Spin-Glases", das für die Schaffung des Modells des Gehirnmechanismus genutzt wird, herstellen. Man muss bemerken, dass sich die Konzeption des Spin-Glases auch auf alle anderen Mittel des menschlichen Organismus – flüssige, kolloidale, feste, verbreitet (33, S.25).

Es wird angenommen, dass das Gehirn – das ist ein amorphes Mittel (Glas), das in der Dynamik der Spin-Strukturen Freiheit besitzt. Die Veränderung dieser Spin-Struktur im Denkprozess verändert jenes Torsionsfeld, das vom Gehirn ausgestrahlt wird. Das heißt, im Prozess des Denkens

171

laufen im Gehirn biochemische Prozesse ab, und die dabei entstehenden Molekularstrukturen realisieren den dynamischen Spin-Prozess, der die Torsionsstrahlungen erzeugt. So tritt das Gehirn in der Rolle des Torsionsstrahlers – der Quelle der Torsionspolarisation des physikalischen Vakuums auf, das den Menschen umgibt (10, S.11).

Zahlreiche Versuche ermöglichten die Feststellung, dass die Wunderheiler ihre Fähigkeiten gerade durch die Torsionsfelder realisieren.

Bei der Einwirkung des äußeren Torsionsfeldes auf das Gehirn entstehen in ihm Spin-Strukturen, die die Spin-Struktur dieses Feldes wiederholen. Im Gehirn werden Signale erregt, die die physiologischen Prozesse im Organismus des Menschen steuern können, oder, zum Beispiel, auditive oder visuelle Bilder direkt im Gehirn hervorrufen können, dabei die Gefühlsorgane umgehend.

In seinem Buch „Hypnose: informatives Herangehen" (1977) schreibt Doktor Bowers (94, S.146): „Wenn die Prozesse der Bearbeitung und Übermittlung der Information für die psychische und die somatische Sphäre allgemein sind, kann man das Problem des Bewusstseins – des Körpers folgendermaßen umformulieren: als Information erhalten und bearbeitet auf semantischer Ebene (auf der Ebene des Bewusstseins), umgebildet zur Information auf somatischer Ebene (auf der Ebene des physischen Körpers) ?"

Um auf diese Frage zu antworten schlägt Doktor Bowers vor, den Begriff „Bewusstsein-Körper" durch den Begriff „psychosomatische Einheit" zu ersetzen, ähnlich dem, wie Einstein die Begriffe Raum und Zeit in das Kontinuum „Raum-Zeit" gewandelt hat. Über eine ähnliche Vereinigung schreibt der Doktor der psychologischen Wissenschaften I. P. Volkov in seinem Buch „Körperpsyche des Menschen" (1999).

Aber was geschieht, wenn in unser Gehirn irgendein gedanklicher oder

172

wörtlicher

„Anstoß" in Form eines äußeren Torsionsfeldes kommt? Weil zwischen den Abteilungen des Gehirns, aber auch zwischen dem Gehirn und den übrigen Systemen des Organismus eine Verbindung besteht, kann dieser „Anstoß" leicht umgebildet werden in biochemische Reflexe des Organismus als Ganzes. Insbesondere werden die „Anstoß"– Reflexe der Hirnrinde umgebildet in neurochemische und hormonale Prozesse, wenn sie durch den Hypothalamus gehen, der für viele Systeme des Organismus verantwortlich ist, einschließlich des Immunsystems.

Die Untersuchungen der Wissenschaftler haben gezeigt, dass die rechten Torsionsfelder auf den Menschen positiv wirken, wenn man nicht eine gewisse Empfindlichkeitsschwelle erhöht. Die Einwirkungen der linken Torsionsfelder sind nur in homöopathischen Dosen positiv. Aber wenn ihre Intensität vergleichbar ist mit der begleitenden Intensität des Menschen, sind sie außerordentlich schädlich. Zum Beispiel kann man die Wirkung eines beliebigen musikalischen Werkes einschätzen nach dem von ihm geschaffenen Torsionsfeld. Erzeugt das Werk nur rechte Torsionsfelder? Oder nur linke? Oder ist das eine Mischung von rechten und linken Feldern? Was ist das für eine Verbindung nach Dauer und Intensität? Und so wie es heute verboten ist, Gifte, Drogen zu verkaufen, kommt dann der Mensch irgendwann zum Verbot bestimmter musikalischer Werke (und überhaupt Kunstwerke), die nur linke Torsionsfelder erzeugen, die total schädlich sind (11, S. 26).

Stellen wir uns vor, dass Ihnen der Wunderheiler einen „Anstoß zur Gesundung" gibt – sein Gehirn tritt als Ausstrahler eines rechten Torsionsfeldes auf. Es polarisiert das Vakuum im Bereich Ihres Kopfes. Das äußere Torsionsfeld ruft eine Spin-Polarisation der Elementarteilchen Ihres Gehirns hervor, das heißt, die Spins der Teilchen orientieren sich nach dem

173

äußeren Torsionsfeld. Diese „Anstoß"reflexe bilden sich um zu neurochemischen und hormonalen Prozessen. Unter den chemischen Systemen, die vom Hypothalamus reguliert werden, gibt es eine große Zahl Neuropeptiden, einschließlich der heute gut bekannten Endorphine, die eine dem Opium völlig ähnliche, beruhigende und schmerzstillende Wirkung haben. Die Neuropeptiden haben einen Dualismus: einmal sind sie wie Hormone (chemische Stoffe, die Veränderungen im Funktionieren des Organismus hervorrufen), und manchmal wie Neuroüberträger (chemische Stoffe, die Veränderungen im Funktionieren des Gehirns hervorrufen) (94, S.148).

Indem sie im Gehirn wie Neuroüberträger wirken, sichern die Neuropeptiden die Eröffnung neuer Neuronenwege, „Netze" und „Reflexe". Das bedeutet, dass eine große Dosis Neuropeptiden auf das Gehirn so eine Wirkung haben, wie eine große Dosis eines beliebigen psychodelischen Stoffes, in dem es die Möglichkeit bietet, die Welt auf neue Art wahrzunehmen.

Mit anderen Worten, es erfolgt eine deutliche Vergrößerung der Informationsmenge, die in einer Zeiteinheit verarbeitet wird. Je mehr neue Ketten im Gehirn gebildet werden, desto mehr Information kann das Gehirn in den einfachsten und alltäglichen Gegenständen und Ereignissen erfassen.

Eine große Ausschüttung von Neuropeptiden kann als Erleuchtung oder als „Vision von der Welt" wahrgenommen werden.

Wenn die Neuropeptiden das Gehirn verlassen und beginne wie Hormone zu wirken, dann wirken sie mit allen wichtigen Systemen zusammen, einschließlich des Immunsystems. Die erhöhte Aktivität der Neuropeptiden ruft eine erhöhte Widerstandsfähigkeit des Organismus gegen Krankheiten, ein inneres Gefühl des „Wohlbefindens" und etwas wie ein Aufleuchten von Hoffnung und Freude im Patienten hervor.

Mit anderen Worten, in dem Maße, wie sich unsere Fähigkeit verbessert, die Information zu verarbeiten, wächst auch unsere Widerstandsfähigkeit gegen das Unwohlsein. Weil die Neuropeptiden in alle Flüssigkeiten im Organismus eindringen (Blut, Lymphe, Rückenmarkflüssigkeit usw.), aber auch in die Zwischenräume zwischen den Neuronen, wirkt so ein System der Neuropeptiden langsamer, aber geschlossener als das zentrale Nervensystem (94, S.151).

Auf dem gleichen Prinzip basiert die Heilung nach der Methode der Selbstüberzeugung. Jedem Denkvorgang entspricht eine eigene Spin-Struktur im Gehirn, die zu einer entsprechenden Torsionsabstrahlung und zur Schaffung eigener „Anstöße" zur Gesundung führen.

Man sagt, dass Frauen mit den Ohren lieben. Das ist nicht verwunderlich. Als ein feinfühliges Subjekt reagiert sie augenblicklich auf Torsionsfelder, die im Raum durch euer Gespräch geschaffen werden. Da bei den Frauen die rechte (gefühlsmäßige) Hirnhälfte besser entwickelt ist als bei den Männern, hat die emotionale Färbung eurer Worte eine sehr große Bedeutung. Und wenn euer Gespräch zärtlich ist (die Torsionsfelder, die durch euer Gespräch im Raum geschaffen werden, sind rechte), dann wird in ihrem Gehirn eine erhöhte Anzahl Neuropeptiden ausgeschüttet, die dann ihre Sache selbst weiter machen. So hat der Mensch die Möglichkeit der Einwirkung auf das ausgestrahlte eigene Torsionsfeld zu seiner Verfügung: das rhythmische Atmen, die innere Einstellung, die Kontrolle über die Gedanken, Yoga, die Technik der transzendentalen Meditation Maharishi. Darüber wird besonders zu sprechen sein.

Maharishi Mahesh Yoga – der Ausbildung nach Physiker, Absolvent der Universität in Allahabad – war viele Jahre Schüler des großen Gurus Davey (61, S.10). Nachdem er von seinem Lehrer das Wissen übernommen und es im Licht der modernen Forschungen überprüft hatte, wurde er zum größten Spezialisten der altindischen Philosophie, Yoga und seinen Anwendungsgebieten und ging in den 50er Jahren schon mit dem Namen Maharishi

Mahesh Yogi von Indien in die USA.

1957 erstaunt er die ganze Welt (außer den sozialistischen Ländern) mit einem neuen Programm der Transzendentalen Meditation (TM). Unter seinen Einfluss gerieten die Mitglieder der populären Gruppe „Beatles", deren Lehrer er für lange Jahre wird.

Das Wesen der Methodik der Transzendentalen Meditation Maharishi besteht in folgendem. Wenn man in einem Gebiet eine Gruppe von Menschen, in einer Anzahl, die gleich ist dem Quadrat von 1% der Bevölkerung, und diese Gruppe führt eine kollektive Meditation durch, dann wird dieser psychophysische Zustand auf die gesamte Bevölkerung dieses Territoriums übergehen. In den 70er Jahren wurde diese Methodik in einer Reihe von Staaten der USA getestet. Es wurde das Fehlen positiver Resultate im Staat New York festgestellt. Jedoch in den anderen 15 Staaten waren die positiven Resultate offensichtlich. In den 80er Jahren ging man in die internationale Arena. Es wurden drei Gruppen geschaffen – in Jerusalem, in Jugoslawien (ungefähr 2000 km vom Libanon) und in den USA (ungefähr 7000 km vom Libanon). Diese Gruppen haben nach den offiziellen Berichten, in der Zeit vom November 1983 bis Mai 1984 eine kollektive Meditation durchgeführt mit dem Ziel, die Kämpfenden im Libanon zu versöhnen. In der Zeit dieser Einwirkung hat sich die Anzahl der Kampfhandlungen um mehr als ein Drittel verringert. Nach den Berichten von John Hagelin (Physiker-Theoretiker), wurden die Einwirkungen auf den Libanon mit der gleichen hohen Effektivität bis zur Mitte des Jahres 1985 fortgesetzt (10, S.12).

Also, jede beliebige unserer Tätigkeiten wird in dem uns umgebenden Raum begleitet von der Entstehung eines physikalischen Vakuums der Torsionsfelder, deren Ausbreitungsgeschwindigkeit die Lichtgeschwindigkeit milliardenfach übertrifft. Der Torsionsaffekt, das heißt das Zusammendrehen der Felder höchster Frequenzen, hat eine große evolutionäre Bedeutung – innerhalb der zusammen gedrehten Felder Bleibt die Information erhalten. Diese Information hat auch eine Rückwirkung auf die Torsions-felder, indem sie deren Erschwerung ermöglicht zur besseren Erhaltung der Information. Beiläufig gesagt, die Feld-Übertragung und Erhaltung der Information ist nichts Übernatürliches; man braucht nur an Fernsehen und Radio zu denken.

Die einen Kräfte, die in der feinstofflichen Welt aktiv sind, führen zum Zusammendrehen der Torsionsfelder, die anderen Kräfte drehen sie auf. Die Kräfte, die die Torsionsfelder zusammendrehen, ermöglichen die Bewahrung der Information, sind positiv, aber jene Kräfte, die die Torsi-onsfelder aufdrehen, sind negativ, sind Schädlich, weil sie die Information löschen. Aus dem Gesagten kann man schließen, dass wir den Prozess des Zusammendrehens der Felder in der feinstofflichen Welt, der die Informa-tion erhält, psychisch mit dem Guten assoziieren, und den Prozess des Auf-drehens, der die Information löscht, mit dem Bösen (32, S.410). Wir fühlen das Gute und das Böse, weil wir nicht nur ein Produkt der physischen Welt, sondern auch der feinstofflichen Welt sind.

Wie Professor E. P. Muldaschev meint, sind Gut und Böse fundamentale Kategorien der feinstofflichen Welt, die ihrer Entwicklung und Evolution zugrunde liegen. Wenn dem irdischen Leben die Erhaltung und die Ver-erbung der Information durch den genetischen Apparat zugrunde liegen, dann liegen der kosmischen Feldform des Lebens die Erhaltung und die Weitergabe der Information in den Torsionsfeldern der feinstofflichen Welt zugrunde. Der Fortschritt dieser Lebensform verwirklicht sich durch die Einheit und den Kampf des Guten (positive psychische Energie) und des Bösen (negative psychische Energie) (47, S.68).

Die Gelehrten sind der Meinung, dass leider heute die „Menschheit der Erde einen negativen Informationsenergiestrom ausstrahlt, der die Informationsschicht des Planeten erreicht, die Information verzerrt und den Code der planetarischen Prozesse stört" (29, S.23).

Wir „wissen" materialistisch sicher, dass der Mensch nur einmal auf der Erde lebt und beeilen uns, in diesem Leben alles zu „nehmen", was möglich ist, um jeden Preis, ohne uns in den Mitteln zur Erreichung des Ziels einzuschränken. Im Ergebnis dieser Lebensstrategie strahlt die Menschheit der Erde einen Strom negativer Information und Energie aus, einen Strom des Bösen. Dieser Strom ist so stark, dass er die Informationsschicht erreicht, dabei ganze Informationsbereiche zerstört. Darum muss man sich nicht über die irdischen Naturkatastrophen wundern, über die Zunahme internationaler Konflikte, über das Ausbrechen von Kriegen dort, wo sie niemand erwartet hat, über die außergewöhnliche Tat eines konkreten Menschen, wobei wir wissen, dass dieser Mensch im Prinzip so nicht auftreten durfte, aber er . . . hat es getan. Sind wir das etwa, die mit unseren schwarzen Seelen, mit unseren schmutzigen Gedanken, unserer Bosheit gegeneinander in irgendeinem Teil unseres Planeten das Erdbeben oder den Wirbelsturm hervorrufen. Wir rufen den Zusammenstoß zweier Völker hervor, die Jahrhunderte lang in Frieden gelebt haben. Heute erinnert die Menschheit der Erde an einen Organismus, der sich nicht von seinen eigenen Schlacken reinigt.

Für die Abwendung einer Katastrophe muss man nicht irgendwelche Mittel erfinden. Es gibt sie, sie wurden der Menschheit der Erde als Instruktion für die Existenz gegeben. Das ist – die Bibel und besonders die biblischen Gebote.

Wir müssen immer daran denken, dass nur gute Taten, Gedanken, Worte, Handlungen das Zusammendrehen der Torsionsfelder in der richtigen Rich-

178

tung ermöglichen. Besonders hoch frequent und aufnahmefähig werden diese Felder dann, wenn edelmütige Handlungen vollbracht werden, wenn Mitleid, Barmherzigkeit, Großmut gezeigt werden, wenn Worte des Gebets und der aufrichtigen Liebe gesprochen werden.

„Das Gebet – das ist die Konzentration des besten Teils von uns selbst und das Angebot für die Verbindung mit den Höchsten Kräften. Ein Gebet muss, damit es echt, wahr ist, ein Schrei des Herzens sein. Das Gebet – ein unwillkürlicher Schrei der Seele zu ihrem Gott. Ein richtiges Gebet ist die Stimme der Seele, die bereit ist zum Gespräch mit Gott" (52, S.437).

Zu diesem Anlass schreibt das Akademiemitglied A. E. Akimov: „Die Natur allein hat sich darum gekümmert, dass wir die physische Möglichkeit haben, eine direkte Verbindung zum Absoluten zu haben. Daraus folgt, dass jeder Mensch unmittelbar mit Gott in Verbindung treten kann, wenn Gott das will. Mehr noch, die Torsionsnatur des Bewusstseins erlaubt dem Menschen mit Gott, und den Propheten, und den Seelen der Verstorbenen, und mit anderen Zivilisationen in Verbindung zu treten (10, S.12). Als Beispiel kann man die Information folgenden Inhalts nehmen. Vor einigen Jahren haben Verbrecher aus dem Zagrafskij Kloster auf dem Heiligen Berg Athos eine christliche Reliquie gestohlen – die Handschrift des Mönchs Pajsij Halenderskij „Slawisch-bulgarische Geschichte". Die verstörten Mönche beteten anfangs zu Gott, dass er die Sünder dazu bringt, sich zu besinnen. Als das nicht geholfen hatte, baten sie Ihn, die gemeinen Menschen zu bestrafen. Welche von diesen Gebeten geholfen haben, ist schwer zu sagen, aber die Handschrift kam bald nach Griechenland zurück. Jemand hatte sie in das Vestibül des Historischen Museums in Sofia geworfen. Die bulgarischen Behörden schickten sie an den rechtmäßigen Besitzer – das griechi-

179

sche Kloster (72, S.57).

Ausgesprochen schön und stark in der informativen Einwirkung auf die Torsionsfelder ist das Gebet der STARZY von OPTINA.

„Herr, gib mir die seelische Ruhe alles zu empfangen, was mir der neue Tag bringt.

Hilf mir, mich ganz Deinem heiligen Willen zu überlassen. Für jede Stunde dieses Tages lehre mich in Allem und unterstütze mich. Was ich auch für Nachrichten im Laufe des Tages bekomme, lehre mich, sie mit ruhiger Seele und der festen Überzeugung, dass das alles Dein heiliger Wille ist, zu empfangen.

In all meinen Worten und meinen Taten lenke meine Gedanken und Gefühle. In allen nicht vorhergesehenen Fällen gib, dass ich nicht vergesse, dass alles von Dir hernieder geschickt ist. Lehre mich, direkt und klug mit jedem Mitglied meiner Familie zu handeln, niemanden zu beunruhigen und zu betrüben.

Herr, gib mir die Kraft, die Ermüdung des beginnenden Tages zu ertragen und alle Ereignisse im Laufe des Tages. Führe meinen Willen und lehre mich beten, glauben, hoffen, dulden, verzeihen und lieben! Amen!"

3.4. SENSATIONELLE FAKTEN

Auf der Grundlage zahlreicher Experimente, die im Institut für klinische und experimentelle Medizin der Sibirischen Abteilung der Russischen Akademie der Wissenschaften durchgeführt wurden, kam das Akademiemitglied V. P. Kasnachaev zu der Schlussfolgerung (100, S.8): Das Lebewesen (die Seele) projiziert sich zuerst in der Form eines holographischen Feldbildes, und auf der Grundlage eben dieses Bildes baut es seinen konkreten irdischen biochemischen Körper auf. Das heißt, es gibt zwei Seiten des Lebens. Und die erste – ist jene holographische Feldseite.

Das Mitglied der Russischen Akademie der Wissenschaften P. P. Garjaev und seine Kollegen haben experimentell bewiesen, dass so ein Hologramm noch vor dem Erscheinen des ganzen in sich geschlossenen Organismus auf der Welt entsteht. Grob gesagt, die Information, die von außen zum Embryo kommt, veranlasst dessen Chromosomen, ein bestimmtes Wellenbild zu bilden. Dieses „Hologrammbild diktiert auch den sich teilenden Zellen, wann und wohin die Beine, die Arme, der Kopf wachsen sollen. Das Wellenbild wird durch die Materie angefüllt, ähnlich dem, wie eine Gussform mit dem Guss angefüllt wird" (126, S.213). So, bestätigt Garjaev nicht ohne Grund, dass sich jedes Lebewesen nach einem vorher gegebenen Wellenprogramm aufbaut. Unter Garjaevs Leitung bestätigten die Mitarbeiter der Abteilung für theoretische Probleme der Russischen Akademie der Wissenschaften praktisch eine der schönsten biblischen Legenden über die unbefleckte Empfängnis. Das Experiment war einfach. Aus einem unbefruchteten Körnchen Rogen entfernten sie alle Teile der DNS, die die Erbinformation enthält. Danach führten sie in das mikroskopische Stückchen Gewebe mit Hilfe eines Generators die Information ein, die sie einer schon entwickelten Kaulquappe entnommen hatten. Und das Gewebe begann sich zu entwickeln, es erschienen Muskeln, Nerven, Blut. So hat auch Maria geboren, als der Heilige Geist ihren Chromosomen das Wellenhologramm des Gottesbildes übergeben hatte. Übrigens kann man damit auch die Entstehung des Lebens auf der Erde erklären. Denn damals gab es noch keine DNS mit darin befindlicher Information. Also musste jemand die Wellenhologramme schicken, die die einfachen Moleküle veranlasst haben, sich zu zusammengesetzten Molekülen zu verbinden, bis hin zum Eiweiß, DSN und RNA und weiter zum komplizierten Organismus. Und hier kommen wir unausweichlich zu der Idee eines gewissen Superhirns – eines mächtigen Verstandes in Wellenform, dessen Grundlage wahrschein-

181

licher als alles andere, das Vakuum ist. Eben aus dem Vakuum kommen die Wellen herunter, die die genetische Information und die Energie für alles Lebende tragen",

– sagt Garjaev.

Er unterstreicht, dass man die Wissenschaft nicht aufhalten darf, sonst beginnt die Zivilisation auf der Stelle zu treten, und das ist der Untergang. Die Steuerung der Erblichkeit verheißt der Menschheit die Befreiung von den schrecklichsten Krankheiten – den genetischen Krankheiten. Im Namen dieser edlen Ziele müssen die Wissenschaftler arbeiten.

Aber man darf nicht vergessen, dass es eine Grenze gibt, die man nicht überschreiten darf. An eine solche Grenze sind augenscheinlich auch P. Garjaev und sein Mitarbeiter G. Tertyschnyj gestoßen.

Die Idee, die die Gelehrten überprüfen wollten, erscheint ihnen heute blasphemisch. Aber damals, als sie sich zu dem Experiment entschlossen hatten, wollten sie die Möglichkeit der unbefleckten Empfängnis in einer anderen, ihrer Meinung nach interessanteren Variante überprüfen. Was, wenn man männliches Sperma mit Laser bestrahlt und seine Ausstrahlung einem Mädchen gibt?

Zum Glück hatten sie kein Mädchen eingeladen. In einer stehenden Welle begann das Sperma eine phantastische Strahlung verschiedenster Tönungen zu erzeugen. Die Gelehrten entschieden, dass sie ein Licht geschaffen hatten, das Leben hervorbringt. Und wie hypnotisiert beugten sie sich über das Laserbild, um es besser zu betrachten. Plötzlich spürten beide einen starken Schmerz im Kopf und einen schneidenden Schmerz im Bauch. „Wie die Genetiker bewiesen haben, sind alle Menschen Brüder und stammen von gemeinsamen Vorfahren ab, deshalb hat die Strahlung von einem fremden Sperma auch mich betroffen – erinnert sich Garjaev betrübt, – aber nach einigen Stunden habe ich mich wieder erholt. Aber Georgij ging es

182

deutlich schlechter. Die Schmerzen nahmen zu, das Fieber stieg bis 41°. Eine ganze Woche hielt es ihn an der grenze der Blutgerinnung. Dazu ging der Energieinformationsschlag der Reihe nach, die die Verwandten verbindet: die Frau und das Kind Georgijs fielen in einen ähnlichen Zustand. . . . Aber wir begannen aufrichtig bei Gott um Verzeihung für unsere Sünden zu beten. Wir haben versprochen, uns nicht mehr in Seine Technologie einzumischen. Zum Glück wurden alle wieder gesund. Aber wir hatten eine ernste Warnung erhalten: "Wenn ihr weiter arbeiten werdet, dann geht nicht in das Allerheiligste der lebenden Materie!"" (60, S.3).

Danach ging mit den Wissenschaftlern eine kolossale Veränderung vor sich. Sie glaubten an Gott und begannen nur noch mit seiner Erlaubnis zu arbeiten. Am Beginn eines Arbeitstages holt G. Tertyschnyj ein halbdurchsichtiges Hologramm einer plastischen Darstellung der Mutter Gottes mit dem Kind auf dem Arm. Er stellt das Hologramm vorsichtig auf den Tisch und schaltet den Laser ein. „Aus dem Radio kam plötzlich eine nicht irdische Musik, das Zimmer füllte sich mit einem feinen Wohlgeruch. Hier hatte sich nicht ein Stoff materialisiert, der aus der feinstofflichen Welt teleportiert worden war, sondern etwas wie eine Information über die Welt befand sich in der Luft. Wir haben geprüft: Metalle und Steine, aus denen die Ikone hergestellt war, konnten von selbst so einen wundersamen Effekt nicht hervorrufen, – sagt Tertyschnyj, – hier ist die Hauptsache – die Darstellung der Mutter Gottes und des Kindes. Denn nach der Wissenschaft über den Energieinformationsaustausch ist diese Darstellung verbunden mit dem Prototyp. Das heißt, durch das Hologramm der Ikone gehen göttliche Energien. Es ist nicht verwunderlich, dass sie einen Effekt hervorrufen, der mit menschlichen Technologien nicht erreichbar ist (60, S.4).

Nach Meinung der Gelehrten rufen die Stimmvibrationen, wenn man über einer Kerze Gebete liest, Plasmaschwingungen hervor, und es überführt sie in Torsionswellen, die zu Gott emporsteigen. Außerdem rufen die Gebete einen Gegeneffekt hervor – auf den Menschen geht Gottes Segen hernieder, der die Seele und den Körper heilt.

Interessant ist das Beispiel, das P. Garjaev selbst anführt (126, S.21b): „Diese Arbeit ist das Thema meiner Doktorarbeit. Das Autoreferat hatte ich auf dem Computer, ich las und verbesserte den Text auf dem Bildschirm. Aber als ich den Drucker eingeschaltet hatte, druckte er einige Seiten nur Fragezeichen. Und so lange ich nicht einige Stücke wegnahm und andere verbesserte, schüttete er nur Fragen aus.

Das Superhirn hält nach der Meinung P. Garjaevs die Gelehrten von Tätigkeiten ab, die zu negativen Resultaten für die Menschheit führen können.

Aber kehren wir zurück zur Entwicklung des Embryos im Mutterleib. Die Seele formiert und baut den konkreten physischen Körper nach einem vorher vom Geist vorgegebenen Wellenprogramm.

In den verschiedenen Literaturquellen wird der Moment der Beseelung des Embryos verschieden genannt. In einigen Fällen geschieht das im Moment der Empfängnis, bei anderen – im dritten Schwangerschaftsmonat, bei den dritten – im Moment des ersten Atemzugs des Neugeborenen. Professor Volkov meint (124, S.124): „Der erste Atemzug bringt in das Neugeborene auf jeden Fall neue geistige Eigenschaften, denn die Luft ist der materielle Träger der Lebenskräfte des Geistes"

Der biologischen Entstehung des Menschen gehen die Prozesse des Energieinformationsaustauschs und der Wechselwirkung der feinen Körper seiner zukünftigen Eltern voraus. Sie suchen einander, lernen sich kennen, verlieben sich, entscheiden sich, stimmen überein, paaren sich, es erfolgt die Empfängnis, und es beginnt die Etappe der der Formierung des physischen Körpers des Kindes im Mutterleib. Im Prozess der Entwicklung der menschlichen Frucht im Mutterleib wird nicht nur der physische Körper

184

gebildet, sondern auch seine Psyche. Der Mensch wird schon mit einer ausgebildeten unbewussten Psyche geboren.

Besondere Programme der psychischen Tätigkeit des Menschen im künftigen Leben in der physischen Welt werden in der Periode der intrauterinen Reifung der Frucht und besonders vom 5. bis 9. Schwangerschaftsmonat und im Geburtsprozess geschaffen.

Die Untersuchungen in dieser Richtung erhielten die Bezeichnung „Perinatale Psychologie", deren Begründer der bedeutende Psychiater Stanislav Grof ist.

Auf der Grundlage des Studiums einer großen Menge klinischer Materialien, aber auch der Experimente zur Veränderung des Bewusstseins mit Hilfe des stärksten Halluzinogens LSD konnte Grof beweisen, dass die postume Erfahrung des Menschen mit der vorgeburtlichen Erfahrung verbunden ist, und auch mit der Erfahrung der Geburt in dem Moment, in dem die Frucht den Körper der Mutter verlässt.

Das Präparat LSD wurde 1943 von dem Schweizer Chemiker Albert Hofmann entdeckt. Es besitzt psychoaktive Eigenschaften und ermöglicht es, das Bewusstsein in einen ungewöhnlichen Zustand zu versetzen. In den fünfziger und sechziger Jahren wurden mit Hilfe dieses Präparats durch die Psychiatrie wichtige Ergebnisse auf dem Gebiet der psychologischen Forschungen erhalten. Hauptmoment all dieser Forschungen war, dass nach allen Parametern (Alter, Kultur, religiöse Bindung usw.) völlig verschiedene Menschen unter der Wirkung dieses Präparats im Zustand eines veränderten, ungewöhnlichen Bewusstseins ein- und dasselbe durchlebten, die gleichen Erscheinungen hatten, in diesem Zustand die gleichen Wege durchliefen. Auf der Grundlage dieser Ergebnisse kamen die Gelehrten zu dem Schluss, dass eine Matrize der ähnlichen Erfahrung im Unterbewusstsein als normaler Bestandteil der menschlichen Persönlichkeit existiert (28,

S.296).

Wir fügen hinzu, dass LSD – kein medizinisches Präparat ist, kein Heilmittel, sondern ein Mittel der Überführung des Menschen in einen ungewöhnlichen Zustand. Aber weil begonnen wurde, dieses Mittel in großem Umfang durch Dilettanten anzuwenden und die Folgen negativen Charakter tragen (bis zum tödlichen Ausgang), wurde es in die Kategorie der Narkotika eingestuft und für die breite Nutzung verboten.

In den Untersuchungen Grofs eröffnete jeder Patient, nachdem er seine Dosen LSD eingenommen hatte, den immer tieferen Grad des unbewussten Gedächtnisses. Im Zuge der Wirkung des LSD erlebte der Patient Halluzinationen, die er gleich beschrieb und mit dem Psychotherapeuten besprach, der mit ihm einen bewussten Kontakt unterhielt. All das wurde registriert, und S. Grof und seine Mitarbeiter erhielten mehr als 6000 Antworten.

Welches Bild des menschlichen Unbewussten entstand auf der Grundlage dieses reichen Materials? Ein vollständiges Chaos von Eindrücken und Bildern, oder gibt es in ihm irgendeine Ordnung und Struktur? Es zeigte sich, dass das zweite richtig ist, obwohl jede therapeutische Seance mit Verwendung von LSD nicht wiederholbar ist, wie auch jede menschliche Persönlichkeit nicht wiederholbar ist. Es gelang jedoch. Das erhaltene Material zu systematisieren und ein Modell der unbewussten menschlichen Psyche zu schaffen.

S. Grof gliederte vier so genannte „vorgeburtliche Matrizen" der unbewussten Psyche des Menschen aus, die im Mutterleib und im Moment der Geburt formiert wird (124, S.125; 50, S.244).

Erste Matrize – „die beginnende Einheit mit der Mutter" – entspricht der Periode des Lebens im Mutterleib (vom 5. bis 9. Schwangerschaftsmonat) bis zum Beginn der Geburt. Nach den Mitteilungen der Patienten empfindet die Frucht im Mutterleib eine paradiesische „ozeanische!" Exis-

186

tenz, die Einheit mit dem Kosmos, das Fehlen der Gegensätze, der Zeit und des Raums, den unmittelbaren Kontakt mit dem Heiligen, der Endlosigkeit und der Ewigkeit. Der Körper scheint kosmische Ausmaße zu haben, das Bewusstsein identifiziert sich mit dem ganzen Weltall, es erscheint das Gefühl der Einheit mit Gott, es Erscheinungen des Paradieses und des goldenen Zeitalters. Wie Grof bestätigt, ist die positive Matrize des mit der Geburt verbundenen Gedächtnisses die Grundlage aller späteren Lebenssituationen und auch die potentielle Grundlage der mystischen und religiösen Erlebnisse.

Zweite Matrize – Antagonismus mit der Mutter – gehört zur ersten klinischen Etappe der Geburt, wenn die Gebärmutterkontraktion beginnt, aber der Eingang zum Geburtskanal noch geschlossen ist. Die Seligkeit geht zu Ende, an ihre Stelle tritt das Gefühl der Bedrohung. Kind und Mutter werden für einander zur Quelle des Schmerzes. Die dabei entstehenden Gefühle der Agonie verbinden sich im Bewusstsein des Patienten mit dem Prozess des Sterbens. Als Basis des Gedächtnisses ist diese Matrize der Hintergrund für spätere unangenehme Erlebnisse, wie Krankheiten, Einschließung, Gefühl des Hungers und des Dursts, der Schwüle und andere negative Emotionen.

Dritte Matrize – „Zusammenarbeit mit der Mutter – Durchgang durch den Geburtskanal" – das ist die zweite Etappe der klinischen Geburt, wenn sich die Gebärmutterkontraktionen fortsetzen, aber die Einmündung des Geburtskanals schon geöffnet ist. Es beginnt der schwere und qualvolle Prozess der Bewegung der Frucht im engen Geburtskanal, während dessen der junge Organismus mit den ihn quetschenden Wänden der Gebärmutter um sein Leben kämpft. Die mit diesem Prozess verbundenen unbeschreiblichen Qualen werden begleitet von einer starken Energiekonzentration, die sich in Form unerwarteter Energieaufwallungen ausdrückt. Es erscheinen seltsame Gefühle: es ist nicht möglich den Schmerz und die Qual von der

187

Glückseligkeit, die mörderische Aggression von der starken Liebe zu unterscheiden. Bei normalen Geburten bildet sich im Gedächtnis der Frucht ein Programm, das in entsprechenden Situationen als der Wunsch, für sich einzustehen, sich mit den Gefahren des Lebens herumzuschlagen, Abenteuer zu suchen, zu riskieren, die Prüfungen zu bestehen, Rivalen zu besiegen, und als sadomasochistische Wünsche erhalten bleibt.

„Die spezifischen Charakteristika der dritten Matrize - bemerkt Grof, - rufen bei einem Individuum Erinnerungen an klare, riskante, sinnliche und sexuelle Erlebnisse hervor, an Kämpfe und Siege, an attraktive aber riskante Abenteuer, an Missbrauch und sexuelle Orgien".

Vierte Matrize – „Loslösung von der Mutter" – gehört zur letzten Phase der klinischen Geburt, in der die Voranbewegung der Frucht dem Ende zugeht und plötzlich eine unerwartete Erleichterung und Entspannung eintritt. Die Patienten sehen ein blendendes Licht, sie haben das Gefühl der Ausweitung in den ganzen Kosmos, der Befreiung, der Rettung und der Liebe. Mit dem ersten Atemzug schaltet sich der große Blutkreislauf ein, das Kind stößt einen Schrei aus, aus Freude oder aus Mitleid mit sich selbst – die Frucht ist geboren, ist aus einer der Realitäten des Lebens in eine andere übergegangen. Im Ergebnis zeichnet sich bei einer normalen Geburt (ohne Hypoxie, ohne Asphyxie, ohne Kaiserschnitt usw.) in der Psyche des neugeborenen ein Programm ab, das im folgenden Leben des Individuums überleben wird und sich als Glaube an den Erfolg, an ein glückliches Vermeiden der Gefahr, als Gefühl der Freude über den Erfolg und Sieg, als Begeisterung vom Bild der Natur, dem Sonnenaufgang, als ästhetische Gefühle und Erlebnis des Schönen begreifen lässt.

Aber außer diesen interessanten Ergebnissen erhielt Grof auch andere Resultate, die zu den frühen Phasen des Lebens der Frucht, des Embryos und ... zu der Zeit vor der Entstehung des Embryos gehören. Zur transpersonalen Erfahrung vor der Entstehung des Embryos das Erleben der früheren Leben durch die Patienten, ihr Besitz einer einmaligen Information. Zum Beispiel, Menschen, die nichts von der Kabbala wussten, weisen eine erstaunliche Bekanntschaft mit kabbalistischer Symbolik auf. Als ob sich der Mensch bis auf kleinste Details an Fakten und Episoden aus der Geschichte des Lebens auf der Erde erinnert; Details der Kostüme vergangener Zeit, Architektur und Waffen der alten Völker, religiöse Praktiken verschiedener Kulturen und dgl., die der Mensch vor dem Experiment nicht kennen konnte.

Aber das erschütternste transpersonale Erleben lange vor der Entstehung des Embryos (50, S.248) ist „das Erleben des superkosmischen und des metakosmischen Vakuums, die Erfahrung der ursprünglichen Leere, des Nichts, des Nichtdaseins und des Schweigens"!

Die Wissenschaft hat den Punkt getroffen! Eine noch mehr glänzende experimentelle Bestätigung der von G. I. Schipov erarbeiteten Fakten ist nur schwer vorstellbar.

Solche, die Vorstellungskraft erschütternden Fakten, erhielten die Gelehrten auch bei der Untersuchung der Phantome.

1985 arbeitete eine Forschergruppe der Abteilung für theoretische Probleme der Akademie der Wissenschaften der UdSSR unter der Leitung von P. P. Garjaev mit Präparaten, gewonnen aus Zellkernen, die von Hühnerembryonen stammten. Die Gelehrten wollten nicht an den genetischen Code des Menschen gehen, zumal der prinzipielle Aufbau des genetischen Apparats bei allen Lebewesen gleich ist.

Mit der Zerstörung der Kerne gewannen die Wissenschaftler den Träger der Erblichkeit – die DNA-Moleküle, und als sie diese untersuchten, versuchten sie, das Geheimnis der Programmierung des Lebens zu lösen: wie zwei mikroskopische Sätze Chromosomen aus männlichen und weiblichen

Geschlechtszellen die Schaffung eines biologischen Systems „leiten".

Die Kerne wurden mit Laser bestrahlt. Das Licht wurde zerstreut. Sein Spektrum wurde mit hochempfindlichen Geräten gemessen, und man erhielt die Spektralbilder. Nach dem Spektrum der Lichtstreuung konnte man auch die Töne beurteilen, die von den Kernen ausgingen. Denn sie vollführen schwingende Bewegungen, die akustische Wellen hervorbringen. Und diese Bewegungen rufen das Spiel des reflektierten Lichts hervor. Deshalb entsprechen die Spektren des Tons und des Lichts einander genau. Einfach gesagt, unter der Einwirkung des Lasers tanzen die Kerne nicht nur, sondern sie singen auch. Und ein Spektrometer kann ihr Konzert auf einem speziellen Videomagnetophon aufzeichnen.

Als man das Zerstreuungsspektrum von unbeschädigten Kernen aufzeichnete, „sangen sie gemeinsam die Hymne des Lebens" in niederen Frequenzen. Aber als die Kerne einer ungünstigen Einwirkung (Laser) unterzogen wurden, begann der genetische Apparat im Ultraschallbereich durchdringend zu jaulen, so, als ob er SOS-Rufe schicken würde.

Diese Schreie begannen während der Erwärmung der Kerne. Bei einer Temperatur von 40 – 42 Grad „beklagten" sie sich, dass es „ihnen sehr schlecht gehe". Und bei weiterer Erwärmung schmolzen die Flüssigkristalle, auf denen die Erbinformation DNA aufgezeichnet ist. In ihnen wurden die Programme der Entwicklung des Organismus gelöscht. Das was von den Molekülen der Erblichkeit geblieben war, klang wie tote Materie: statt Harmonie der Töne – ein Chaos der Töne.

Irgendwie zufällig hatten die Gelehrten das Spektrum des „leeren" Platzes gemessen, an dem eben noch das Präparat DNA gewesen war, aber jetzt stand da eine reine Schale. Wie groß war ihr Erstaunen, als der Laserstrahl zerstreut wurde, so als ob er auf ein unsichtbares Hindernis gestoßen wäre. Das Spektrum war so, als ob sich in dem „leeren" Raum wie vorher die sterbenden Moleküle der DNA befinden würden. Der „leere" Platz hatte nicht nur das Licht zerstreut, sondern klang auch, als ob die DNA-Moleküle, die dort nicht waren, die Stimme gegeben hätten. Sie waren sehr „aufgeregt" und, wie die Wissenschaftler sagten, „sie schrieen vor Schmerz und Schreck, hervorgerufen durch die Zerstörung der Zellkerne" (107, S.7).

Den Bereich der Schale reinigte man gründlich und wiederholte das Experiment. Die leere Stelle „heulte" wie vorher, als ob sie voller sterbender Kerne wäre.

Die Ton- und Lichteffekte dauerten viele Tage an. Es schien. Als ob sich im Bereich der Schale ein Phantom des Todes verfangen hätte.

Langjährige und vielseitige Untersuchungen erlaubten den Gelehrten, sich in allem zurechtzufinden und das Geschehene zu erklären.

In der Zeit des Schmelzens der Kerne (gewaltsamer Tod) erfolgt eine Energieinformationsexplosion, die ein wellenförmiges Energiekonzentrat erzeugt – ein Torsionsfeld. Die Spins der Elemente des physikalischen Vakuums in der Schale richten sich nach den Spins dieses starken Feldes, das durch die sterbenden Kerne geschaffen wird, deren Struktur wiederholt wird. Es bildet sich ein Phantom, das ziemlich lange erhalten bleibt und wie an den Ort des Untergangs gebunden erscheint.

Das Spektrometer registrierte das Phantom genau 40 Tage, genau nach dieser Frist führt man die Gedenkfeier für einen Verstorbenen durch. Dann fallen die Hüllen des Phantoms auseinander, es bleiben ausgelichtete Hüllen aus superleichten Teilchen, für deren Registrierung empfindlichere Geräte erforderlich sind.

Ähnliche Resultate erzielten 1990 amerikanische Physiker unter der Leitung von Robert Pecora und 1992 japanische Gelehrte unter der Leitung von Professor Yamamoto (107, S.7). genaue Untersuchungen der Eigenschaften der Phantome, die sich im Ergebnis des Untergangs der Zellen mit der Erbinformation bildeten, führten zu sensationellen Schlussfolgerungen. Vor allem prüften die Gelehrten das Phantom auf biologische Aktivität. In die freie Schale mit dem Phantom brachten sie eine Suspension frischer, nicht zerstörter Kerne. Ihre DNA begannen sich ähnlich den geschmolzenen zu benehmen. Sie begannen zu „heulen", als ob man sie auch umbringen würde. Das Spektrum der gesunden Kerne wurde so, wie das der sterbenden Kerne. Das bedeutete, dass das Phantom biologisch aktiv ist. Es kann den Feldschutz der gesunden Moleküle beschädigen, die in ihnen aufgezeichneten genetischen Programme beeinflussen. Wenn, zum Beispiel, die Mediziner versuchen, im Organismus des Patienten versuchen, die Erreger der Krankheit zu vernichten, dann bilden sich deren Phantome, die die Erbmoleküle eines gesunden Menschen – des Arztes, eines Verwandten, des Pflegers des Kranken usw., schädigen können. Im Ergebnis beginnt sein genetischer Apparat unnatürliche Programme auszugeben Krankheitserreger sind nicht im Organismus, aber er kämpft mit ihren Phantomen, die die gleichen Symptome hervorrufen, wie die Erreger.

Und das Schlimmste ist, dass der genetische Apparat des Menschen, der dem Einfluss der Phantome ausgesetzt ist, so gestört ist, dass auf seine Kommandos der Organismus selbst die Erreger der Krankheit synthetisieren wird. Auf so eine „Wellenart" stecken sich nicht selten Ärzte an, ungeachtet der sorgfältigsten Vorsichtsmaßregeln.

Die Forscher gingen in ihren Untersuchungen weiter und stellten fest, dass während eines Mordes auch eine Energieinformationsexplosion stattfindet: von dem Menschen löst sich das Phantom seines genetischen Apparats. Es beschädigt den genetischen Apparat des Mörders (rächt sich), indem er schwere psychosomatische Störungen hervorruft. Wenn ihn nicht die Krankheiten des Körpers überwältigen, dann drohen ihm Wahnsinn und Selbstmord. Nicht umsonst hat F. M. Dostojevskij gesagt, dass der Mörder im Moment des Verbrechens beginnt, seine Strafe zu erhalten.

Aber es zeigt sich auch, dass der Mörder sein Geschlecht zur Degeneration verdammt. Sein geschädigter genetischer Apparat bringt nur ihm Ähnliche hervor. Die Nachkommen des Mörders werden krank sein, Trinker sein, den Verstand verlieren, als Selbstmörder enden aus der Wissenschaft „nicht bekannten" Gründen.

Ein nicht weniger schreckliches Verbrechen als ein gewöhnlicher Mord – ist der Abort.

Viele wissen, was Phantomschmerzen sind: das Bein wurde amputiert, aber bei schlechtem Wetter beginnt der „leere" Platz zu schmerzen, als ob dort die kranke Extremität wäre. Es zeigt sich, dass etwas Ähnliches geschieht, wenn man das Kind im Mutterleib umbringt. Wenn die Vakuumpumpe den Körper der Frucht in Stücke zerreißt, bildet sich sein Phantom, das in der Gebärmutter bleibt, gleich, wie auch die Ärzte diese gereinigt haben. Die biologische Aktivität dieses Phantoms ist so groß, dass sie den genetischen Apparat der Frau schädigt, danach auch den des Mannes, der mit ihr Geschlechtsverkehr haben wird. Wenn auch nach vierzig Tagen das feste Gerippe des Phantoms zerfällt, reicht diese Zeit aus, dass sich in der Gebärmutter eine Wellenwunde bildet, die im Unterschied zu einer körperlichen Wunde nicht heilt. Wenn die Frau wieder schwanger wird, und das Embryo legt sich an die wunde Stelle, dann wird ihr Kind zu schweren Krankheiten und einem frühen Tod verdammt sein. Selbst wenn er Glück hat, und er sich an einer „gesunden" Stelle anlegt, bekommt er trotzdem die schädliche Wirkung, nur schwächer. Denn nach dem Zerfall des festen Gerippes des Phantoms sind seine feinen Hüllen geblieben.

„Das Phantom des Kleinkindes wird sich das ganze Leben bei der Mutter über sein unglückliches Los „beklagen", – sagt Garjaev, – wird über sie seinen jüngeren Brüdern und Schwestern „erzählen", dem Vater oder anderen Männern, die es „besuchen" werden. Es wird nur seine Reden in der Sprache der genetischen Codes sprechen, die bei allen, die sie hören, Zerrüttungen der Seele und des Körpers hervorrufen" (107, S.8).

Die Folgen eines Aborts sind bedeutend stärker als die Einwirkung auf die physischen Körper. Denn die Frucht – das ist der Behälter für die Seele. Die Seelen die ihn betreuen, warten auf ihre Verkörperung in einem physischen Körper. Im Zusammenhang damit sollte man eine wunderbare Geschichte erzählen.

Eine junge Frau, die schwanger war, erwartete die Scheidung von ihrem Mann. Weil sie sich die zu erwartenden Schwierigkeiten im Zusammenhang mit der Geburt des Kindes vorstellte, hatte sie sich für einen Abort entschieden. Nachts, am Vorabend der bevorstehenden Operation, hatte sie einen Traum. Sie war schon angezogen, wollte losgehen, schaute aber noch einmal in das Zimmer. Im Strom des Sonnenlichts von dem großen Fenster, die es nur in den alten Petersburger Wohnungen gibt, stand ein dünnes, schlankes Mädchen, ganz in Weiß. Zart, schön, beinahe durchsichtig, sah sie, die Hände wie zum Gebet auf die Brust gelegt, auf die Eintretende. Aus ihren großen Augen flossen Tränen. Und so viel Leid, Verzweiflung war auf ihrem Gesicht, dass die Frau aufwachte und den Entschluss fasste:

„Ich werde nicht gehen!" Das Mädchen, das geboren wurde, wurde Vera genannt.

Es vergingen siebzehn Jahre. Verochka, die sich zum Schulabschlussball fertig machte, hübsch, luftig, drehte sich im weißen Kleid vor dem Spiegel. Die Mutter schaute ins Zimmer und ... erstarrte: im Strom des Sonnenlichts von dem großen Fenster, stand das gleiche dünne, schlanke Mädchen ganz in Weiß, aber mit glücklichen Augen. Die Mutter war außer sich. Die Tochter, die das bemerkt hatte, lief zu ihr hin, setzte sie auf einen Stuhl. Und nun ... erzählte ihr die Mutter alles, was so klar in ihr Gedächtnis strömte.

194

„Töchterchen! Da war deine Seele zu mir gekommen! Welch ein Glück, dass ich sie nicht zugrunde gerichtet habe!"

Es vergingen einige Jahre. Verochka, die eine reizende Geschäftsfrau geworden war, hielt sich immer und überall an ein hohes sittliches Prinzip: „Wenn der HERR mir die Möglichkeit gegeben hat, geboren zu werden, dann heißt das, dass ich auf der Erde das tun muss, worüber ich mich nicht schämen muss, wenn ich zu Gott gehe!"

Man muss Phantome (Feldgebilde), die im Moment eines gewaltsamen Todes entstehen und die Feldform des Lebens, die in den Zellen dabei ist, nicht verwechseln.

Das Akademiemitglied V. P. Kasnacheev sagt (100, S.8): „In den Zellen eines Lebewesens existiert neben ihnen die Feldform des Lebens! Die Feldform eines Lebewesens hat keine mechanischen Grenzen. Sie kann im Protein-Nuklein „sitzen", aber sie kann auch aus ihm herausgehen.

- Aber was ist das... ein Geist?

- Man kann das auch so sagen" Zum Thema Geist schreibt der Doktor der psychologischen Wissenschaften, Professor I. P. Volkov folgendes (124, S.18):

„Der physische Körper des Menschen ist ein Phänomen der festen Welt, die menschliche Psyche (Seele, leibhaftig im Körper) verkörpert in sich die Gesetzmäßigkeiten der feinstofflichen Welt. Aber es existiert ein sie verbindendes (oder trennendes) transzendentales kosmisches Prinzip – der Geist". Dem Geist ist es gleich, was getan wird – trennen oder vereinigen, er funktioniert fehlerfrei. Der Geist führt ein, steuert, vereinigt die Psyche mit dem Körper, schafft ihre strukturell-funktionale Einheit. Der Geist verwandelt die Psyche zur körperlichen Einheit oder zum „Es" – in die Körperpsyche". Das geschieht schon im Moment der Geburt eines jeden Menschen. Aber er, der Geist, trennt im Moment des Sterbens und der Beendigung des irdischen Lebens im biologischen Sinn die Psyche vom Körper".

Professor Volkov ist der Meinung, dass sich nach dem Tod des biologischen Körpers des Menschen seine Seele vom Leichnam trennt, sie ändert ihre Eigenschaften, setzt aber ihre Existenz in anderen Formen in der feinstofflichen Welt fort, nach den ihr eigenen Gesetzen des Funktionierens in Erwartung der nächsten irdischen Verkörperung.

Um die Seele zu messen, die sich beim Tod eines Menschen vom Körper trennt, wurden viele Geräte und Vorrichtungen geschaffen und viele Versuche praktisch in allen Ländern der Welt durchgeführt.

Nach amerikanischen Angaben haben supergenaue Waagen den Gewichtsverlust bei Sterbenden im Moment des Todes in ziemlich weiten Grenzen fixiert – von 2,5 bis 7 Gramm. Aber was interessant war, in jedem Fall geschah der Gewichtsverlust nicht fließend, sondern sprungweise, in Form einiger aufeinander folgender Stufen. Also die Seele geht nicht fließend aus dem Körper, sondern ruckartig.

Der französische Arzt Hippolyte Baradjuk hatte sich vorgenommen, die weggehende Seele zu sehen und nutzte eine spezielle Fotoapparatur, um die äußerlichen Veränderungen festzuhalten, die in unmittelbarer Nähe des Menschen, der in die andere Welt geht, vor sich gehen. Und ihm gelang das, am Beispiel des Todes seiner Ehefrau (125, S.10).

Auf den Fotografien, die 15 Minuten, eine Stunde, 9 Stunden nach dem Tod gemacht wurden, wurden drei Etappen der Trennung des Körpers von der Seele fixiert. 15 Minuten nach dem Tod zeigte die Aufnahme eine Nebelanhäufung über dem Körper, die an ein kleines Wölkchen erinnerte. Auf der Aufnahme, die nach einer Stunde gemacht wurde, nimmt das Wölkchen schon die ganze Oberfläche der Aufnahme ein. Nach 9 Stunden – sind das schon Fetzen einer sich auflösenden Nebelanhäufung.

In der letzten zeit erschienen auch Mitteilungen von Medizinern aus

Sankt Petersburg. Mit Hilfe einer Infrarotapparatur wurde von ihnen festgehalten, dass sich im Moment des Todes eines Menschen von ihm ein gewisses halbdurchsichtiges energetisches Objekt elliptischer Form ablöst. Dann löst es sich im Raum auf. In den Mitteilungen wird bemerkt, dass die Untersuchungen auf diesem Gebiet sehr intensiv fortgesetzt werden (125, S.11).

Und in der Zeitung „Argumente und Fakten" (Nr. 44 und 48, 1996) werden Fakten gebracht, denen man einfach nur mit Mühe glauben kann. In dem Artikel „Verpflanzung einer Seele" (64) beschreibt der Korrespondent der Zeitung seinen Besuch bei einer der früher geschlossenen Organisationen.

„Ich bin also zu Besuch bei dem Akademiemitglied, Doktor der medizinischen Wissenschaften, Leiter des Laboratoriums VNIIRP, Viktor Hromov. V. Hromov erzählte dem Journalisten, dass sich sein Laboratorium mit den Fragen der Verpflanzung... der Seele beschäftigt. Die Verpflanzung des Gehirns und des Rückenmarks ist, wie er sagt, eine schon lange praktizierte Sache – von 384 Operationen, die im Laboratorium VNIIRP durchgeführt wurden, wurde in 293 Fällen ein Erfolg erreicht. Haupthindernis bei der Verpflanzung der Seele war, dass – die Menschen aus seiner Umgebung ohne weiteres erkannt haben, dass sie es mit einer Vertauschung zu tun haben, dass der Mensch „nicht der ist". Vor kurzem, genauer, vor einem halben Jahr, wurde endlich das „Laboratorium der Seele" Hromovs geschaffen, und es begannen reale Experimente zum Einfangen der „Seelensubstanz und ihrer Kondensation".

Den Anfang machten wissenschaftliche Ausarbeitungen eines bisher geheim gehaltenen Wissenschaftlers – Neurophysiologen auf diesem Gebiet, Oleg Behmetev, der endlich die physische Natur der Erscheinung, die wir „Seele" nennen, aufdecken konnte. Es wurde klargestellt, dass die

197

Seele des Menschen kein Produkt des Gehirns ist, sondern eine Ausstrahlung aller Zellen des menschlichen Organismus ohne Ausnahme darstellt. Der energetische „Kern" der Seele durchdringt den gesamten Körper des Menschen vom Scheitel bis zu den Fersen (denken Sie an den Ausdruck: „die Seele ist in die Fersen gegangen"). Tatsächlich aber befinden sich die „Fersen der Seele" in Höhe der Stirn, das heißt, höher als die Augen, und der Scheitel – in Höhe der Lippen.

Die Seele kann sich im Raum bis zu einer unvorstellbaren Größe ausdehnen. Einige besonders begabte Menschen haben die Möglichkeit, völlig real zwischen den Sternen zu reisen.

Nach den letzten Mitteilungen in der Zeitung „Argumente und Fakten" (Nr.51, 1999) ist bekannt, dass das „Laboratorium Hromovs schon 12 Exemplare seiner „Produktion" heraus gegeben hat, drei davon sind im ganzen Land bekannt. Wegen der astronomischen Kosten (im Durchschnitt ca.33 Millionen Dollar) und wegen ethischer Erwägungen wird eine Verpflanzung des Gehirns und der Seele nur auf Anweisung der höchsten Führung des Landes durchgeführt.

Nach der Veröffentlichung des oben angeführten Artikels wandte sich der Leiter des Laboratoriums des militärisch-industriellen Komplexes, General Ju. Kalinichenko (56), an die Redaktion von „Argumente und Fakten". Er teilte mit, dass die im Interview „Verpflanzung der Seele" beschriebenen Versuche – Kinderspiele seien im Vergleich zu dem, womit sich seine Einheit befasst".

Dem Korrespondenten der Zeitung wurde angeboten (für eine bestimmte Summe, die das Laboratorium von der Zeitung erhält), etwa selbst auszuprobieren.

- Haben Sie keine Angst, die Injektionen sind nicht besonders schmerzhaft. Das sind keine Narkotika. Das ist ein Konzentrator und ein Traveller.

Spezielle Mittel, das erste von ihnen nimmt Ihre Seele wie in eine Faust, genauer in ein energetisches Bündel, das zweite wird diesem Bündel einen zusätzlichen Impuls geben, damit Sie ohne Schwierigkeiten die „Barriere" überwinden. Wir sind heute noch nicht in der Lage, die Kraft Ihrer persönlichen Seelenenergie genau festzustellen – ob ihre eigene Energie für ihren Flug reicht. Es wurden noch zu wenige Experimente durchgeführt, und es gibt noch keine Geräte mit der erforderlichen Feinheit der Messungen. Selbst wenn Ihre Energie ausreicht, schadet der zusätzliche Impuls nicht – Sie verausgaben beim Flug weniger Seele. Und ob dieser mögliche Verlust bei der Rückkehr zum irdischen Leben für Sie nicht zur Katastrophe wird, wissen wir bis jetzt auch nicht.

„Man legte mich in einen Sarkophag, der sehr an eine Druckkammer erinnerte. Daneben lag in einem eben solchen Sarkophag mein Führer – General Kalinichenko. Zwei Injektionen, unerwartet sehr schmerzhaft. Das Bewusstsein stürzte in eine blitzende Finsternis. Die Empfindung des Körpers fröstelte, zog sich augenblicklich zusammen, ging aber nicht ganz verloren. Die Beine „stemmten" sich in den Boden, aber der Kopf schwoll zu gigantischen Ausmaßen an und erhob sich über die Wolken. Ein starker Strom – fast wie ein Windstoß – riss mich aus mir selbst heraus und trug mich in eine glänzende Welt".

Auch die Zeitung „Iswestija" blieb bei den sensationellen Meldungen nicht abseits. In der Ausgabe vom 26. Februar 1997 berichtete sie von einmaligen Arbeiten, die im streng geschlossenen Allrussischen wissenschaftlichen Forschungsinstitut „Binar", das zur Russischen Akademie der medizintechnischen Wissenschaften gehört, durchgeführt werden. Die Notwendigkeit Geld zu verdienen veranlasste das VNII, ungefähr 20 % seiner Arbeiten etwas weniger geheim zu halten. Der Korrespondent der Zeitung S. Leskov schreibt in seinem Artikel „Die Seele ist entschlüsselt" folgendes

(45): Glasnost hin, Glasnost her, aber es gibt noch solche geheimen Laboratorien, von denen die scharfsichtige Öffentlichkeit keine Vorstellung hat. In einem dieser wissenschaftlichen Forschungsinstitute, in dem schon ein Vierteljahrhundert in strengster Geheimhaltung das Biofeld des Menschen erforscht wird, war erstmalig ein Korrespondent der „Iswestija".

Der Generaldirektor des wissenschaftlichen Forschungsinstituts „Binar", Doktor der technischen Wissenschaften E. Krjuk, teilte mit, dass „die Antwort auf eine der quälendsten Fragen der Wissenschaft gefunden wurde. Das Biofeld – gibt es! Und es ist ausgemessen! Auch die Größe ist bestimmt worden. 7 – 8 Millimeter, das ist im Bereich der Funkfrequenzen. Und dazu wurde noch bewiesen, dass der Mensch eine offene Resonanzkontur ist, dass der Akupunkturpunkt eine Wellendiode ist und der ganze Weltäther durchdrungen ist von virtuellen Photonen, die keinerlei Hindernisse kennen.

Und jetzt zeigt sich nun im Licht dieser interessanten Mitteilungen und unter dem Aspekt neuer wissenschaftlicher Konzeptionen der Fakt der Verpflanzung der Seele des tibetischen Lamas T. Lobsang Rampa als vollkommen real. Das Beispiel mit Lobsang Rampa ist interessant durch die Möglichkeit, zu erfahren, was die Seele fühlt, die in einem fremden Körper verwirklicht ist.

Wegen der schweren und zahlreichen Krankheiten, die den physischen Körper Rampas überwältigen, hatte der Rat der Lamas beschlossen – seine Seele in einen neuen physischen Körper eines Menschen zu verpflanzen, der damit f-r-e-i-w-i-l-l-i-g einverstanden ist. Die Seele dieses Menschen sollte sich in die feinstoffliche Welt begeben. Dieses Einverständnis war bei einem Treffen der Astralkörper der Lamas mit dem ausgewählten Kandidaten erreicht worden. Das erste Treffen hatte stattgefunden, als dieser Mensch von einem Baum gestürzt war, mit dem Kopf aufschlug und das

200

Bewusstsein verlor.

Dieser Mensch, ein Engländer, war völlig unzufrieden mit seinem Leben, er hasste das leben in England. Seine Ungerechtigkeit, seine Privilegien für Auserwählte. Als man sein Einverständnis erhalten hatte (auf Astralebene), wurden ihm Anweisungen gegeben, was er tun sollte, und wie (53, S.248). „Einer der mit mir mitgekommenen Lamas sagte zu diesem Menschen: „Du musst noch einmal einen Sturz von einem hohen Baum ertragen, so wie das schon einmal geschehen war, als wir uns das erste Mal an dich gewandt hatten. Du musst eine schwere Erschütterung aushalten, denn dein Faden ist sehr sicher befestigt".

Der Mensch stieg in die Höhe, einige Fuß über der Erde, und stürzte, nachdem er die Hände losgelassen hatte, mit einem dumpfen Stöhnen auf die Erde. Einer der Lamas ergriff die Astralform dieses Menschen und glitt mit der Handfläche den Silbernen Faden entlang. Es schien, als ob er ihn zubindet, so wie man die Nabelschnur eines neugeborenen Kindes abbindet.

- Fertig! – sagte einer der Geistlichen. Der Mensch, befreit von dem ihn bindenden Faden, schwamm in Begleitung und mit Unterstützung eines dritten Geistlichen davon. Ich spürte einen brennenden Schmerz, einen so schrecklichen und quälenden (in diesem Moment hatte man den Silbernen Faden des Rampas abgerissen), wie ich ihn niemals wieder verspüren wollte, danach sagte der Oberlama: „Lobsang, kannst du in den Körper gehen? Wir werden dir helfen".

Es entstand eine bedrückende Empfindung einer purpurnen Schwärze. Ich fühlte, dass ich ersticke. Ich fühlte, dass mich etwas würgt, mich in für mich zu enge Rahmen presst. Ich begann aufs Geradewohl in dem Körper anzustoßen, fühlte mich wie ein blinder Pilot in der Kabine eine modernen komplizierten Flugzeugs, der nicht weiß, wie er diesen Körper dazu bringt, aufs Wort zu gehorchen. Was, wenn mir das nicht gelingt? – schlich sich ein hilfloser Gedanke ein. Ich wälzte mich verzweifelt nach allen Seiten. Endlich, ich sah ein rötliches Aufleuchten, dann etwas Grünes. Nachdem ich Mut gefasst hatte, verdoppelte ich die Anstrengungen – und plötzlich, als ob jemand einen Vorhang weggezogen hätte. Ich sah! Mein Sehvermögen war wie vorher, ich sah die Aura vorübergehender Menschen. Aber ich konnte mich nicht bewegen. Zwei Lamas sahen meinen in Unbeweglichkeit erstarrten Körper genau an.

- Lobsang! Deine Finger haben gezittert! – rief einer der Lamas. Ich erneuerte schnell meine Versuche. Eine unbedachte Bewegung führte wieder zur vorübergehenden Blindheit. Mit Hilfe der Lamas ging ich aus dem Körper, untersuchte ihn und ging vorsichtig wieder hinein. Diesmal ging es besser. Ich sah, konnte die Arme und die Beine bewegen. Mit großer Anstrengung erhob ich mich auf die Knie, aber da begann ich zu schwanken und brach mit dem Gesicht nach unten zusammen. Dann, als ob ich die Last der ganzen Welt auf den Schultern bewegen würde, stand ich auf zitternden Beinen.

3.5. DIE WISSENSCHAFTLICHE VERSION DER ERSCHAFFUNG DER WELT

Die Wahrscheinlichkeit der zufälligen Bildung der Materie des Weltalls ist verschwindend gering. Außerdem erwiesen sich die fundamentalen Konstanten des Weltalls: die Lichtgeschwindigkeit, die Ladung und die Masse des Elektrons, die Plancksche Konstante und andere als solche, dass schon die kleinsten Veränderungen der meisten von ihnen dazu führen würde, dass sich einfach keine Atome und Moleküle bilden könnten. Schon die Veränderung einiger von ihnen würde zu einem verschwindend kleinen Anteil von Kohlenstoff im Weltall führen, das bedeutet, dass sich kein organischer Stoff, folglich auch kein Leben bilden könnte.

202

Im Ergebnis großer Untersuchungen kam die Mehrheit der Wissenschaftler zu dem Schluss: das materielle Weltall, der Raum, die Zeit, das Leben und vernunftbegabte Wesen auf der Erde und anderen Planeten sind durch den Überverstand geschaffen worden. Es wurde das anthropologische Prinzip verkündet, das bedeutet, dass das Weltall noch vor seiner Entstehung für das Erscheinen von Materie, lebender Materie und vernunftbegabten Wesen programmiert war (63, S.17).

Das anthropologische Prinzip, die wissenschaftlichen Konzeptionen des physikalischen Vakuums und der Torsionsfelder, neue praktische und theoretische Forschungen der Wissenschaftler sind die Grundlage, folgende wissenschaftliche Version der Erschaffung der Welt aufzustellen.

So sagt das Akademiemitglied G. I. Schipov (129, S.4): „Ich bestätige: es gibt eine neue physikalische Theorie, geschaffen im Ergebnis der Entwicklung der Vorstellungen A. Einsteins, in der eine bestimmte Stufe der Realität aufgetaucht ist, deren Synonym in der Religion Gott ist – eine Realität, die alle Merkmale einer Gottheit besitzt". Schipov nennt diese Stufe der Realität „das Absolute Nichts" und erklärt: „Auch ohne irgendwelche Anspannung kann man dem Absoluten Nichts den Status des Schöpfers oder des Erschaffers geben, denn mit IHM hat alles angefangen. Und dieses Nichts schafft nicht die Materie, sondern Pläne – Grundgedanken.

Einen ähnlichen Gesichtspunkt vertritt auch der bekannt amerikanische Physiker-Theoretiker E. Merton, der meint, dass das Absolut (das gleiche wie das Absolute Nichts), ein unendlicher und ewiger Ozean der Energie ist, der allem Existierenden Leben gibt, Ideen hervorbringt (42, S.56).

Wenn man sagt, dass das Absolut die Quelle alles Existierenden ist, dann meint man, dass in jedem Teilchen der Materie ein eigenes kleines Stückchen Absolut liegt, das hoch entwickelt ist, durch die Information geschaffen, in der Lage sich selbst zu erkennen, das heißt, Bewusstsein ist.

Manchmal nennt man dieses „Stückchen" Gottesfunken. In jedem Elementarteilchen, im elektromagnetischen Quant, in jedem Atom ist Bewusstsein. Mehr als das, alles, was irgendwie charakterisiert werden kann, was irgendeine Eigenschaft hat – unterscheidet sich schon von dem Nichtdasein und hat deshalb sein Bewusstsein. Die Existenz solcher Objekte, wie Idee, Plan, Gedankenform, Emotionen usw. sind unmöglich ohne die Sanktion des Absoluten, das diesen Objekten Leben in Form von Bewusstsein gibt.

Eine Idee, die durch das Bewusstsein geschaffen wurde, ist Geist. E. Merton schreibt dazu (42, S.92): „Das ist der reine Geist, in keiner Weise an ein Lebewesen gebunden. Er tut nichts, strebt nach nichts. Er existiert einfach.

Die Wissenschaftler meinen, dass die Geburt eines Objekts die Annahme einer Form durch das Objekt bedeutet, dabei einer dichteren als die, die es geschaffen hat. Zum Beispiel, die physischen Teilchen, die eine bestimmte Masse haben, entstehen aus den dünneren elektromagnetischen Feldern, die keine Masse haben (Ätherebene). Der Gedanke der mentalen Ebene bringt Emotionen hervor – Objekte einer dichteren Astralebene, und diese schaffen die Bewegung der Objekte in der dichtesten, der physischen Ebene.

Ebensolche Ideen entstehen aus dem Absoluten in einer verhältnismäßig dichten (aber auch der dünnsten im Vergleich zu den anderen) atmischen Ebene.

So erfolgt die Trennung der Idee vom Absoluten und ihr Übergang in die Welt der Ideen, in die Welt des Geistes oder in die atmische Ebene. Zu ihrer Zeit haben viele Philosophen bestätigt, dass eine Welt der Ideen besteht. Heute meinen die Wissenschaftler des Instituts für theoretische und angewandte Physik (129, S.2):

„Die Welt der Ideen – das ist eine gewisse Realität, dabei – im Vergleich zur Materie, eine mehr beständige, die die Welt der Höchsten Reali-

204

tät schafft. Sie ist die Grundlage von allem. Sie ist die Erstentstandene. Das heißt, es erscheint gerade nur dieser Teil der Realität, und erst dann die für uns gewöhnliche grobe Materie."

Stellen wir uns vor, dass irgendwo in der Tiefe des unendlichen Absoluten die Idee der Schaffung einer physischen Welt entstanden war, bewohnt von Menschen, die eine eigene schöpferische Initiative haben. Diese Idee, geschaffen durch das Bewusstsein, konnte einen kolossalen Vorrat an Energie aufnehmen, selbständig werden, auf das Erreichen des gestellten Ziels konzentriert. Um zu verstehen, wie das vor sich geht, betrachten wir das Beispiel mit dem Laser (18, S.270). Apropos LASER – das ist die Abkürzung eines englischen Ausdrucks, der ins Russische übersetzt heißt „Verstärkung des Lichts durch erzwungene Strahlung". Zuerst wird das Arbeitsmittel Laser bis zum Rand mit Lichtenergie voll gepumpt. Dann wird in dieses Mittel ein schwacher „Zündstrahl" gegeben, der sich, nachdem er von dem „erregten" Mittel Energie erhalten hat, lawinenartig verstärkt und alle Atome zwingt, Lichtenergie synchron und in eine Richtung auszustrahlen. Im Ergebnis wächst die Kraft des Strahls millionenfach, was sogar erlaubt, Laser für die Steuerung thermonuklearer Reaktionen zu nutzen.

Nachdem er eine riesige Energie gesammelt hat, bringt der Geist auf der atmischen Ebene entsprechende Ideen hervor, die auch vom Bewusstsein erzeugt werden und „Atman" heißen, was in der Übersetzung aus dem Sanskrit bedeutet „Ich", oder individueller Geist. Aus der Materie dieser Ebene wird der atmische Körper des Menschen, oder einfach der Atma-Geist geschaffen.

So wird die schöpferische Idee der „Zündstrahl" für das Absolute. Im Ergebnis bildet sich im Absolut ein gigantischer Informationswirbel (Wirbel – das Ergebnis der Drehung des Raums), der sich um die primäre schöpferische Idee der Schaffung unserer physischen Welt konzentriert. Als die Konzentration eine bestimmte Grenze erreicht hatte, begann der gigantische Wirbel in kleinere rechts- und linksdrehende Wirbel zu zerfallen. Es entstanden die ersten Torsionsfelder, die in den Gleichungen G. I. Schipovs gut beschrieben werden. „Sie erscheinen an allen Punkten des Weltalls und bedecken augenblicklich alles zugleich – für sie gibt es die Begriffe Ausbreitung oder Geschwindigkeit nicht". Es hatte sich das Informationsfeld des Weltalls gebildet.

Das gleiche Bild zeichnet auch E. Merton in seiner Arbeit (42, S.92): „...Das riesige Gebiet des ganzen Ozeans der Energie des Absolut wird umgebildet (oder kondensiert, ähnlich wie Nebel) in diskrete Energieteilchen – Monaden, jedes von ihnen ist in seiner Stärke dem ganzen Bereich des Weltalls gleichwertig und durch das gemeinsame Vorhaben mit ihm verbunden. Solche abgetrennten Monaden sind durch das Bewusstsein geschaffen worden".

Einen ähnlichen Gesichtspunkt berichtet auch Professor E. Muldaschev (32, S.349): „Im Zuge der Evolution in der feinstofflichen Welt erschien allmählich der Geist – ein Bündel psychischer Energie in Form von Torsionsfeldern, das ewig eine große Informationsmenge in sich bewahren kann, eine Vielzahl des Geistes bildete untereinander Informationsverbindungen und schufen den Allgemeinen Informationsraum, das heißt, die Jenseitige Welt".

Die Ideen, die in der atmischen Ebene entstanden sind, bringen die unterschiedlichsten Schemata oder Varianten ihrer Realisierung hervor, und das sind schon dichtere Objekte als die Ideen und stellen einen buddhische Ebene dar. Aus der buddhischen Energie wird der buddhische Körper des Menschen gebaut, den man noch Körper des Bewusstseins nennt. Die Energie der buddhischen Ebene verdichtet sich und bildet die kausale Ebene. Auf der kausalen Ebene wird der kausale Körper des Menschen geschaffen,

206

den man noch Körper des Höchsten Verstandes nennt.

Die drei höchsten feinstofflichen Körper bilden die Seele des Menschen, die praktisch ewig ist. Diese Triade nennt Professor I. P. Volkov (124, S.15) „die neben einander liegenden unsterblichen durchgeistigten Seelen"

Bis jetzt befindet sich die Seele des Menschen in einem körperlosen Zustand, sie „koexistiert" mit der Weltseele oder dem Bewusstsein des Weltalls. Das Bewusstsein der körperlosen Seele ist ein Fragment des holographischen Weltalls. In ihm ist im Bewusstsein die ganze Information über die Vergangenheit, die Gegenwart und die Zukunft enthalten, die im Weltall vorhanden ist. Aber sobald diese Seele beschließt, sich in einem Menschen zu verkörpern, „fällt ihr Bewusstsein" sich fest an die dichten Körper der Persönlichkeit haltend. „Der Geist arbeitet allmählich, von der feinen zur gröberen Substanz" (128, S.62).

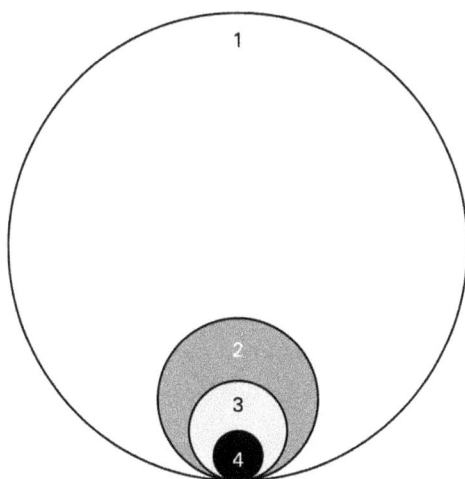

Bild 5.: Spekulatives Schema der Wechselbeziehung
des Geistes, Seele und Körpers des Menschen:

1 - Unerkennbares Teil des Geistes (Universum);
2 - unsterbliches Teil vergeistigten Seele;
3 - verkörperte Seele im Körper; 4 - dichter Körper des Menschen

Durch die Steuerung des individuellen Geistes wirkt der Körper des Bewusstseins auf den Körper des Höchsten Verstandes, der mit Hilfe des holographischen Codes die Größe, die Form, die Proportionen und Funktionen des künftigen Körpers angibt. Es bildet sich der mentale Körper und es erscheint die Denkfähigkeit. Wenn der Mensch die Fähigkeit des Denkens besitzt, kann er in allen ihm zugänglichen Welten tätig sein. Um den Gedanken zu einer Tätigkeit zu wandeln, muss man etwas tun wollen, wozu der Gedanke mit dem Wunsch versehen sein muss. Mit Hilfe des holographischen Codes wird der Astralkörper (Körper der Wünsche) gebildet, der das Handlungsprogramm an den Ätherkörper übergibt, der genauen feinmateriellen Kopie des physischen Körpers. Der Ätherkörper verbindet alle Zellen des physischen Körpers zu einem einheitlichen Bioenergie-Informationsorganismus (49, S.52).

Der dichte Körper wird in der Embryoperiode nach der Matrize des Ätherkörpers (des Lebenskörpers) aufgebaut und ist seine genaue Kopie, Molekül für Molekül. Im Laufe des Lebens des Menschen ist der Ätherkörper der Erbauer und Restarator der festen Form. Jedem Missbrauch, dem wir unseren Körper aussetzen, wirkt der Ätherkörper entgegen, soweit das in seinen Kräften liegt, kämpft ständig gegen den Tod des physischen Körpers. In einigen Fällen verlässt der Ätherkörper zum Teil den dichten Körper, zum Beispiel, wenn der Arm „eingeschlafen" ist. Dann kann ein Wunderheiler diesen Ätherarm hängen sehen, wie ein Handschuh, unterhalb des dichten Arms.

Über diese erstaunliche Erscheinung schreibt Robert Monroe, Organisator und Leiter des Instituts zur Erforschung des Verstands (USA), der in der Lage ist, selbständig aus dem physischen Körper herauszugehen, in seinem Buch „Reise außerhalb des Körpers" (132, S.187): „Ich lag auf dem Sofa, fühlte sehr leichte Vibrationen... Ich bewegte die auf der Brust zu-

208

sammengelegten Hände, hob sie hoch (ich lag auf dem Rücken). Ich fühlte, dass die Hände erhoben waren und war sehr erstaunt, als ich (nachdem ich die Augen geöffnet hatte), meine Hände wie vorher auf der Brust liegen sah. Ich blickte nach oben – dahin, wo sie nach meinem Empfinden sein mussten. Ich sah die flimmernden Umrisse der Ellbogen und der Hände genau an dieser Stelle. Die Hände schienen als klar leuchtende Konturen und bewegten sich, als ich sie bewegte und das auch spürte. Ich bewegte die Finger – die leuchtenden Finger gerieten auch in Bewegung, ich habe das gespürt. Ich legte die Hände zusammen, die leuchtenden Hände taten das gleiche... Ich versuchte, die physischen Hände zu bewegen, aber es gelang nicht... Die Vibrationen wurden schwächer. Ich zog schnell die leuchtenden Konturen der Hände zurück und legte beide Hände auf die Brust. Es entstand das Gefühl, als ob ich sie in lange Handschuhe steckte, danach konnte ich die physischen Hände bewegen".

Dieses erstaunliche Beispiel führt zu dem Gedanken, dass man Paralyse und auch andere Krankheiten heilen muss, indem man die feinen Körper des Menschen korrigiert. Die moderne Medizin kommt diesem Verständnis immer näher. Zum Beispiel war die wissenschaftlich-praktische Konferenz „Strukturnaja" (Matrize des Raums als Grundlage des biologischen Lebens), organisiert vom Fonds neuer medizinischer Technologien AIRES (St. Petersburg) dem aktuellen Thema – Die Gesundheit des Menschen und Methoden der Bioresonanz-Behandlung gewidmet. Der Präsident des Fonds, I. Sergeev sagt: „Die moderne medizinische Wissenschaft ändert die Vorstellung vom Organismus des Menschen von Grund auf. Bisher betrachtete die Medizin den Organismus als ein isoliertes abgeschlossenes Objekt. Mehr noch, die Mediziner gingen den Weg der Spezialisierung und entfernten sich immer weiter voneinander. Im Ergebnis wurde das Prinzip: "das Eine heilen wir, das Andere verderben wir" zur Devise der modernen Medizin wir betrachten doch den Organismus als Teil der globalen fraktalen Konstruktion – des so genannten „Allgemeinen Feldes des Weltalls". Auf die Frage des Korrespondenten der Zeitung „Petrovskij Kurier" (Nr.13,2000):

„Was geschieht denn? Wenn bei einem Menschen die Milz schmerzt, muss man, um sie zu heilen, auf den ganzen Organismus einwirken? – antwortet der Präsident des Fonds AIRES:

Vollkommen richtig, man muss die Basismatrize wieder herstellen". Als Basismatrize für den physischen Körper des Menschen der Ätherkörper, der nicht umsonst noch Lebenskörper genannt wird.

Die Kombination von Astral- und Mentalkörper nennt Professor I. P. Volkov „Im Körper verwirklichte Seele" (124, S.15), und einige Wissenschaftler nennen sie „Tierseele", weil eine solche Kombination der unteren feinen Körper auch den Tieren eigen ist.

Das Bewusstsein der verkörperten Seele identifiziert sich vollständig mit der Persönlichkeit und erweist sich als durch eine gewisse Barriere abgetrennt von der Seele im körperlosen Zustand, den man Unterbewusstsein nennt. Im normalen Zustand kommt aus dem Unterbewusstsein nur ein kleiner Teil des Wissens, das zum Leben notwendig ist, in das Bewusstsein des Menschen. Das Leben des Menschen würde unmöglich, wenn er alle im Weltall vorhandenen Informationen haben würde. In seinem Buch „Telepathie" schreibt

A. Sakladnyj, „ es steht außer Zweifel, dass ein solches Sieb existieren muss, andernfalls würden unsere Köpfe durch den Informationsüberschuss buchstäblich zerbrechen. Der Informationskanal aus dem Unterbewusstsein zum Bewusstsein ist mit einem Dämpfer verschlossen, den das Gehirn kontrolliert.

So, wie die sich in einem Körper verwirklichende Seele im Zustand der

210

erzwungenen Untätigkeit ist, hilflos das Tun der Persönlichkeit beobachtet. Und sie könnte der Persönlichkeit nicht wenig vorsagen – über vorhandene Probleme des Karmas, über das Ziel ihres Aufenthalts auf der Erde in dieser Verwirklichung, über die erarbeiteten Fähigkeiten und Möglichkeiten usw. Gerade dadurch erklärt sich auch das Bestreben vieler Menschen, die Geheimnisse ihrer eigenen Seele zu erkennen, in das Unterbewusstsein einzudringen. Wie

G. I. Schipov meint: "Die Fähigkeit, die Barriere zwischen Bewusstsein und Unterbewusstsein zu überwinden, heißt Intuition. Das Unterbewusstsein ist an das Allgemeine Bewusstsein angeschlossen. Die Intuition hilft, die Verbindung zum Unterbewusstsein herzustellen und damit Zugang zur Quelle des Wissens zu erhalten" (108).

Eine mehr universelle Art der Wechselwirkung mit dem Unterbewusstsein, und folglich auch mit dem Informationsfeld der Erde sind die Trance-Zustände. Wie der Doktor der medizinischen Wissenschaften E. M. Kastrubin schreibt: „Es ist ohne Zweifel, dass die Trance-Zustände der Eingang zum Informationsfeld der Erde sind" (118, S.138).

Also, im Ergebnis der Verdichtung der Energie wurden durch den Geist physische Körper geschaffen. Bei der Entstehung jeglicher Form des Lebens spielt die Erhaltung und Übertragung der Information von Generation zu Generation eine grundlegende Rolle. Bei den Menschen in der physischen Welt geschieht das mit Hilfe des genetischen Apparats und anscheinend des Gewebewassers (40, S.56). Das Akademiemitglied P. P. Garjaev schlägt vor: „Der Geist, der Wellenhologramme geschickt hat, hat die einfachen Moleküle veranlasst, sich zusammenzusetzen, bis hin zu Eiweißen, DNA, RNA und weiter zu einem komplizierten Organismus.

Professor E. R. Muldaschev schreibt, dass: „Der Geist, der den genetischen Apparat geschaffen hat und mit dessen Hilfe den Prozess der Reproduktion des Menschen auf der Erde gestartet hat, hat die Haupt-Denkfunktionen für sich behalten. Aber wie gerade aus der Religion klar ersichtlich ist, nach der Geburt des Kindes fliegt der Geist in das Kind und bestimmt die Grund-Denkfähigkeiten des Menschen. Das heißt, wir denken mit Hilfe des Geistes, der in der feinstofflichen Welt lebt, nutzen dabei die Energie der feinstofflichen Welt. Das Gehirn, das die Energie der physischen Welt nutzt, ist fähig, die Torsionsfelder zu drehen, wobei es dem Geist im Denkprozess hilft (32, S.351).

Lange Zeit stritten die Gelehrten der ganzen Welt darüber, was denn das menschliche Gehirn sei. Vielleicht ist das, wie einige behaupteten, ein Organ der Sekretion, das das Bewusstsein erzeugt, ähnlich, wie die Leber die Galle erzeugt? Und wenn die tote Leber keine Galle erzeugt, dann kommt auch mit der Beendigung der Funktion des Gehirns das Ende des Bewusstseins. Oder aber – darauf bestanden andere – ist das ein Organ, das man richtiger mit der Lunge vergleicht? Wie die Lungen aus der Atmosphäre die für unseren physischen Körper notwendige Menge Sauerstoff gewinnen, nimmt nicht auch das Gehirn aus dem uns umgebenden Bewusstsein nur die in dieser Minute nötige Menge des Bewusstseins, um die Arbeit der Psyche eines konkreten Menschen in einem konkreten Moment zu sichern?

In diesem Fall kann die Seele, die einmal zur bewussten Struktur geformt worden ist, die ein individuelles Bewusstsein hat, nach der Beendigung der Funktion des Gehirns ihre Existenz im eigenen Element fortsetzen.

Lange und mühsame experimentelle Untersuchungen des Gehirns, eine riesige menge Fakten des Herausgehens der Seele aus dem physischen Körper (und nicht nur im Zustand des klinischen Todes, sondern auch zum Beispiel in Trance-Zuständen) brachten die Gelehrten zu einer eindeutigen Antwort auf die Frage nach der Funktion des Gehirns. Das Gehirn – das ist ein Rechengerät, das es ermöglicht, eine Information aus dem Biofeldsystem des Menschen und dem Informationsfeld des Weltalls zu schöpfen. Der Forscher I. P. Schmelev sagt: „... das Gehirn denkt nicht, weil der psychische Prozess aus dem Bereich dieses Organs hinaus getragen wurde (50, S.184).

Der Doktor der technischen Wissenschaften, V. D. Plykin schreibt zur Funktion des Gehirns (29, S.23): „Das Gehirn hat keinerlei Beziehung zum Bewusstsein. Es empfängt die Information aus der Sphäre des Bewusstseins und formt sie zu einer Folge von Einwirkungen auf die Nervenzentren und diese – auf die Muskeln dieses oder jenes Organs des physischen Körpers. Der Prozess des Denkens und der Entschlussfassung vollzieht sich außerhalb unseres Gehirns, außerhalb unseres physischen Körpers, er vollzieht sich in einer anderen Dimension – in der Sphäre des Bewusstseins, und unser Gehirn verarbeitet nur die Folge des Denkprozesses – sein Ergebnis. Das Gehirn des Menschen – das ist ein System der Steuerung des physischen Körpers des Menschen und ein Verbindungskanal des physischen Körpers mit dem Bewusstsein des Menschen".

Der Doktor der Landwirtschaftswissenschaften E. K. Borosdin, der sehr viel bei der Erforschung der feinen Körper des Menschen getan hat, bemerkt auch in seiner Arbeit „Über die Eigenschaften des Lebenden": „Die modernen Gelehrten, die auf dem Gebiet der Bioenergetik arbeiten, haben bewiesen, dass die Information in allen Teilen des physischen Körpers enthalten ist, in den feinmateriellen und in den geistigen Körpern des Menschen und anderer Lebewesen, und das Gehirn ist die Struktur, die die Auswahl der nötigen Information und ihre Verarbeitung bis zu dem Zustand, der auf der Ebene des Unterbewusstseins oder des Bewusstseins erkannt oder empfangen werden kann, sichert".

Es ist schwer, das Ziel zu erraten, mit dem der Geist die physische Welt und den Menschen geschaffen hat, aber vielleicht auch dafür, um mit seiner

213
© Тихоплав В.Ю., Тихоплав Т.С., 1999

Hilfe sich selbst zu erkennen. Dann kann man verstehen, warum er so hartnäckig zu seinem Ziel gegangen ist – zur Schaffung des Menschen mit den erschütternden Fähigkeiten seines Gehirns, Fragen der Erkenntnis zu stellen: warum, wofür u. dgl. Der Geist hat, indem er alle seine grandiosen Möglichkeiten in den Molekularstrukturen der Materie konzentriert hatte, erreicht, dass nach Milliarden Jahren das Gehirn des Menschen entstehen konnte. Und nun stellt die Materie in Form des Menschen die Frage nach dem Sinn des Lebens und bemüht sich, eine Antwort zu erhalten.

Also wurde im Ergebnis der langen Evolution der Mensch geschaffen, der ein dreifaches System darstellt: physischer Körper – Seele – Geist.

Das korrespondierende Mitglied der Russischen Akademie der Naturwissenschaften, Professor V. Shukov schreibt im Artikel „Unsere Seelen sind von Phaeton gekommen": „Alle Seelen – sind nichts anderes, als Elemente eines Energie-Informationsfeldes , seine winzigen Ziegelchen. Der Kosmos braucht dieses „Material", weil jede Seele unikal ist, sie hat ihre kosmische Nische und keine andere Seele kann sie nach ihrem Klang ersetzen. Das ist wie die Stimme eines einmaligen Sängers". Professor V. Shukov, ein Gelehrter, der einen Namen in der Welt hat, kann sich an das Informationsfeld des Weltalls anschließen und von dort einmalige Kenntnisse erhalten. So sagt er, die Seele des Menschen beschreibend: „Die Seele ist aus für uns unerreichbaren Elementen geschaffen, sie zu sehen erreichen wir nur mit indirekten Methoden. Wenn man von einem vierdimensionalen Raum ausgeht, dann ist die Seele in ihren Ausmaßen ein klein wenig größer als das Herz. Vom kosmischen Gesichtspunkt aus ist alles anders – die Seele hat Ausmaße, die nach Millionen Milliarden Parsek gezählt werden". Auf die Frage des Korrespondenten der Zeitschrift „Wissenschaft und Religion" (Nr.4, 1998): „Ist es Ihnen persönlich gelungen zu sehen, welche Form sie hat, unsere Seele?" – sagte Shukov: „Eine Kugel. Aber nur, wenn das eine

214

ideale, gesunde Seele ist. Aber wenn der Mensch viele negative Situationen erlebt hat, dann zerreißt bei ihm vor allem die Hülle der Seele, sie wird dünn, mit Durchschlägen. Aus der idealen Kugel verwandelt sich die Seele in zerrissene Fetzen".

Diese Angaben stimmen überein mit den sensationellen Daten, die 1993 im Novosibirsker Akademgorodok erhalten wurden. Die Gelehrten hatten ein Gerät zur Verbindung mit dem Informationsfeld der Erde geschaffen und hatten Kontakt mit einer Sternenzivilisation (133). Es erwies sich, dass die massenhaften Prozesse der Zerstörung der Umwelt, der Verlust der Verbindung der Menschen mit der Natur den Höchsten Verstand beunruhigen. Deshalb war das Ultimatum der Sternenzivilisation sehr rau: entweder schaffen die Menschen im großen Maßstab eine Verbindung zu dem Höchsten Verstand und beginnen nach seinen Gesetzen zu leben, oder unsere Zivilisation wird durch die Willenserklärung des Höchsten Verstandes verändert.

Mit Hilfe des Geräts gelang es den Gelehrten einige Einzelheiten des Aufbaus der Sternenwelt selbst zu erfahren, die durch die Ergebnisse paralleler unabhängiger Untersuchungen bestätigt wurden, die im Monroe Institut (USA) durchgeführt wurden.

Als erstes. Die feinstoffliche Welt – das ist die Welt der Geister. Wenn ein Mensch stirbt, geht seine Seele in die Sternenwelt. Zum Geist geworden (offensichtlich ist die körperlose Seele gemeint) übernimmt sie die „örtliche" Ideologie und lebt vollkommen nach deren Gesetzen, und dann, nach einer gewissen Zeit, kehrt sie auf die Erde zurück. Was stellt nun der Geist dar? Aus dem wörtlichen Porträt folgt, dass die Geister die Form und Größe ihres „Körpers" von einer Kugel mit 2 cm Durchmesser bis zur menschlichen Gestalt verändern können.

Gleichzeitig mit dem Menschen wurde auch die physische Welt erschaffen. Für die Schaffung der physischen Welt brauchte der Erschaffer „Baumaterial", dafür wurde das physikalische Vakuum geschaffen. Quelle der Polarisation des Vakuums waren die Torsionsfelder (11, S.24). Es wurden die Elementarteilchen geboren, aus denen dann die Atome und Moleküle geformt wurden. Es erschien die Materie, die sich allmählich verdichtete. Es entstanden die Sterne, die Planeten, darunter auch unsere Erde. Max Heindel schreibt: „Unsere Erde – das ist ein lebender, fühlender Organismus. Das Brechen des Steins oder das Abreißen von Blumen bereitet der Erde Vergnügen, während ihr das Herausreißen der Pflanzen mit der Wurzel Schmerzen zufügt". Und wirklich, langjährige wissenschaftliche Untersuchungen haben bewiesen, die Erde und die Sonne, und alle Planeten – das sind lebende Wesen eines höheren intellektuellen Niveaus als der Mensch. Der Doktor der geologisch-mineralogischen Wissenschaften, Professor I. N. Janitzkij, unterstreicht in seinem Buch „Physik und Religion" (92), dass die Erde ein lebender und denkender Organismus ist, der uns, die Menschen duldet, so, wie wir die Mikroben dulden, darunter auch die schädlichen, die mit ihnen ein einer Symbiose leben. Und er erinnert daran, dass die Geduld der Erde nicht grenzenlos ist, und wenn unsere zerstörerische Einwirkung auf die Natur die Grenze erreichen wird, wird die Erde Maßnahmen ergreifen, wie sie das nicht nur einmal getan hat. Zum Beispiel die weltweite Sintflut vor 850 Tausend Jahren, deren Realität schon 1950 – 1952 durch die Kommission der Amerikanischen Geographischen Gesellschaft bewiesen wurde. Zu der Kommission gehörte auch der große Einstein.

So wurden der feinmaterielle Mensch und die intellektuell entwickelte Erde als Lebensraum des zukünftigen physischen Menschen gleichzeitig geschaffen.

Die Meldungen darüber, wie die Besiedlung der Erde durch ihre künftigen Bewohner vor sich ging, wurden bekannt dank den Eingeweihten

216

– Menschen, die sich an das Allgemeine Informationsfeld anschließen können.

Solche Eingeweihte sind zum Beispiel E. P. Blavatskaya, E. I. Roerich, A. Bailey, A. Besant, Vanga, Joon, das korrespondierende Mitglied der Russischen Akademie der Naturwissenschaften V. Shukov, die indischen Svami und Guru, die tibetanischen Lamas und andere.

Der berühmte Hellseher Edgar Cayce konnte im Trance-Zustand eine Information bekommen – eine Erscheinung der Vergangenheit. Seine Mitteilungen stimmen vollkommen überein mit den Mitteilungen von E. Blavatskaya, Nostradamus, Rudolf Steiner.

Das, worüber E. Blavatskaya in dem Buch „Geheime Doktrin" schreibt, ist vollständig vergleichbar mit den altindischen Veden, wird durch alte Quellen bestätigt und sogar, wie sich Professor E. Muldaschev überzeugt hat, durch das moderne Leben. Sehr gut passen ihre Mitteilungen zu den modernen wissenschaftlichen Konzeptionen. In „Geheime Doktrin" schreibt E. Blavatskaya auch über die Quelle des Erhalts einmaliger Kenntnisse, als ob ihr eine Stimme die wissenschaftlichen Mitteilungen diktiert hätte. Sie ist vollkommen überzeugt, dass der Höchste Verstand durch sie den Menschen Angaben über die Geschichte der Entwicklung der menschlichen Rassen übermittelt hat. Und wir, die die Theorie des physikalischen Vakuums und der Torsionsfelder kennen, verstehen, wie real das ist.

Nach den Mitteilungen, die durch Eingeweihte erhalten wurden, gab es auf der Erde fünf Menschenrassen. Unter dem Begriff „Menschenrasse" ist nicht die Nation zu verstehen, sondern die Zivilisation. Zum Beispiel die erste Zivilisation – das ist die Zivilisation der ersten Menschen auf der Erde. Unsere Rasse ist die fünfte.

Zur Entwicklung der Menschheit sagt das Akademiemitglied A. E. Akimov (11, S.27): „Entsprechend dem Verlauf des Evolutionsprozesses wurden Feld-Wesen auf die Erde übertragen". Diese Feld-Wesen, Menschen der ersten Rasse, stellten leuchtende, nicht feste Formen des Mondlichts dar und hatten eine Riesengröße. Erschütternd! Ähnliche Wesen werden auch in der Gegenwart im Kosmos angetroffen. Sie wurden oftmals von unseren und von amerikanischen Kosmonauten beobachtet. Die Notiz von E. Dmitriev über diese erstaunlichen Wesen, im Sammelband „Unwahrscheinliches, Legendäres, Offensichtliches" (Nr.9, 1998) veröffentlicht, ist es wert, fast vollständig gebracht zu werden.

Im fernen Jahr 1985, als sich das sowjetische Kosmosprogramm im Aufschwung befand, zog man es vor, außergewöhnliche Begebenheiten im Kosmos nicht zu erwähnen. In der Weltraumstation „Salut-7" geschah etwas Unerwartetes. Es war der 155. Tag des Fluges. Die Besatzung aus sechs Personen: drei „Alteingesessene" – Leonid Kisim, Oleg Atkov, Vladimir Solovev und die „Gäste – Svetlana Savizkaya, Igor Volk, Vladimir Dshanibekov – waren mit den vorgesehenen Experimenten beschäftigt.... Auf der Bahn der Station „Salut" war eine große Wolke eines orangefarbenen Gases unbekannter Herkunft entstanden. Während die Kosmonauten rätselten, was das sein kann, und das Flugleitzentrum die von der Station erhaltene Meldung analysierte, flog „Salut-7" in die Wolke. Einen Moment schien es, als ob das orangefarbene Gas in den Orbitalkomplex eingedrungen wäre. Ein orangefarbenes Leuchten umgab jeden Kosmonauten, blendete ihn und nahm ihm die Möglichkeit, zu sehen, was vor sich ging. Zum Glück kam die Sehkraft sofort wieder zurück. Die Menschen, die zum Stationsfenster gestürzt waren, erstarrten – auf der anderen Seite des Sicherheitsglases erschienen in der orangefarbenen Gaswolke deutlich sieben gigantische Figuren.

218

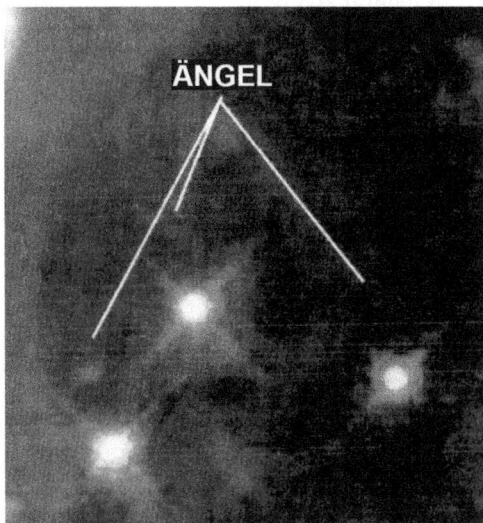

ÄNGEL

Bild 6

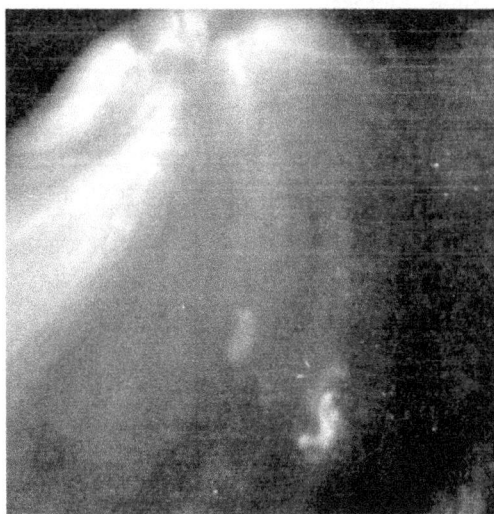

Bild 7

Keiner der Kosmonauten zweifelte: im Kosmos vor ihnen flogen Lichtgeschöpfe – Engel des Himmels!

Fast wie Menschen, waren sie trotzdem anders. Das lag nicht an den riesigen Flügeln oder den glänzenden Aureolen an ihren Köpfen. Der Hauptunterschied war im Ausdruck auf ihren Gesichtern. So, als ob sie die Blicke spürten, wandten die Engel ihre Gesichter zu den Menschen. „Sie lachten, – erzählten danach die Kosmonauten, - aber das war kein Lachen der Begrüßung, sondern ein Lachen der Begeisterung und Freude. Wir lachen SO nicht. Die Borduhr zeigte leidenschaftslos zehn Minuten. Nach Ablauf dieser Zeit verschwanden die die Station begleitenden himmlischen Geschöpfe. Es verschwand auch die orangefarbene Wolke und hinterließ in den Seelen der Kosmonauten das Gefühl eines nicht erklärbaren Verlusts".

Als sich die Leiter des Flugs mit dem bericht über das Geschehene bekannt gemacht hatten, erhielt der Bericht sofort den Stempel „Geheim", und für die Kosmonauten interessierte sich eine Mannschaft von Medizinern. Die Untersuchungen ergaben keine Abweichungen von der Norm. Um ein Bekanntwerden zu verhindern, ließ man den Bericht der Kosmonauten verschwinden, und ihnen selbst wurde geraten, den Mund zu halten. In jener Zeit wurde die Existenz von Engeln durch die sowjetische Ideologie nicht zugelassen.

Jetzt, da sich im Ergebnis der Glasnost vieles aufgeklärt hat, wurde auch bekannt, dass die amerikanischen Kosmonauten mehrfach Engel im Kosmos angetroffen hatten. Ihnen war es sogar gelungen, mit Hilfe des Weltraumteleskops „Hubble" Aufnahmen zu machen. Die Erscheinung der geflügelten Geschöpfe vermerkte auch die Apparatur der Forschungssatelliten.

Schließlich hat das Hubbleteleskop vor kurzem wieder eine Überraschung geboten. Während der Erforschung der Galaktik NGG-353 fixierten die Sensoren des Hubble sieben helle Objekte auf der Umlaufbahn der Erde.

220

Auf einigen der dann gelungenen Fotos zeigten sich leicht verschwommen, aber trotzdem unterscheidbare Figuren leuchtender geflügelter Geschöpfe, die an die biblischen Engel erinnern! Sie waren ungefähr 20 m hoch, - erzählte der Ingenieur des Hubble-Projekts, John Pratchers. – Ihre Flügel erreichten in der Spannweite die Länge der Flügel von modernen Aerobussen. Diese Geschöpfe strahlten ein starkes Leuchten aus. Wir können bisher nicht sagen, wer oder was sie sind. Aber es schien uns, als ob sie fotografiert werden wollten. (Zeichnung 6, 7)

Für die Hubble-Aufnahmen begann sich auch der Vatikan zu interessieren. Die engelähnlichen Figuren interessieren auch die Wissenschaftler, aber ihr Wesen festzustellen ist bisher nicht gelungen. Jedoch ist die Besiedlung der Erde durch Feld-Wesen völlig real. Es gibt die Annahme, dass sie (unsere Seelen) vom Phaeton auf die Erde gekommen sind – einem Planeten, der sich der vollständigen Selbstzerstörung unterzogen hat (korrespondierendes Mitglied der Russischen Akademie der Naturwissenschaften, V. Shukov, Kandidat der der physikalisch-mathematischen Wissenschaften V. Ja. Bril)

Man kann sich vorstellen, wie schwer das Leben für die Menschen der **ersten Rasse** in der dichten Welt war. Sie befanden sich unter der vollen Kontrolle der feinstofflichen Welt, die ihnen telepathisch alle notwendige Information übermittelte. Der Kontakt untereinander erfolgte auch telepathisch, sie hatten noch keine Sprache. Denn der Geist arbeitete mühsam an der Schaffung des Gehirns und der DNA.

Sehr interessant beschreibt Max Heindel das Äußere des ersten Menschen (128, S.209): „... der Körper war ein großes sackförmiges Objekt mit einer Öffnung am oberen Ende, aus der sich irgendein Organ nach oben abzeichnete. Das war etwas ähnlich einem Orientierungs- und Steuerungsorgan. Im Laufe der Zeit zog sich der feste Körper immer dichter und kondensierte. ... Das Organ am oberen Ende degenerierte zur so genannten Zirbeldrüse. Manchmal nennt man sie „drittes Auge", aber das ist eine falsche Bezeichnung, weil dieses Organ niemals ein Auge war. ... Im Frühstadium existierte etwas ähnlich einer Vermehrung. Diese riesigen sackähnlichen Geschöpfe teilten sich in zwei Teile, ähnlich der Zellteilung, aber die geteilten Hälften wuchsen nicht, und jede Hälfte behielt ihre ursprüngliche Form". Wie viel Zeit doch nötig war bis zur Schaffung des physischen Körpers des modernen Menschen!

Allmählich verlief im Evolutionsprozess die Verdichtung und Verkleinerung der Ausmaße des Körpers, und auf der Erde bildete sich die zweite Rasse. Die Menschen der **zweiten Rasse** wurden ebenso durch die feinstoffliche Welt gesteuert und kontrolliert dank einem gut entwickelten dritten Auge. Am Ende der zweiten Rasse erschienen die Hermaphroditen. Das Bewusstsein der zweiten Rasse war das trübste, das man sich vorstellen kann. Der Mensch jener Tage war weit entfernt von dem Niveau der Vernunft, das heute Tiere haben. Der erste Schritt zur Verbesserung der Lage war der Bau des Gehirns für seine Nutzung als Instrument des Verstandes in der physischen Welt. Und, wie Max Heindel meint, „das wurde erreicht durch die Teilung der Menschheit in zwei Geschlechter".

Bemerkenswerter war die **dritte Rasse** der Menschen, die man Lemurianer nannte. Die Verdichtung der Materie wurde fortgesetzt und bei den ersten Lemurianern erschienen schon Knochen. Es erfolgte die Teilung der Hermaphroditen in Männer und Frauen, und es erschien die geschlechtliche Vermehrung. Man kann sagen, dass das Problem der Schaffung der DNA gelöst war. Die Sprache der frühen Lemurianer bestand aus Lauten, ähnlich den Lauten der Natur. Das Rauschen des Windes in den riesigen Wäldern, die im tropischen Klima stürmisch wuchsen, das Plätschern des Baches, das Heulen des Sturms, das laute Gebrüll der Vulkane – all das waren für

222

sie Stimmen der Götter, von denen sie, wie sie wussten, abstammten. Die Lemurianer nutzten erfolgreich die Energie der feinstofflichen Welt, jeder von ihnen war ein Naturmagier. Er fühlte sich als Nachkomme der Götter, als geistiges Wesen; seine Linie des Erfolgs war der Erwerb nicht geistiger, sondern materieller Kenntnisse, die man nur erhalten kann dank der Entwicklung der materiellen Wissenschaft.

Bei so günstigen Lebensbedingungen auf der Erde und bei Nutzung der Energie und des unermesslichen Wissens der feinstofflichen Welt erreichten die Lemurianer, besonders die späten – die Lemurianer-Atlanter – ein sehr hohes Niveau der Entwicklung.

Das Mitglied der Russischen Akademie der Naturwissenschaften A. E. Akimov schreibt (11, S.27): „Auf der Erde begannen sich die Augen zu entwickeln, nachdem der stoffliche Körper entstanden war, die Funktion des dritten Auges starb ab. Mit anderen Worten, entwicklungsmäßig verloren wir die Fähigkeit, mit den Höchsten Wesen zu kommunizieren. Aber auf der Erde waren die ganzen goldenen Jahrtausende, als die Menschen ihre phantastischen Fähigkeiten noch nicht verloren hatten und sie noch Kontakt hatten zu den Höchsten Kosmischen Wesen, dem Absolut. Die Menschheit hat ziemlich lange in Harmonie mit der Umwelt gelebt". Diese goldenen Jahrtausende kamen genau zur Periode der späten Lemurianer. Die Lemurianer-Atlanter bauten riesige Städte, schufen eine erstklassige Wissenschaft, nutzten die psychische Energie in großem Maße. Man nimmt an, dass zu ihren Errungenschaften einige Monumente Südamerikas gehören, der Stonehenge-Komplex in England, die ägyptische Sphinx, deren Rätsel noch heute die Wissenschaftler bewegt. Professor E. Muldaschev schreibt in der Zeitung AuF (Nr.24, 2000): „Die ägyptische Sphinx schaut auf Kaylash, den Berg, der in den östlichen Ländern als der heiligste Ort der Welt gilt".

Die weiter Entwickelten der Lemurianer lernten sich zu entmaterialisieren und zu materialisieren, eigneten sich die Levitation und die Teleportation an. Jeder Lemurianer hatte eine direkte Verbindung zur feinstofflichen Welt, konnte in den Zustand Somati gehen. „Somati"
–das ist so ein Zustand, wenn die Seele, die den Körper in einem „konservierten"
Zustand zurück gelassen hat, in jedem Moment in ihn zurückkehren kann, und dann lebt er wieder. Das kann nach einem Tag, und nach hundert Jahren und nach Millionen Jahren geschehen (32, S.355). Die Lebensdauer der Lemurianer erreichte tausend und mehr Jahre. Man muss daran denken, dass eine solche Frist des Lebens auf der Erde die Menschen auch der späteren Periode hatten. So lebte zum Beispiel Enos 905 Jahre, Methusalem – 1969 Jahre, Lamech – 777 Jahre und andere (48, S.5). Das schreibt der tibetanische Lama Lobsang Rampa in seinem Buch „Der Arzt aus Lhasa" zur Zivilisation der Lemurianer (123, S.231).

Nach seiner Kenntnis bewegte sich die Erde zur Zeit der Lemurianer auf einer anderen Umlaufbahn, die viel näher zur Sonne gelegen war, sie hatte einen Zwillingsplaneten. Das Klima war tropisch, die Pflanzenwelt üppig. Auf der Erde herrschten die die Riesen-Superintellektualy (Lemurianer-Atlanter).

Deren Organismus war dem menschlichen nicht ähnlich (Zeichnung 8), aber in ihrer Mitte erschienen schon die Vertreter einer späteren Zivilisation – die frühen Atlanter. Und obwohl die Atlanter zweimal größer als die Vertreter unserer Zivilisation waren, schienen sie wie Pygmäen im Vergleich zu den Lemurianern. Die Lemurianer beschützten die Atlanter und lehrten sie vieles; das Leben auf der Erde war ruhig und friedlich. . . Dann geschah es, dass sich die Superintellektualy untereinander zerstritten hatten, es begannen lang andauernde Kriege. Die weitsichtigen Lemurianer, die über parapsychologische Fähigkeiten verfügten, gingen in die Höhlen des Himalaja, gingen in den Zustand Somati, und hatten damit so den genetischen Fonds der Menschheit organisiert, der vor einigen Jahren von Professor E. Muldaschev auf der Transhimalaja-Expedition entdeckt wurde (32, S.356).

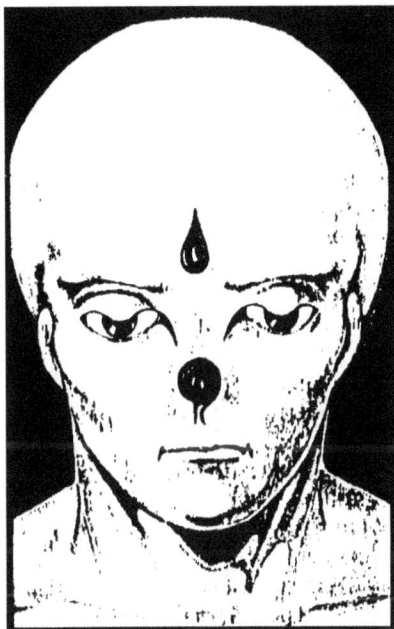

Bild 8.: Aussehen eines Menschen, rekonstruiert nach
Abbildungen ungewöhnlicher
Augen auf tibetischen Klöster. (Ill. O. Ishmitova)

Indessen, in der Zeit eines kurzen Waffenstillstands zwischen den lang anhaltenden Kriegen, waren die einen Intellektualy heimlich damit beschäftigt, den anderen eine Niederlage zuzufügen. Dann gab es an einem „herrlichen" Tag auf dem Planeten eine schreckliche Explosion, in deren Folge der Planet erschüttert wurde und seine Umlaufbahn änderte. Am Himmel zuckten Flammenzungen und in der ganzen Atmosphäre verbreitete sich Rauch. Nach einiger Zeit wurde alles still und beruhigte sich, jedoch nach

225

einigen Monaten erschien am Himmel ein schlechtes Zeichen, durch das alle am Leben gebliebenen Bewohner der Erde in Schrecken gerieten. Das war ein herankommender Planet. Auf der Erde begann die reine Hölle. Die Rasse der Supermenschen vergaß ihren Streit und erhob sich schnell auf ihren glänzenden Maschinen zum Himmel. Sie hatten es vorgezogen, die Erde für immer zu verlassen.

Die von Menschenhand geschaffene kosmische Katastrophe geschah und die Zivilisation der Lemurianer verschwand.

Ein Teil der auf der Erde verbliebenen Menschen, meist Atlanter – Vertreter der **vierten Rasse** überlebte, befand sich aber unter schlechten Bedingungen: die Städte waren bis auf den Grund zerstört, wegen der Veränderung der Umlaufbahn begann sich das Klima zu ändern, vom Norden näherte sich Kälte. Man musste das Leben neu beginnen, aber nun zeigte sich, dass, wie Muldaschev annimmt, der Höchste Verstand die Verbindung der Atlanter zu dem Allgemeinen Informationsraum zerstört hat. Es kann sein, dass die Verbindung schon während der Zivilisation der Lemurianer gestört war, damals, als die Konflikte zunahmen und der Kult der Macht immer lauter von sich reden machte. Aber es kann auch sein, dass die Sache etwas anders war. So äußert Professor E. K. Borosdin eine interessante Meinung darüber, dass der Mensch diese Etappe der materialistischen Weltauffassung durchlaufen musste, als das menschliche Bewusstsein sich selbst überlassen war, als es nicht auf Hilfe aus der geistigen Welt wartete, sondern gezwungen war, Bedingungen der Lebenssicherung mit Hilfe materieller Mittel zu schaffen, für deren Erhalt die Kenntnis der materiellen Welt notwendig war, das heißt, die Entwicklung einer materiellen Wissenschaft (119, S.20). So dass man die Einführung einer Blockierung des Informationserhalts von „oben" durch die feinstoffliche Welt auch als Bestrafung für eine „falsche" Lebensart werten kann, was auch als geplantes Hinausführen der Menschheit in eine neue Erkenntnisetappe völlig real ist. Aber auf jeden Fall behaupteten sich die Atlanter unter schwierigen Bedingungen ohne Hilfe von oben. Das Wissen, das sie von den Lemurianern erhalten hatten, ließ die Atlanter nicht verwildern. Die Atlanter eigneten sich körnchenweise das Wissen vorher gegangener Zivilisationen an, indem sie Ausgrabungen durchführten und die erhalten gebliebenen alten Schriften sammelten, und sie entwickelten die Wissenschaften. Es triumphierte der Kult des Wissens. Das Verbot für Informationen aus der feinstofflichen Welt war aufgehoben. Nachdem die Atlanter Zugang zu den Kenntnissen der feinstofflichen Welt erhalten hatten, schufen sie eine Zivilisation, deren Reste man auch heute noch finden kann. Über die Spuren der Zivilisation der Atlanter schreiben E. P. Blavatskaya und E. Muldaschev in ihren Büchern. Und am 10. Oktober kam in der Sendung des Petersburger Radios die Meldung, dass der bekannte Gelehrte Allen in Bolivien in 4 Tausend Meter über dem Meeresspiegel ein Plateau entdeckt hat, auf dem sich die Trümmer einer Kirche aus roten und schwarzen Steinen befinden, die in ihrer Architektur den Angaben Platons über die Kirchen in Atlantis entsprechen.

Aber die grandioseste Anlage der Zivilisation der Atlanter ist offensichtlich die Stadt der Götter in Tibet, von der der unermüdliche Reisende und Gelehrte E. Muldaschev in der Zeitung AuF (Nr. 20 u.21, 2000) berichtet.

"Die, die den „Spiegel-Pyramiden-Komplex Kailas" gebaut haben, kannten die Gesetze der feinen Energie und der Zeit und hatten gelernt, sie zu beherrschen. Ich denke, dass ihn Menschen einer außerordentlich hoch entwickelten Zivilisation gebaut haben, die die feinen Energien beherrschen konnten und, nach einigen Angaben, die Antigravitationseffekte. Andernfalls kann man sich den Transport riesiger Steinmassen, oder das Abschleifen der Bergrücken, die beim Bau der genannten Pyramiden und „Spiegel" notwendig waren, unmöglich vorstellen! Dabei zweifelt Mulda-

227

schev nicht, dass gerade die Atlanter die grandiosen Anlagen gebaut haben. Er entdeckte auf einigen pyramidalen Konstruktionen Zeichnungen, die menschlichen Gesichtern sehr ähnlich waren. Unter anderem erinnert eine der Zeichnungen gerade an das Gesicht eines Atlanters, nicht eines Lemurianers, der originelle Gesichtszüge hat.

Also erhielten die Atlanter leicht Wissen, das im Informationsfeld des Weltalls gespeichert war, indem sie sich mit Hilfe des dritten Auges auf die Wellen der feinstofflichen Welt eingestellt hatten. Die Untätigkeit und Leichtigkeit, mit der man alles erreichen konnte, was man wollte, führten zu einem Kampf um die Macht. Es begannen innere Kriege. Und wieder war der Erhalt von Informationen von oben blockiert. Es entwickelte sich eine Katastrophe.

Weitsichtige Priester beschlossen, auf goldenen Platten die Geschichte der Zivilisation, eine Karte der Welt und eine Karte des Sternenhimmels jener Zeit, die fortschrittlichsten wissenschaftlichen Vorstellungen festzuhalten, und sie warnten vor den Gefahren, die die erwarten, die ihr Wissen missbrauchen (123, S.239). Diese Platten wurden in den Felshöhlen Tibets und des Himalajas. Und nun gelang es Gelehrten, während einer Expedition nach Tibet

Die Höhle zu finden, wo, „nach den Angaben der ortsansässigen Bewohner die zuverlässig gesicherten goldenen Platten aufbewahrt wurden, auf denen in chiffrierter Form die Kenntnisse der vorangegangenen Zivilisation verzeichnet sind". Darüber informiert der Artikel von Ju. Schigareva „Werden die Gelehrten im Tal des Todes überleben" (AuF Nr.41, 1999)

Die Priester der Atlanter hatten sich nicht geirrt. Die Katastrophe geschah vor 850 Tausend Jahren. Es kam die große Sintflut.

1994wurde in St. Petersburg das Buch von S. I. Barasch „Der „kosmische Dirigent" des Klimas und des Lebens auf der Erde" veröffentlicht, in dem der Autor auf der Grundlage einer Analyse zuverlässiger wissenschaftlicher Angaben eine Schlussfolgerung zieht über den unmittelbaren Einfluss des Kosmos auf alle Prozesse, die auf der Erde vor sich gehen.

Es ist bekannt, dass im Sonnensystem der kosmische Einfluss allgemein auf die Gravitationskraft zurückgeführt wird, die unmittelbar auf die Umlaufbahnen der Planeten wirkt. Schon 1950 berechneten die Astronomen S.G. Scharaf und N. A. Budnikova die Exzentrizität der Ellipse der Umlaufbahn der Erde für die vergangenen 30 Millionen Jahre. Es stellte sich heraus, dass diese Größe mit einer Periode von 100 Tausend Jahren schwankt. Aber alle 400 Tausend Jahre fällt die extremale Bedeutung der Exzentrizität mit den Extremwerten anderer Parameter der Umlaufbahn zusammen: der Länge des Perihels, der Neigung der Ekliptik zum Äquator – und es entsteht eine Resonanz. „Dabei bekommt die Erde so eine Schlagseite, durch die es allen auf der Erde Lebenden schlecht wird. ... Es geschehen globale Veränderungen des Klimas, die wiederum unerhörte Naturkatastrophen hervorrufen, die zur fast vollständigen Erneuerung der Flora uns Fauna führen" (127, S.13).

Amerikanische Wissenschaftler simulierten auf dem Computer eine ähnliche Erscheinung und erhielten ein phänomenales Ergebnis. Es zeigten sich diese Folgen der Katastrophe: die am Leben gebliebenen Menschen des Planeten, gleich, zu welcher hohen Zivilisation sie gehörten, mussten für hundert Jahre, das sind vier – fünf Generationen, bis zum Urzustand verwildern und praktisch wieder bei den Höhlen und den Wäldern anfangen. Aber kehren wir zur Sintflut zurück.

Nach der Bibel gab es zu Beginn der Überschwemmung auf der ganzen Erde 40 Tage und 40 Nächte ununterbrochen starken Regen. Wissenschaftler haben ausgerechnet, dass in dieser Zeit ungefähr 10^{13} Tonne Wasser auf die Erde niedergingen, das sind etwa 3,5 Tonnen auf jeden Quadratmeter

Boden. Weil sie nicht verstehen konnten, wie so eine Menge Wasser in einer relativ kurzen Zeit in die Atmosphäre gelangen konnte, hielten sie die Information über den globalen Regen für ein Hirngespinst. Für noch phantastischer hielten sie die Information aus der Bibel darüber, dass bei der Sintflut sogar hohe Berge von Wasser bedeckt wären, denn dafür brauchte man ungefähr x tausend mal mehr Wasser als die oben genannte Menge. Aber dann ist der Dozent des St. Petersburger Bergbauinstituts, Kandidat der physikalisch-mathematischen Wissenschaften, V. Ja. Bril im Ergebnis seiner Forschungen zu dem Schluss gekommen, dass das Wasser aus den Ozeanen auf die Kontinente geströmt ist. Genauer: die Ozeane und Meere strömten durch das Beharrungsvermögen bei der Sintflut an ihre östlichen Ufer, entblößten die westlichen. Und tatsächlich, eine solche „Antisintflut" ist in alten Handschriften Chinas (westliches Ufer des Stillen Ozeans) festgehalten. Und wenn Noah mit seiner Arche vom „Gelobten Land" los geschwommen ist, dann musste die Arche, als das Wasser begann zu fallen, wesentlich weiter östlich und etwas weiter nördlich vom Startort sein. Der in der Bibel genannte Endpunkt – der Berg Ararat – entspricht genau diesen Angaben.

Durch die Bewegung des Weltozeans zu seinen östlichen Ufern kann man zum Beispiel erklären, warum es mehr Inder und Chinesen gibt als andere Völker. Sie sind bei der Sintflut unversehrt geblieben, weil: erstens ihre Territorien westlich des Stillen Ozeans liegen, und die „Antisintflut" sie vor der drohenden Katastrophe warnte; zweitens das Wasser des Stillen Ozeans sich von ihnen weg in Richtung Amerika bewegte, und das Wasser des Atlantiks, wenn es bis dahin gekommen ist, schon viel schwächer war; drittens der Rückfluss des Stillen Ozeans nach Westen langsamer war, so dass mehr Zeit für die Evakuierung der Bevölkerung zur Verfügung stand, und viertens, die höchsten Stellen auf der Erde – Tibet und der Himalaja

230

– nicht überschwemmt waren (130, S.350). So ist es nicht verwunderlich, dass die Ansiedlung der arischen Rasse, wie E. R. Muldaschev feststellte, gerade von Tibet ausging.

Als das Wasser nach der Sintflut gesunken war, kehrten die Menschen, die die Katastrophe überlebt hatten, im Wesentlichen der arischen Rasse, wie die amerikanische Simulation zeigte, zur urgemeinschaftlichen Existenz zurück.

Aber die Zivilisation der Atlanter ging nicht sofort, auf einen Schlag, zugrunde. Ihr letzter Zufluchtsort war das legendärem Atlantis, das vor ungefähr 12 Tausend Jahren zugrunde ging. Über die riesige Insel und den mächtigen Staat der Atlanter auf ihr, erzählte der große altgriechische Philosoph Platon (427 – 347 vor unserer Zeitrechnung) der Welt, der die entsprechenden Informationen von seinem Vorfahr Solon erhalten hatte, und dieser hatte die Geschichte von altgriechischen Priestern erfahren. Das ist die Geschichte darüber, dass einmal im Atlantischen Ozean eine gigantische Insel existiert hat, auf der eine hoch entwickelt Zivilisation erblüht war, die „an einem schrecklichen Tag" zugrunde ging, weil die ganze Insel in einem riesigen Wasserwirbel versunken ist. Seit Platons Zeiten ist das Interesse für Atlantis nicht schwächer geworden. Es wurden zahlreiche Versuche unternommen, es zu finden. Aber alles umsonst: die Hauptfragen: wo ist Atlantis begraben und aus welchem Grund ist es zugrunde gegangen – blieben bis heute ohne Antwort. Auf die letzte Frage antworten die Alantologen gewöhnlich, indem sie die Hypothese von einer gezielten Bombardierung der Insel durch einen Riesenmeteoriten nutzen.

Aber in den letzten Jahren, als von V. Ja. Bril die kinetische Theorie der Gravitation und die einheitliche Theorie der Materie (130, S.352) geschaffen wurden, erhielt der Grund des Untergangs von Atlantis eine andere, eher wissenschaftliche Erklärung. Die in folgendem besteht.

Jeder große Planet beginnt sofort nach seiner „Geburt" sich gravitationsmäßig zu formen, als Kugel, oder unter Berücksichtigung seiner Rotation, in Form einer ellipsoiden Rotation, weil gerade bei dieser Form seine innere Gravitationsenergie minimal ist. Die Oberfläche des Planeten bedeckt sich relativ schnell mit einer geschlossenen kristallinen Rinde, die beginnt, der schnelleren Erweiterung des dichteren Inneren entgegen zu wirken. Nach der Theorie von V. Ja. Bril strebt das Innere des Planeten, das eine große Grundenergie verschlingt (Energie des physikalischen Vakuums), schneller nach einer Erweiterung als die Erdrinde. Der Kampf endet immer zugunsten der Erweiterung, und das führt entweder zur Bildung von globalen Spalten in der Rinde (z.B. die Kanäle auf dem Mars oder dem Jupiter) oder zum Ausstoß eines Trabanten (Mond, Phobos usw.), oder sogar zur vollständigen Selbstzerstörung des Planeten (Planet Phaeton).

Das System der Spalten teilt die Erdrinde in einige große Blöcke – die lithosphärischen Platten.

Die an diese Spalten angrenzenden Gebiete der Erde heißen Grabenzonen. Wobei die Spalten und die an sie angrenzenden Grabenzonen sowohl in den Ozeanen, als auch auf den Kontinenten liegen.

Die Ozeanologen bestätigten, dass die Grabenzonen des Ozeans – ein gigantisches global ausgedehntes System (die gesamte Länge beträgt ungefähr 60 Tausend Kilometer) sich erweiternder Spalten in der ozeanischen Rinde darstellen.

Unter dem Druck des sich erweiternden Inneren, bei Erreichen einer kritischen Spannung in der Rinde, bricht diese, wobei sie dort bricht, wo sie dünn ist. Und dünn ist sie in den Grabenzonen des Ozeans, wo die Stärke der Rinde weniger als 10 km beträgt, aber auf dem Kontinenten 5 – 10mal mehr.

Die wissenschaftlichen Untersuchungen von V. Ja. Bril zeigten, dass die letzte globale Katastrophe tatsächlich vor ungefähr 12 Tausend Jahren statt-fand. Den Untergang von Atlantis zählte Platon zu dieser Zeit. Spezifische Voraussetzungen zur Katastrophe waren folgende.

Atlantis lag auf einer relativ dünnen und deshalb elastischeren und nach-giebigen ozeanischen Basaltrinde.

Zur Erklärung ist die folgende Analogie gut geeignet. Stellen wir uns vor, dass die Erde ein Fußball ist; die dicke kontinentale Granitrinde der Erde – das ist die zerrissene Hülle des Balls; die dünne ozeanische Basalt-rinde – die Gummiblase. Wenn man so einen Ball mit heiler Blase aber zerrissener Hülle mit Luft aufpumpt, dann beginnen die Bereiche der Blase, die ohne Hülle sind, sich auszudehnen.

Eben eine solche Ausdehnung der dünnen ozeanischen Rinde im At-lantik unter dem Druck des sich ausweitenden Inneren war auch eine Voraussetzung für den Untergang von Atlantis. Interessant ist, dass auch heute noch diese Region (die Azoren) ein langsames Anheben mit einer Geschwindigkeit von 1cm im Jahr verzeichnet. Beiläufig gesagt, davon, dass sich der Boden in dieser Region hebt, hat schon der Hellseher E. Casey im XIX. Jahrhundert im Zusammenhang mit seinen Informationen über At-lantis gesprochen. In einem Zeitraum von etwa 100 Tausend Jahren, und solche Naturkatastrophen wie mit Atlantis wiederholen sich fast regelmä-ßig alle 100000 Jahre, beträgt die Anhebung des Ozeanbodens bei diesem Tempo etwa einen Kilometer. So dass die Zivilisation der Atlanter, genauer, was zu der Zeit noch übrig geblieben sein wird, in einigen zehntausend Jahren vor den Augen unserer erstaunten Nachkommen aus dem „Wasser-wirbel" heraus kommen kann. Aber was war nun der Grund für den Unter-gang von Atlantis? Auf dem ausgeweiteten abschnitt der ozeanischen Rinde im dünnsten Teil, in der Grabenzone, erreichte die Spannung unter dem Druck des sich ausdehnenden Inneren einen kritischen Wert. Es entstand

233

eine global ausgedehnte Spalte. Das gesamte unter der Rinde angesammelte endogene Gas und ein Teil der geschmolzenen Basaltlava wurden durch diesen Spalt aus dem Inneren in den Ozean geschleudert. Der Bereich der ozeanischen Rinde, der sich schon früher ausgedehnt und sich dadurch über die Oberfläche des Ozeans in Form der der riesigen Insel – Atlantis – erhoben hatte, verlor seine Stütze und sank herab, „versank im Wasserwirbel". Wobei dieser Prozess nicht „einen ganzen schrecklichen Tag" einnahm, sondern bedeutend weniger. Dabei konnte die Senkung der dünnsten Bereiche der ozeanischen Rinde, nach Berechnungen, zwei – drei Kilometer erreichen, stellenweise auch mehr (130, S.356).So hängt der Misserfolg der Suchaktionen von Atlantis vor allem mit der riesigen Tiefe des Untertauchens zusammen, mit einer bedeutend tieferen, als anfangs angenommen.

Die **fünfte Rasse**, die arische, hat ihre Entwicklung mit dem „Höhlen und Wäldern" begonnen. Infolge der Unentwickeltheit des dritten Auges ohne Kontakt zum Informationsfeld des Weltalls, entwickelte sich die Zivilisation der Arier äußerst langsam. Und das, obwohl sich in den Höhlen des Himalaja und Tibets die am höchsten entwickelten Vertreter vergangener Zivilisationen im Zustand Somati befanden, deren Seelen, die sich in der feinstofflichen Welt befanden, sicher die Bewohner der Erde beobachteten, bemüht, keine globale Katastrophe zuzulassen, die fähig wäre, den Planeten zu zerstören.

Man muss bemerken, dass die Information aus der feinstofflichen Welt ständig stattfindet und stattfand, aber diese Information aufnehmen und verstehen konnten nur einzelne hervorragende Persönlichkeiten, solche wie Hermes Trismegistos. General G. G. Ragosin, der sich mit der Untersuchung von Psychoinformationseinwirkung beschäftigt, sagt in seinem Interview für die Zeitung NGN (Nr.20, 1999): „Wenn Sie wollen, leben die Menschen immer unter einem Informationsstrom. Sie spüren ihn nicht, aber er geht durch ihr Bewusstsein. Alle möglichen seltsamen Vorstellungen gelangen so in den Kopf".

Am aktivsten begann die Menschheit systematisiertes Wissen über das Wesen der Welt und des Menschen durch die Propheten zu erhalten, beginnend etwa ab dem

V. Jahrhundert vor der Zeitrechnung. Die großen geistigen Führer erhielten die notwendige Information und brachten sie zu den Menschen: Christus, Buddha, Zarathustra, Moses, Mohammed hatten alles getan, um die Völker des Planeten der Unwissenheit und der Wildnis zu entreißen. Ihre Tätigkeit führte zum Erfolg. Es wurden Religionen geschaffen: die christliche, die buddhistische, die hinduistische, die muselmanische und andere. Jedoch mit der Zeit führte das zur Entstehung von Kriegen auf religiöser Grundlage, die auch heute noch lokal fortgesetzt werden.

Es ist schwierig, den Menschen von außen zu leiten. Im Laufe des Fortschrittes der Evolution und der weiter zunehmenden Entwicklung wird er immer unnachgiebiger gegenüber Vorschlägen von außen und freier, nach seinem Verstand zu handeln, seinen eigenen Wünschen zu folgen. Er macht viele Fehler, und viele würden es wahrscheinlich für gut halten, wenn der Höchste Verstand sie mit Gewalt auf den richtigen Weg bringen würde; aber wenn das so wäre, würde der Mensch nicht lernen richtig zu handeln. Wenn er Gutes nur tun würde, weil er keine andere Wahl hat, oder er keine Möglichkeit hat, anders zu handeln, dann wäre er alles in allem ein Roboter, aber kein von Gott Entwickelter. So, wie ein Baumeister aus seinen Fehlern lernt, indem er sie in den nächsten Bauwerken ausbessert, so lernt auch der Mensch mit Hilfe seiner Fehler und Schmerzen, die sie ihm zufügen, und erwirbt Weisheit.

Ist es nicht für alle von uns, die heute an der Schwelle des dritten Jahrtausends leben, an der Zeit, unsere Weisheit zu zeigen. Denn die Zwischen-

235

ergebnisse der Entwicklung unserer Zivilisation erschüttern: eine kolossale Bedrohung der Existenz des ganzen Planeten – die angesammelten Kernwaffen reichen aus, um die Erde viele (!) Male zu vernichten; die herannahende ökologische Katastrophe des Planeten (wenn wir nicht sprengen, vergiften wir); das Klonen von Menschen; die Umgarnung der Menschheit durch das seinem Wesen nach geistlose Netz des Internets, das Vorhandensein verschiedener Religionen, die, wenn sie auch nicht offen feindlich gegeneinander auftreten, so verhalten sie sich doch äußerst feindselig gegeneinander, erkennen nicht, dass wir alle eine Wurzel haben.

Unwillkürlich denkst du: wie lange wird der Höchste Verstand noch unsere Misshandlung gegen den Planeten dulden, der von Gott und der feinstofflichen Welt Milliarden Jahre geschaffen wurde, den wir unentwegt und beharrlich vernichten? Ist es nicht Zeit für uns alle, innezuhalten, sich umzusehen und zu überlegen? Die göttliche Schönheit der natur zu erkennen, unseren Platz in ihr zu überdenken, die Ziele unseres Daseins überhaupt und auf der Erde im besonderen zu verstehen, unsere Kräfte einzuschätzen und alles, wirklich alles, für die Erhaltung der Welt, des Guten, der Liebe zu geben! Möge immer ein klarer Himmel über unserem Planeten sein! Möge immer die Sonne sein! Mögen immer Kinder sein! Damit unser unsterblicher Geist eine Ort hat, zu dem er zurückkehren kann! Auf den herrlichen, blühenden Planeten und nicht in irgendeine Welt in schwarzen und grauen Tönen!

3.6. DIE FEINSTOFFLICHEN WELT – EINE REALITÄT

Eine verblüffende Bestätigung der Realität der feinstofflichen Welt ist die Existenz des von Professor E. P. Muldaschev entdeckten genetischen Fonds der Menschheit im Himalaja, und die Anwesenheit von Avatar

236

Sathya Sai Baba auf der Welt.

Muldaschev E. P., ein bedeutender russischer Gelehrter mit einem in der Welt bekannten Namen, Doktor der medizinischen Wissenschaften, Professor-Ophthalmologe, ist der Erfinder des chirurgischen Materials „Allplant", das das Gewebewachstum des Menschen anregt. Der Autor selbst sagte in einem Interview mit der Zeitung AuF (Nr.23, 1998): „Alloplant" wird aus Geweben verstorbener Menschen durch eine spezielle Bearbeitung hergestellt. Interessant ist, dass das tote verpflanzte Gewebe Quelle einer unerklärlichen Energie ist. Das wurde durch eine spezielle Apparatur herausgefunden. In der Zeitung AuF (Nr.5, 2000) wird über eine einmalige Operation berichtet, die Muldaschev durchgeführt hat, „Rückkehr zum Licht" bei einem absolut blinden Menschen. Wenn schon nicht von der Juwelierarbeit des Arztes gesprochen wird, ruft das neue Biomaterial, das so bearbeitet wurde, dass an Stelle verschiedener Arten „Alloplant" verschiedene Gewebearten wachsen, Begeisterung hervor. Faktisch ist das ein Stimulator des Wachstums der eigenen Augenteilchen". Und der Gelehrte erklärt, dass die Existenz des bioenergetischen Körpers – eine Kopie des physischen Körpers – schon keine Zweifel mehr hervorruft, jedes Organ, darunter auch das Auge, hat in der Feldstruktur seine Kopie. „Die Netzhaut, die ich verpflanzt habe, hat ihre Kopie, der Sehnerv auch. Und zwischen diesen energetischen Strukturen muss sich ein sehr schneller Kontakt bilden. Das heißt, auf der Ebene der bioenergetischen Wellen muss das Gehirn schon anfangen, eine Information von der verpflanzten Netzhaut eines anderen Menschen zu erhalten! Einwirkend auf das Organ des Menschen, indem er seinen kranken Teil durch das Spenderelement ersetzt, verändert Muldaschev die Torsionsstrahlung jeder Zelle des physischen Auges, im Ergebnis ändert sich der Abdruck des Auges im Ätherkörper, und das Gehirn beginnt die Information von der korrigierten Biofeldstruktur anzunehmen. Welch herrliche Be-

© Тихоплав В.Ю., Тихоплав Т.С., 1999

stätigung für die Ergebnisse der modernen Wissenschaft!

E. P. Muldaschev veröffentlichte ungefähr 300 wissenschaftliche Arbeiten, erhielt 52 Patente Russlands und einiger anderer Länder, führt jedes Jahr 300 – 400 komplizierte Operationen durch. Aber das ist nicht alles. Als Mensch mit einem ungewöhnlich weiten Überblick befasst er sich mit der Untersuchung des Problems der Herkunft des Menschen, organisierte einige Expeditionen nach Indien, Nepal und nach Tibet. Eine seiner Reisen beschreibt er sehr interessant in dem Buch „Von wem stammen wir ab?" Die Ergebnisse dieser einmaligen Expedition gliedern sich vollkommen in den Rahmen der neuen wissenschaftlichen Konzeptionen ein, die in diesem Buch betrachtet wurden. Deshalb waren wir so kühn, einige dieser Ergebnisse im Licht der neuen Konzeptionen darzulegen.

Seine Verbindungen in den ophthalmologischen Kreisen des Ostens nutzend, kam Muldaschev mit hochgestellten religiösen Vertretern und Gelehrten Indiens und Nepals in Kontakt, die ihm halfen, an die Lösung des Geheimnisses der Herkunft der Menschheit zu gehen und zu verstehen, „dass es eine Energie des Bewusstseins gibt, das heißt, die göttliche Energie, aus durch die Verdichtung des Geistes der menschliche Körper geschaffen wurde (43). Diese Energie, die psychische genannt wird, untersuchen die Gelehrten heute (108).

Im Gespräch mit dem großen Gelehrten Swami Daram, der sein Leben der Untersuchung der Religion des Ostens gewidmet hat, erfuhr Muldaschev, dass sich in unserer Zeit Vertreter alter Zivilisationen schon Millionen Jahre im Zustand Somati in den Höhlen des Himalaja befinden – die Lemuroatlanter und die Atlanter. Somati wird als „unbeweglicher Stein"-Zustand des physischen Körpers charakterisiert, während sich Geist und Seele außerhalb des Körpers befinden. Bei der Rückkehr der Seele in den Körper verlässt der Mensch den Zustand Somati und lebt wieder auf, selbst

238

wenn das nach hundert, Tausend oder Millionen Jahren geschieht. Swami Daram sagt über die Seele (32, S.97): „Die Seele - das ein Teil der Energie des Weltalls und sie befindet sich in einem speziell geschwärzten Raum" Die Seele kann ihren Körper verlassen und ihn von der Seite betrachten.

Über den Ausgang der Seele aus dem Körper

Tatsächlich laufen jetzt sowohl im Ausland als auch in Russland intensive Untersuchungen dieses Phänomens. Im Ausland heißt das „Erfahrung außerhalb des Körpers – OVT", und in Russland einfach „Ausgang aus dem Körper – VIT"

VIT wird oft im Zustand des klinischen Todes festgestellt. Zu diesem Thema wurden viele Bücher veröffentlicht, zum Beispiel „das Leben nach dem Leben" von R. Moody, das im November 1975 erschienen ist und gleich zum Bestseller wurde. Es bewegte andere große Gelehrte zur Untersuchung dieser wichtigen Frage und, was sehr wichtig ist, nicht nur leidenschaftliche Anhänger der Position Moodys, sondern auch mindestens so leidenschaftliche Gegner. So hat der Professor der Medizin, der Kardiologe, Doktor Michael Sabom (Emory-Universität USA) eine riesige Forschungsarbeit geleistet mit dem Ziel, der Widerlegung der „unsinnigen" Idee vom Ausgang der Seele aus dem Körper. Er führte eine Reihe genauer Untersuchungen durch, verglich die Berichte der Patienten, die eine zeitweiligen Tod überlebt haben, mit dem, was faktisch in der Zeit geschehen ist, als sie sich auf der „anderen Seite,, befunden hatten und für eine objektive Kontrolle geeignet war. Sabom sammelte und veröffentlichte 116 Fälle, alle waren von ihm persönlich genau überprüft worden. Im Ergebnis bewies Sabom, dass die Seele nach dem Tod des physischen Körpers weiter existiert und die Fähigkeit zu sehen, zu hören und zu fühlen behalten hat. Die Untersuchungen von Moody und Sabom wurden unterstützt durch Dr. Elisabeth

239

Kübler-Ross, D. Kenneth Ring, Dr. Oziz und Haroldson und anderen.

Es zeigte sich, dass man den Ausgang der Seele aus dem Körper nicht nur im Zustand des klinischen Todes beobachten kann, sonder auch zum Beispiel im Trance-Zustand. Dabei ist eine zweifache Kontrolle möglich: einerseits die Seele, die den physischen Körper verlassen hat, kann sich nur in einer vorgegebenen Zone aufhalten und wenn sie zurückgekehrt ist, darüber erzählen, was sie dort beobachtet hat. Andererseits können die Gelehrten, die in dieser Zone eine Apparatur eingerichtet haben, die Anwesenheit der Seele festhalten.

Genau solche Untersuchungen wurden durch Dr. Ch. Tart von der California Universität, Dr. P. Morrison, einer Gruppe für energetische Untersuchungen der Abteilung des Instituts für bioenergetische Analysen und vielen anderen durchgeführt (78, S.194).

Ähnliche Untersuchungen mit Messung der Parameter des physischen Körpers und Registrierung der Astralprojektion (der Seele) wurden auch in Russland durchgeführt. So wurden in der Zeitschrift „Bewusstsein und physische Realität" (1999, Nr.4, Bd.4) im Artikel „Untersuchung ungewöhnlicher Bewusstseinszustände" die Ergebnisse ähnlicher Untersuchungen, die man in der Zeit von 1992 – 1995 im Laboratorium THO auf der Basis der Klinik für Neurochirurgie VMA „S. M. Kirov" erhalten hat, vorgestellt. Über erstaunliche Untersuchungen berichtet O. E. Koekina in ihrem Artikel in der Zeitschrift „Parapsychologie und Psychophysik" (1997, Nr.2, S.41 – 47).

Eine Untersuchungsgruppe von 18 Freiwilligen, die Methoden der Meditation (eine der Formen des Trance-Zustandes) beherrschen. Bei allen Teilnehmern der Untersuchung wurde die Registrierung des Biorhythmus des Gehirns nach 16 monopolaren Standardableitungen entsprechend dem allgemeinen internationalen Standardschema durchgeführt. Im Ergebnis

240

der Untersuchung wurden Reisen außerhalb des Körpers – VIT, begrenzt durch die Stadtbezirke Moskaus, vom Ort der Untersuchung einige Kilometer entfernt oder in andere Städte vermerkt.

Nicht weniger interessante Versuche zur Erforschung des VIT wurden im Institut für Psychologie der Russischen Akademie der Wissenschaften (Parapsychologie und Psychophysik. 1997, Nr.1, S.78-79) durchgeführt und im Institut für Biologie der Russischen Akademie der Wissenschaften wurden vielfach die ungewöhnlichen Fähigkeiten eines Menschen im Trance-Zustand untersucht, darunter auch VIT. Eine große Arbeit zur Untersuchung des VIT führt der Präsident des Fonds für Parapsychologie, der Doktor der medizinischen Wissenschaften A. G. Lee durch.

Der leitende wissenschaftliche Mitarbeiter des IRE der Russischen Akademie der Wissenschaften, Doktor der medizinischen Wissenschaften I. V. Rodshtat schreibt: "Menschen im Zustand VIT führen scheinbar lange Reisen durch, aber ihre Erlebnisse kann man nicht einfach den Halluzinationen zurechnen, weil die Informationen, die sie bei ihren Reisen aufnehmen, eine hohe Glaubwürdigkeit haben (131, S.3). In ihrer Arbeit „Magie des Gehirns und Labyrinthe des Lebens" (S.231) bemerkte N. P. Bechtereva: „Also ob der Körper ohne Seele lebt – ist nur in Bezug auf das so genannte biologische Leben. Im Höchstfall teilweise – er lebt nicht. Aber die Seele lebt ohne Körper – oder es lebt das, was dem Begriff Seele entsprechen kann.

Auf dem alljährlichen Treffen der Amerikanischen Assoziation der Psychiater, das vom 5. – 9. Mai 1980 in San Francisco stattfand, berieten die Gelehrten über die zahlreichen Untersuchungen des VIT. Sie zogen folgende Schlussfolgerungen.

- bei VIT entsteht nicht einfach die Empfindung der Trennung des Be-

241

wusstseins vom Körper – das Bewusstsein trennt sich in seiner ganzen Fülle, so dass man das geschehen besser als Empfindung der vollständigen Absonderung der Persönlichkeit bezeichnen sollte.

– die Persönlichkeit in ihrer ganzen Fülle, einschließlich der beobachtenden und empfangenden Funktionen des Ego geht über in eine andere, vom Gehirn unterschiedliche Lage, aber der materielle Körper sieht dabei aus wie bewegungsunfähig und ohne Bewusstsein. Es entstehen keine Lücken im Bewusstsein, die in Fällen von Hypnose, Träumen u. dgl. verzeichnet werden, im Gegenteil, die Befragten unterstreichen eingeschärftes Selbsterkennen.

Im Artikel „Gibt es Saserkale" veröffentlicht von der Zeitschrift „Terminator" (1995, Nr.1) sagt N. P. Bechtereva: „Der Ausgang der Seele aus dem Körper mit allen Folgeprozessen wird jetzt von einer größeren Anzahl von Personen beobachtet, als für den Beweis der wieder festgestellten physischen Teilchen notwendig sind. Ihr Vorhandensein gilt als bewiesen, wenn ein Zweiter, dem Ersten fern oder nah, sie unter den gleichen Versuchsbedingungen sieht!"

So ist VIT – eine Realität, untersucht und anerkannt von vielen Gelehrten der Welt.

Jedoch der Zustand Somati unterscheidet sich vom einfachen VIT dadurch, dass im letzteren Falle sich der Körper als nicht vorbereitet für eine lange Konservierung erweist. Der indische Gelehrte Swami Daram meint, dass der „unbewegliche Steinzustand" des physischen Körpers durch die Verringerung des Stoffwechsels im Organismus bis auf Null erreicht wird. Das kann durch eine solche Meditation (tiefe Trance) erreicht werden, bei der das Biofeld auf das Wasser im Organismus einwirkt und über diese auf die Wechselprozesse. So dass VIT, wenn man das so ausdrücken darf, ein kurzzeitiges Somati darstellt.

Im Gespräch mit Swami Daram erfuhr Muldaschev, dass sich in den Höhlen des Himalaja noch heute Menschen im Zustand Somati befinden. Im Nepal gelang es ihm, sich mit dem großen Religionsvertreter Bonpo-Lama zu treffen, der mitteilte, „dass für das Eindringen in die Somati-Höhle eine Zutrittserlaubnis gebraucht wird, die die Seelen derer, die in der Höhle sind geben (oder nicht geben).und für den Kontakt mit ihnen gibt es die Meditation, gibt es den Geist. Hier muss noch einmal erinnert werden, dass die Meditation eine Art der Trance-Zustände ist, die nach den Worten des Doktors der medizinischen Wissenschaften E. M. Kostrubin der Eingang in das Informationsfeld der Erde ist"

Das Gespräch mit Vonpo-Lama führte zu einer ganzen Reihe weiterer Treffen, in deren Ergebnis es Muldaschev und seiner Gruppe gelang, den Standort einer dieser Somati-Höhlen und die Namen zweier Menschen, die in der Höhle für Ordnung sorgen, zu erfahren. Im Gespräch mit diesen Menschen stellte sich heraus, dass tatsächlich Vertreter alter Zivilisationen in der Pose Buddha in der Höhle sitzen. Diese Menschen waren einverstanden, Professor Muldaschev zur Höhle zu begleiten.

Leider konnte Muldaschev nicht in den Saal hinein kommen, in dem die „steinernen" Riesen sitzen. Der schützende Psychoinformationseinfluss war so stark, dass, wie er schreibt, „ich verstand, dass ich nicht weitergehen darf, andernfalls tritt der Tod ein".

Das Wesen der Sicherheitsbarriere bestand in einer fernhypnotischen Einwirkung auf den in die Höhle kommenden Menschen. Aus der Sicht der modernen Wissenschaft, Torsionsfelder, die durch den Gedanken des Menschen geschaffen werden und auf das physikalische Vakuum einwirken und sich blitzschnell rundum verbreiten. Wir wissen schon, dass gute Gedanken rechte Torsionsfelder erzeugen, und böse – linke. Das bedeutet, dass die

Seele der Menschen im Somati, die sich außerhalb von ihm befindet und ihren im unbeweglichen Stein-Zustand befindlichen physischen Körper beschützt, fähig ist, die Absichten des Menschen zu analysieren, der in die Höhle kommt. Schon E. Rörich sagte, dass man in das Land Schambala nur mit guten Gedanken gehen kann. Und offensichtlich ist bloße Neugier, selbst ohne böse Absichten, nicht ausreichend, um eine Zutrittserlaubnis für die Höhle zu erhalten. Und ohne Zutrittserlaubnis durchzugehen ist unmöglich.

Während der folgenden Expedition in den Himalaja gelang es den Gelehrten, noch einige Somati-Höhlen zu finden. An einem der Eingänge in die Höhle fotografierten die Gelehrten die Aureolen aller Expeditionsmitglieder mit dem Apparat von Professor K. G. Korotkov. Alle Abbildungen der Aureolen der Menschen, die einige Minuten in der Höhle, direkt am Eingang, gewesen sind, sahen „zerfetzt aus, als ob sie gegessen worden wären". Dabei verspürten die Teilnehmer der Expedition eine große Schwäche. Solche Untersuchungen wurden einige Tage durchgeführt, die Ergebnisse wiederholten sich. Es blieb ohne Zweifel: die Höhle nimmt menschliche Energie (73).

Offensichtlich sind wir, die jetzt leben, noch nicht reif für den Besuch der Höhle.

Jedoch einige tibetanische Lamas, darunter auch der Pantschen-Lama Lobsang Rampa, der später diesen Besuch und sogar seine Empfindungen beim Eintritt in den Somati-Zustand beschrieben hat, waren in den 20er Jahren unseres Jahrhunderts in einer Somati-Höhle (37, S.183).

„ Drei Starzy, drei große Metaphysiker der Welt wollten mich durch die letzte Weihe führen. ... Wir gingen mit zögernden Schritten vorwärts, zitternd und rutschend. Die Luft drückte und bedrückte uns, als ob man uns alle Last der Erde auf die Schultern gelegt hätte. Ich hatte so ein Gefühl,

244

als ob ich ins Zentrum der Welt eindringen würde. Endlich... kamen wir zu einer riesigen Nische,... in ihr sah ich drei Sarkophage aus schwarzem Stein, geschmückt mit Zeichnungen und rätselhaften Aufschriften. Sie waren offen. Als ich einen flüchtigen Blick in das Innere eines von ihnen warf, stockte mir der Atem, und ich fühlte eine große Schwäche.

- Sieh, mein Sohn – sagte einer der Äbte – sie lebten als Götter in unserem Land, als hier noch keine Berge waren. Sie schritten über unser Land als das Meer noch seine Ufer umspülte und andere Sterne an den Himmeln leuchteten. Sieh und vergiss das nicht, denn nur Geweihte haben das gesehen.

Ich gehorchte aufs Wort: ich war bezaubert und zitterte vor Angst. Drei nackte Körper, mit Gold bedeckt, lagen vor mir. Zwei Männer und eine Frau. Jeder Zug von ihnen war deutlich und genau in Gold wiedergegeben. Die Körper waren riesig! Die Frau war über drei Meter groß, aber noch größer waren die Männer gewachsen – nicht weniger als fünf Meter. Sie hatten große Köpfe, nach oben leicht konusförmig, kantige Kiefer, einen nicht großen Mund und schmale Lippen, eine lange und dünne Nase, tief liegende Augen. Man konnte sie nicht für tot halten, es schien, dass sie schliefen.

Der oberste Abt wandte sich zu mir und sagte:

- Du gehst ein in den Kreis der Geweihten. Du wirst das Vergangene sehen und die Zukunft erfahren. Die Prüfung wird schwer. Viele haben sie nicht überlebt und viele erwartete ein Misserfolg. ... Bist du bereit und einverstanden, dich der Prüfung zu unterziehen?

- Ich antwortete, dass ich bereit sei, und sie führten mich zu einer steinernen Platte zwischen den Sarkophagen. Nach ihren Anweisungen setzte ich mich auf die Platte in der Pose Lotos, streckte die Arme hoch, mit den Handflächen nach oben. ... Einer nach dem anderen nahmen die Mönche

245

ihre Öllampen in die Hände und verschwanden. Sie schlossen hinter sich die schwere Tür: ich war allein mit denen, die in den vergangenen Jahrhunderten gelebt hatten. Die Zeit verging. Ich dachte nach. Die Lampe, die ich mitgebracht hatte, zischte und verlosch. ... Es blieb nichts außer der Dunkelheit. Das war eine richtige Grabesstille.

- Unerwartet spannte sich der Körper, die Muskeln schwollen an, die erstarrten Glieder begannen zu vereisen. Es war eine Empfindung, dass ich in diesem alten Grab sterbe, in der Tiefe, mehr als einhundert Meter unter der Erdoberfläche und dem Sonnenlicht. Ein schrecklicher Schlag erschütterte den Körper von innen, ich begann fast zu ersticken. Ein schrecklicher Lärm und ein Knistern drangen an mein Ohr, als ob man getrocknete Haut auf eine Rolle wickelt.

Das Grab begann ein wenig in einem seltsamen blauen Licht zu erstrahlen, so als ob der Mond hinter einem Bergrücken aufgegangen wäre. Das Gleichgewicht, das Erheben, der Fall – mir schien es, dass ich über der Erde fliege. Das Bewusstsein sagte etwas anderes: ich gleite über meinen eigenen physischen Körper. Und obwohl kein Wind war, erhob es mich wie einen Rauchschwaden. Um meinen Kopf bemerkte ich eine leuchtende Strahlung, ähnlich einem goldenen Heiligenschein. Aus der Tiefe meines Körpers zog sich ein blauer Silberfaden, er vibrierte, als wäre er lebendig und spielte mit einem lebhaften Glanz. ... Ich fühlte mich einsam, verlassen, war wie ein Trümmerstück eines Schiffsuntergangs im stürmischen Weltall. Mein Astralkörper schwebte und zitterte wie ein Blatt im starken Sturm...

Allmählich begann sich die tiefe Dämmerung, die mich umgab, zu lichten. Ich hörte das Geräusch des Meeres und das Zischen der ans Ufer laufenden Wellen. Ich atmete Salzluft und spürte einen starken Geruch der Meeresalgen. Die Landschaft, die mich umgab, war mir von irgendwoher

246

bekannt, ich legte mich in den Sand, der von der Sonne erwärmt war und sah auf die Palmen. Aber ein anderer Teil meines Bewusstseins protestierte – ich hatte doch niemals das Meer gesehen, wusste überhaupt nichts von der Existenz von Palmen. ... Nach einiger Zeit wurden die Bilder, die ich sah, trübe und verschwanden. Allmählich begann ich sowohl das physische als auch das astrale Bewusstsein zu verlieren. Als ob unsichtbare Hände sich an mir anklammerten, an dem silbernen Fade zogen und mich herunter zogen, wickelten mich auf wie eine Spule, mit Gewalt schleiften sie mich in diesen kalten leblosen Körper. Nach einiger Zeit verließ mich das unangenehme Gefühl, es wurde so kalt, dass ich mich unwillkürlich daran erinnerte, dass ich auf einer steinernen Grabplatte liege. Mein Gehirn begann fieberhaft zu arbeiten.

– Ja, er ist zu sich gekommen. Er ist in diese Welt zurückgekehrt! Es vergingen noch Minuten. Ein schwaches Licht traf meine Augen. Öllampen. Drei alte Äbte.

– Du hast die Prüfung mit Triumph bestanden, mein Sohn. Drei Tage und Nächte hast du auf dieser Platte gelegen. Du warst tot. Du bist wieder am Leben.

Die hohen Mönche beugten sich über den Sarkophag, nahmen meinen Kopf und die Schultern hoch, drückten meine Kiefer auseinander, und gossen etwas Bitteres in mich hinein. Durch meine Adern, die drei Tage in einer schlafartigen Starre waren, lief ein Feuer.

Wir verließen die Höhle, die ich nie vergessen werde, und die eisige Luft des unterirdischen Gangs umgab uns von neuem".

Also kamen die Gelehrten auf der Grundlage der Angaben, die sie auf den Expeditionen erhielten zu dem Schluss, dass der genetische Fonds der Menschheit auf der Erde existiert, in Form von Menschen verschiedener Zivilisationen im Somati-Zustand, konserviert für Tausende und Millio-

247

nen Jahre, aber fähig, im Falle einer globalen Katastrophe diesen Zustand zu verlassen, um dem Leben auf der Erde eine Fortsetzung zu geben. Die Schaffung des physischen Körpers des Menschen – ist ein schwieriger und langer Prozess. Damit im Falle der vollständigen Vernichtung der Menschheit auf der Erde der Höchste Verstand nicht alles wieder bei Null beginnen muss, ist es logisch anzunehmen, dass er sich mit der Schaffung des genetischen Fonds abgesichert hat.

Nach den Vorstellungen der Gelehrten ist der genetische Fonds der Menschheit – ein ganzes unterirdisches und Unterwasserland mit Menschen verschiedener Zivilisationen, die sich im Somati-Zustand befinden. Diese Menschen befinden sich unter der unmittelbaren Kontrolle des Höchsten Verstandes und sind untereinander durch das Informationsfeld des Weltalls verbunden. Eine Seele, die den Körper verlassen hat, befindet sich mit ihm durch den „silbernen Faden" in Verbindung, über den die Geweihten und die Wunderheiler viel gesprochen haben, den aber die Gelehrten nicht beobachten konnten. Es gab nicht nur keine Fakten, es gab auch keine passenden Hypothesen. Und nun ist so eine Hypothese entstanden.

1981 veröffentlichte der Physiker, korrespondierendes Mitglied der Akademie der Wissenschaften der UdSSR, L. B. Okun in der Zeitschrift „Erfolge der physikalischen Wissenschaften" den umfangreichen Artikel „Der gegenwärtige Zustand und die Perspektiven der Physik höchster Energien" über die neuen Teilchen – die Gluonen. Gluonen – vom englischen Wort glue – der Leim. Er schreibt: „Diese Teilchen können sowohl gewöhnliche als auch elektrisch schwache und starke Wechselwirkungen haben. Das auf dem Beschleuniger erzeugte Paar Q-Teilchen, das entgegen gesetzte Q-Ladungen besitzt, muss durch einen 0-Gluonen-Faden verbunden sein". Und er beschreibt die Eigenschaften der Gluonen-Fäden: sie müssen absolut haltbar sein, sie können unbegrenzt verlängert werden und völlig

248

frei durch Wände, durch berge, durch den Erdball gehen. Dabei darf der Faden nicht dick sein, weil er sich bei größerer Dicke im Gas der Q-Relikt-Gluonen auflösen muss.

Kolossal! Diese Eigenschaften entsprechen genau den Eigenschaften des silbernen Fadens: der Durchmesser etwa 1 – 2 Zoll, besitzt eine absolute Festigkeit, man kann ihn nicht zerreißen, aber er kann sich lösen, wenn die Kräfte seiner Anspannung größer sind als die Kräfte der chemischen Verbindungen, was bei einem tödlichen chemischen Zerfall des physischen Körpers geschieht. Der Gluonenfaden kann sich unbegrenzt verlängern und durch jeden beliebigen Stoff gehen. Dabei bleibt er unsichtbar, weil die Lichtquanten nicht mit den Gluonen in Wechselwirkung stehen, und die Gluonen selbst – sind ähnlich wie die Photonen, nicht so sehr Teilchen wie verbindende Felder. Gegenwärtig werden genügend begründete Annahmen ausgesprochen, dass der „silberne Lebensfaden" am ehesten ein Gluonenfaden ist. So verbindet der silberne Faden zwei Formen des Lebens: in der feinstofflichen Welt (die Seele) und in der physischen Welt (der Körper).

Eine erforderliche Bedingung für Somati ist eine Temperatur von +4° C, die charakteristisch ist für die Räume in den Pyramiden, für dichte Wasserschichten und für Höhlen. Muldaschev ist der Meinung, dass die psychoenergetische Barriere, die die Somati-Höhlen schützt, nicht nur durch die Seelen der Menschen im Somati-Zustand, sondern auch durch Schambala geführt wird, und dass der Existenz der legendären Schambala und des fast unbekannten Landes Agarti zwei Phänomene zugrunde liegen: die Materialisierung und Entmaterialisierung und der genetische Fonds der Menschheit (32, S.327).

Dass die feinstoffliche Welt existiert, ist durch die Wissenschaft überzeugend bewiesen und anerkannt. Die Welt, die parallel zu unserer physischen Welt besteht, lebt nach ihren Gesetzen, die wir bisher nicht kennen.

Zwischen den beiden Welten, die parallel existieren, müssen gegenseitige Übergänge sein. Die feinstoffliche Welt, die Welt der psychischen Energie (die Welt der höchsten Frequenzen) muss gegenseitige Übergänge und Wechselbeziehungen mit der physischen Welt haben, in der Art des Übergangs der Wellenenergie in die Materie und umgekehrt. Folglich muss auch eine Materialisierung des Gedankens und eine Dematerialisierung des Stoffes in den Gedanken existieren. Hier ist es angebracht daran zu erinnern, dass die theoretische Physik eine solche Möglichkeit anerkennt. Das Akademiemitglied G. I. Schipov hat in seinen Arbeiten bewiesen, dass im physikalischen Vakuum Gabelungspunkte existieren. Genügend, um auf sie mit dem „Feld des Bewusstseins" einzuwirken, und das führt im physikalischen Vakuum zur Entstehung nicht nur von Elementarteilchen, sondern auch von komplizierten physischen Objekten" (25, S.103).

Aber die Physik erkennt die Möglichkeit der Materialisierung nicht nur an, der in Indien lebende moderne Heilige Sathya Sai Baba materialisiert.

AVATAR SATHYA SAI BABA

Sathya Sai Baba ist am 23. Novembre 1926 in Puttaparti , einem öden Dorf im Süden Indiens geboren. Ähnlich wie Christus hat Sathya Sai die Familie im Alter vvon dreizehn Jahren verlassen. Im November 1940 war er schon als Avatar (Verkörperung Gottes) verkündigt. Seitdem erfüllt er seine Mission auf der Erde.

1968 schrieb Albert Eckhart: „Der Unterschied zwischen Sai Baba und Jesus Christus besteht darin, dass der erste jetzt lebt und viele Menschen seine Wunder bestätigen, während von den Wundern Jesus Christus nur in der Bibel erzählt wird. Trotzdem sind die Taten beider ähnlich, oft auch gleich.

250

Die Fähigkeiten Sai Babas versetzen in Erstaunen. Er vollbringt unendliche Wunder, indem er in großer Menge alles was man will, materialisiert, vom Brillanten bis zum Wildleder, heilt alle dem Menschen bekannte Krankheiten. Er kann gleichzeitig an mehreren Orten erscheinen, kann die Schwerkraft aufheben, kennt die Gedanken aller und eines jeden, er teleportiert Gegenstände und kann einen Gegenstand in einen anderen umformen, einfach, indem er auf ihn pustet.

Man fragt ihn oft, warum er kein Essen materialisiert, um alle Hungernden der Welt zu speisen, und warum, wenn er Avatar ist, Erdbeben, Hunger und Epidemien erlaubt zu geschehen. Als Antwort mag dienen, dass er in einigen Fällen Essen für die Hungernden materialisiert hat, es hat auch Fälle gegeben, wo er ein negatives Karma eines Menschen abgenommen und die Folgen von Naturkatastrophen, die in Wirklichkeit durch die Eigenliebe und Habsucht der Menschen hervorgerufen wurden, gemildert hat. Und wenn man sich damit im Weltmaßstab beschäftigt, wird das Gesetz des Karmas verletzt, auf dem unser ganzes wahres Sein begründet ist. Die Aufgabe Sathya Sai Babas ist – den Menschen mental zu ändern, damit es dieses Elend überhaupt nicht gibt; selbst wenn er etwas ähnlich dem künstlichen Garten Eden schaffen würde, wir würden diesen, weil wir nicht bereit sind, ihn zu erhalten, im Laufe eines Jahrhunderts in das verwandeln, was wir heute haben.

Ihm wurde die Frage gestellt: „Willst du sagen, dass du heute das Bewusstsein der Menschen auf ein gottähnliches Niveau hebst, damit sie ihr Schicksal selbst entscheiden?" Baba antwortete: „Völlig richtig. Sie teilen mit mir die göttliche Kraft. Ich muss durch sie arbeiten, den in ihnen befindlichen Gott wecken und sie in eine Realität eines höheren Niveaus führen, damit sie Herren der Gesetze und Kräfte der Natur sein können. Wenn ich alles sofort verbessere, die Menschen aber auf dem früheren Niveau des

Bewusstseins lasse, werden sie in kürze alles verderben und einander an die Gurgel gehen – und im Ergebnis herrscht in der Welt das gleiche Chaos".

Der Avatar nimmt menschliche Gestalt an, um die Entwicklung des Menschen auf ein höheres Niveau zu heben, um sie in ein neues Jahrhundert zu führen. „Um einen Ertrinkenden zu retten, - sagt Sai Baba, – muss man ins Wasser springen, das heißt sich verkörpern.

Als er Indien bereiste, musste Muldaschev den Aschram Sai Babas besuchen. In einer der Nummern der Zeitung AuF (43) teilt er seine Eindrücke von der Begegnung mit dem großen Avatar mit.

„Die hauptsächliche Besonderheit Sai Babas – ist die Fähigkeit, den Gedanken „zu materialisieren"

- Haben sie selbst diese Materialisierung beobachtet?

- Ja, während des Vorgangs saßen wir in der ersten Reihe. Sai Baba kam jedes Mal zu uns, hielt seine Hand waagerecht und machte eine – drei Kreisbewegungen In diesem Moment erschien unter seiner Handfläche ein Wölkchen, das sich im Handumdrehen verdichtete und in Asche verwandelte, die in der Luft unter der Handfläche hing. Sai Baba nahm diese Asche mit einer leichten Bewegung in die Hand und schüttete sie in die entgegen gestreckte Hand des Pilgers. Dabei wurde die Asche nicht einfach gestreut, sondern wie ein Strahl unter Druck aus dem Raum zwischen den geschlossenen Fingern nach unten kam. Bei mir hat diese Asche auf der Handfläche einen gleichmäßigen Berg gebildet. ... Alles geschieht nicht auf der Bühne, sondern direkt vor den Augen der in der Pose Buddha sitzenden Pilger".

Es muss noch gesagt werden, dass diese Asche, Vibuchti genannt, praktisch alle Krankheiten heilt.

Muldaschev spricht auch darüber, dass er „die Grundinformation von vier Stellvertretern Sai Babas erhalten hat, denen aufgetragen war, mit mir zu sprechen. Es zeigte sich, dass jeder von ihnen ein Wissenschaftler von

252

hohem Niveau ist. Das Gespräch begann damit, dass man mich im Laufe einer Stunde wie einen Schüler zu Fragen der Herkunft der Menschheit und der mentalen Aspekte des Universums examiniert hat. Dann folgte 3-5 Stunden ein vertrauensvolles Gespräch".

Der bekannte englische Schriftsteller Ron Leng, der vom Phänomen Sai Baba stark beeindruckt war, schreibt, als er den Prozess der Materialisierung der Asche beschreibt, dass diese Asche nach Form, Geschmack, Geruch und Farbe unterschiedlich ist. Sie kann grob gestreut sein, mit würfelförmigen Teilchen oder fein pudrig, süß oder ohne Geschmack, wohlriechend oder scharf, beißend, weiß, grau oder grünlich. Professor Kasturi hat einmal ausgerechnet, dass Sai Baba bis 1970 insgesamt fünf Tonnen Vibuchti erzeugt haben muss. Zum jetzigen Zeitpunkt kann diese Zahl wohl verdoppelt werden.

Der Direktor des Fonds „Sathya Universal" in St. Petersburg, Alexander Zejko, erzählte im Interview für die Zeitung „Chas pik" (Nr.42 vom 27. Oktober 1993), dass eine Gruppe russischer Pilger im Aschram Sai Babas war und die Prozesse der Materialisierung mit eigenen Augen gesehen und sogar „selbst daran teilgenommen hat".

- Er fragte mich, ob ich ein Christ sei, und vor meinen Augen materialisierte er einen wunderbar schönen silbernen Ring mit einem goldenen Kreuz.

- Wie?

- Er macht eine Handbewegung und nimmt direkt aus der Luft verschiedene Gegenstände. Einer Frau aus unserer Gruppe materialisierte Sai Baba einen Schivilingam-Stein, der ein Modell des Weltalls mit der leuchtenden Darstellung Swamis darin war. Mich fragte er noch einmal aufmerksam: „Also bist du ein Christ?" – „Nachdem ich dich getroffen habe, weiß ich nicht – Christ, Buddhist, Muselman". Er fragte: "Also mit Kreuz oder mit

Swami?" Ich antwortete: „Mit dir". Er nahm den Ring, hielt ihn mir direkt vor die Nase und pustete auf ihn. Vor meinen Augen begann sich das Metall zu verändern, und das Kreuz wandelte sich um in das Porträt Bhagavan Sathya Sai Babas.

Ja, wir, lieber Leser, haben ein unsägliches Glück. Wir sind zeitgenossen eines Gottesmenschen, der auf der Erde lebt, wie die, die zur Zeit Christi lebten. Und jeder, der die Möglichkeit hat, kann nach Indien fliegen und mit jeder seiner Zellen die Ewigkeit berühren!

Also sind die Materialisation und die Entmaterialisation reale Phänomene! Wenn auch die moderne Physik die Fragen der Materialisation bisher nur theoretisch erörtert, ist sie voll zur Untersuchung der Teleportation gegangen – des augenblicklichen Platzwechsels im Raum.

ÜBER DIE TELEPORTATION

Als er die Legende von Schambala beschrieb, bemerkte N. R. Roerich, dass man im Bereich des Eingangs zu Schambala Menschen sehen kann, die wer weiß woher auf die unzugänglichen umgebenden Felsen gekommen sind und ebenso rätselhaft verschwinden. In solchen Fällen kann man über die Fähigkeit der rätselhaften Menschen zur Teleportation denken.

Und was hat die Wissenschaft zu diesem Thema?

Es zeigte sich, dass die Wissenschaftler die Teleportation schon 1935 vorhergesagt hatten. 1997 wurde diese wissenschaftliche Voraussicht in einem Experiment blendend bestätigt. Unter der Leitung Anton Sailiners wurde in der Universität der österreichischen Stadt Innsbruck erstmalig die Teleportation eines Photons durchgeführt. Danach haben das die Italiener wiederholt, und vor kurzem – die Amerikaner.

Die Physiker hatten theoretisch vorausgesagt, dass es möglich ist, so

254

genannte „verbundene" Photonen zu erhalten – gewisse „verleibte Paare" elektromagnetischer Teilchen. Wenn man diese Paare trennt, bleibt zwischen den Hälften, gleich wohin das Schicksal sie verschlägt, sei es auch an die entgegen gesetzten Enden des Weltalls (Einsteins Nicht-Lokalität, die durch die Torsionsfelder erklärt wird), eine Energieinformationsverbindung bestehen. Und wenn sich die „Lebensumstände" eines Photons total verändern, spiegelt sich das augenblicklich auf das andere. Wenn zum Beispiel eine Hälfte, die rechtsdrehende „stirbt" (sich dematerialisiert), ändert das „linke" Photon sofort seine Umdrehungsrichtung in die entgegen gesetzte, als ob es das umgekommene Photon ersetzen würde. Nach Meinung der Wissenschaftler ist das ein elementarer Akt der Teleportation.

Und nun haben vor kurzem ausländische Forscher mit viel Mühe eine kleine Anzahl „verbundener" Photonen erhalten, haben sie in Hälften geteilt und zueinander auf einen Abstand gebracht. Indem sie die Parameter der Photonen in einer Gruppe stark veränderten, provozierten die Forscher deren „Tod". Aber die Lichtträger verschwanden nicht spurlos, sie übermittelten ihren Zustand den Photonen der anderen Gruppe.

Aber die russischen Wissenschaftler unter der Leitung des Akademiemitglieds P. P. Garjaev machten das viel eleganter. Sie hatten kein Geld um grandiose Anlagen zu schaffen, in denen außerdem die Teleportation der Photonen nur als sehr schwacher Effekt festzustellen ist. Auf ihrem Labortisch bauten sie einen gewissen Inkubator, wo man Treibhausbedingungen für die Entstehung verbundener Photonen schuf (60, S.3). Hier macht wirklich die Not erfinderisch! Mit Hilfe eines Spiegelsystems wird ein Laserstrahl neuen Typs vielfach reflektiert und erzeugt komplizierte Lichtwellen. Und in ihnen werden ununterbrochen „verbundene" Photonen erzeugt, die in „linke" und „rechte" geteilt und durch verschiedene Kanäle geschickt werden. Zwischen diesen Photonen und den von ihnen erzeugten Funkwel-

255

len beginnen sehr interessante Wechselwirkungen.

Wenn man zum Beispiel auf den Weg des Laserstrahls ein kleines Gefäß mit einer Ginseng-Lösung stellt, nimmt der Strahl die Information dieser Heilpflanze auf. Unter der Wirkung dieser Information beginnt ein massenhaftes Photonensterben. Aber ehe sie sich dematerialisieren und in einem anderen Strahl wieder auferstehen (und das ist etwas Neues), übergeben sie an den Funkäther Mitteilungen über die Umstände ihres Untergangs, das heißt, die Wellencharakteristik des Ginseng. Diese schwachen Signale fängt ein Empfindlicher Radioempfänger auf, verstärkt sie und ermöglicht es, die „Musik" des Ginseng zu hören.

Laser arbeitet auf einer Wellenlänge weniger als ein Mikron, aber der Radioempfänger ist auf Kilometerwellen eingestellt, die bei der Teleportation des Photons ausgestrahlt werden. Folglich wird die Information über Ginseng aus einem Frequenzspektrum in ein anderes übertragen, beide unterscheiden sich in ihren Frequenzen milliardenfach. Von so einem gigantischen Sprung haben nicht einmal die Vorfahren unserer Gelehrten geträumt. So erhielt Professor Raman den Nobelpreis dafür, dass er Photonen von einer Frequenz über einen nicht großen Abschnitt der Lichtwellenlänge in eine andere übertragen hat. Aber die russischen Gelehrten gingen viel weiter: mit einem Schlag überflogen sie das ganze Lichtspektrum und gingen in den hohen Bereich der Funkwellen. Sie stellten erstmalig eine gewisse Teleportation der zweiten Art fest: sterbende Photonen stehen als Funkwellen wieder auf.

Nach der Meinung von P. P. Garjaev „eröffnet diese Erscheinung vor der Wissenschaft grandiose Perspektiven. Auf ihrer Grundlage wird es möglich Lichtfunkwellenkopien beliebiger Objekte zu machen und sie praktisch augenblicklich über große Entfernungen zu senden. Diese Möglichkeit erklärt sich dadurch, dass Lichtfunkwellenkopien eine Information darstellen, die

256

in den Torsionsfeldern geschrieben wurde, und das physikalische Vakuum ermöglicht es, die Information blitzschnell über beliebige Entfernungen ohne Energieverbrauch zu senden.

Die Vorhersagen der westlichen Wissenschaftler beziehen sich nur auf Elementarteilchen, bestenfalls auf Atome. Aber die Moskauer Wissenschaftler halten die Teleportation von Gegenständen oder sogar Lebewesen für völlig real. Auf ihrer Anlage haben sie schon Wellenkopien kleiner Objekte hergestellt. „Im Prinzip kann man auch den Menschen mit Licht „aufzeichnen", ihn in Funkwellen zerlegen, und in dieser Form hinschicken, wohin man will. Und danach kann man dieses Funkporträt wieder in eine Lichtgestalt umwandeln" (60, S.4).

Also erkennt die Wissenschaft die Möglichkeit der Teleportation von Gegenständen und Menschen an und arbeitet intensiv in dieser Richtung.

Aber kehren wir zu Schambala und Agarti zurück. Die Fähigkeit der Teleportation hilft den Vertretern dieser unterirdischen Länder, beliebige Hindernisse zu überwinden, und die Fähigkeit, alles was sie brauchen zu materialisieren, erlaubt ihnen ein Leben zu leben, unabhängig von irdischen Bedingungen.

Wie viele Wissenschaftler und geistige Persönlichkeiten annehmen, ist Schambala der unsichtbare Führer des Lebens der Erde und ihrer Bewohner, aber Muldaschev ist überzeugt, dass Schambala auch den genetischen Fonds der Menschheit kontrolliert, Agarti ist das Zentrum der technogenen unterirdischen Zivilisation der Lemurianer.

Diese Annahme über Agarti wird durch Meldungen bestätigt, die L. Rampa in seinem Buch „Die Höhlen der Alten" veröffentlicht hat. (104, S.123)

Vor vielen Jahren wurde im Ergebnis einer Felslawine auf den Berghängen Tibets der Eingang in eine Höhle gefunden, die die tibetanischen

Mönche nach ihrem Besuch „Die Höhle der Alten" zu nennen begannen. In dieser Höhle ist auch L. Rampa mit einer Gruppe Lamas gewesen. In dem Buch beschreibt er genau die große Anzahl der Maschinen und Mechanismen, holografischer Bilder, die erstaunliche Beleuchtung der Höhle, die viele Jahrtausende funktioniert. Als die Menschen die Höhle verließen, verschütteten sie den Eingang mit Steinen. Die Höhle ist für die Welt wieder verschwunden, bis zu der Zeit, wo Menschen guten Willens und hohen Intellekts wieder dahin kommen.

Nicht nur einmal unternahmen Menschen Versuche, in die Geheimnisse von Schambala einzudringen (von Agarti wussten sie fast nichts), wozu Expeditionen in den Himalaja organisiert wurden. Unter ihnen waren auch einfache Abenteurer, aber am meisten waren wahre Geist suchende Pilger, die hofften, das Heilige Kloster zu erreichen und sich ihm anzuschließen. Aber die ersten hatten keine Chance es zu erreichen, weil sich Schambala vor müßigen Neugierigen zu schützen wusste: besonders Hartnäckige unter ihnen, die die unsichtbaren, aber unüberwindlichen Mauern überwinden wollten, die sich vor ihnen aufrichteten, blieben für immer in den Bergen. Von den zweiten hat die Geschichte die Namen nur einiger weniger bewahrt, die durch ihr offenes und strebsames Leben das Recht verdient hatten, in dieses Geistige Kloster gelassen zu werden. Diese Ehre wurde zum Beispiel E. P. Blavatskaya, Charles Webster Ledbitor, und in unserem Jahrhundert E. I. und N. K. Roerich als wahren Streitern des Geistes zuerkannt.

Frau Blavatskaya erklärte, dass sie, als sie in Tibet lebte, sich viele Monate mit Lehrern unterhalten hat, dass sie sich von ihrem persönlichen Lehrer Morij die okkulte Lehre angeeignet hat, die sie schon lange kennen lernen wollte und die sie dann der Welt in ihren gigantischen Arbeiten „Die entlarvte Isida" und „Die geheime Doktrin" und über die Sektion für Geweihte eröffnet hat" (101, S.10)

Schambala – ist der bevollmächtigte Vertreter des Höchsten Verstandes auf der Erde. Schambala studiert nicht nur unsere Zivilisation, es sichert uns. Es ist der Schutzengel unseres Planeten und seine Vertreter schützen unsichtbar jeden von uns entsprechend den Gesetzen des Karma.

„Karma – das sind die Informationsverbindungen in der feinstofflichen Welt". G. I. Schipov (108).

Aber man muss nicht in den Himalaja fahren um dieses legendäre Land, das Heilige Kloster zu suchen. Jeder von uns hat in seiner Seele sein Schambala, man muss nur in sich den Weg finden, der zu ihm führt und unentwegt vorwärts gehen.

259

DER WEG ZUM TEMPEL

(ABSCHLUSS)

Also, die Wissenschaft hat die Existenz der feinstofflichen Welt anerkannt, das Bewusstsein des Weltalls, der feinen Körper des Menschen, hat dem menschlichen Bewusstsein, das ein Teil des Bewusstseins des Weltalls ist, eine physische Erklärung gegeben, hat die Begriffe Seele, Geist und psychische Energie erklärt.

Einmalige Ergebnisse, theoretisch vorher gesagt, experimentell bestätigt, und praktisch erhalten im Zuge der Himalaja-Expeditionen Von Professor E. R. Muldaschev, die alle Zweifel an der Unsterblichkeit der Seele des Menschen restlos beseitigt haben. Schon der Apostel Paulus hat in seinem zweiten Brief an die Korinther gesagt IV, 16 (48, S.221): „darum werden wir nicht müde; wenn unser äußerer Mensch vergeht, wird der innere von Tag zu Tag erneuert" und weiterV,1 und 2: „Denn wir wissen, wenn unser irdisches Haus , diese Hütte, zerstört wird, haben wir eine Wohnstätte von Gott im Himmel, ein Haus, nicht von Händen gebaut, das ewig ist".

Der Geist geht zur Erde. Wozu? Was braucht er in dieser dichten, schwierigen physischen Welt?

Auf diese Frage antwortet Anni Besant so (41, S.10): „Der Mensch ist ein mentales Wesen, kleidet sich in einen Körper, um Erfahrung zu erwerben in den unteren materiellen Welten mit dem Ziel, sie zu beherrschen und über sie zu herrschen, und später seinen Platz in den schöpferischen und leitenden Hierarchien des Weltalls einzunehmen".

Der Geist erscheint in der Welt durch das Tor der Geburt, kleidet sich in den physischen Körper, so wie der Mensch die Oberbekleidung anzieht, wenn er über die Schwelle seines Hauses geht. Wenn der physische Körper seinen Dienst geleistet hat, wirft der Geist die Lebenshülle weg, wenn er durch das Tor des Todes geht und in die feinstoffliche Welt eingeht.

Als vor unzähligen Jahren unsere Geister auf diese Welt kamen, kannten sie weder das Gute noch das Böse, sie hatten die unbegrenzten Möglichleiten der Entwicklung, oder sie waren göttlicher Herkunft, aber als Antwort auf alle äußeren Stimuli konnten sie nur schwach vibrieren. Alle Kräfte, die in ihnen im verborgenen Zustand ruhten, mussten für das aktive Erscheinen dank den Erlebnissen in der physischen Welt geweckt werden. Auf dem Wege der Vergnügungen und der Leiden, der Freuden und des Kummers, auf dem Weg der abwechselnd richtigen Schritte und der Fehler, der Fortschritte und Niederlagen, der Erfolge und Enttäuschungen beginnt der Geist die Gesetze zu erkennen, die nicht verletzt werden dürfen, und entwickelt eine der in ihm verborgenen Fähigkeiten nach der anderen für ein mentales und moralisches Leben.

Nach jedem kurzen Eintauchen in das Meer des physischen Lebens kehrt der Mensch in die feinstoffliche Welt zurück, beladen mit den gesammelten Erfahrungen. In dieser feinstofflichen Welt verwandelt sich die gesamte Information, die von ihm im Laufe des eben erst vollendeten irdischen Lebens gesammelt wurde, in moralische und mentale Kräfte; wobei die Bestrebungen in die Fähigkeit der Verwirklichung übergehen, die Lehren aller gemachten Fehler wandeln sich in Vorsicht und Weitsicht, die erlittenen Leiden – in Ausdauer und Geduld, die begangenen Fehler und Sünden – in die Abkehr von törichten Taten, und die gesamte Summe der Erfahrung – in Weisheit! Nach dem wahren Ausspruch von Edward Carpenter: „Alle Leiden, die ich in dem einen Körper ertragen habe, haben sich in Kräfte verwandelt, die ich in dem anderen habe" (41, S.31).

Wenn die Aneignung der gesammelten Erfahrung zu Ende geht, kehrt der Mensch wieder auf die Erde zurück; er geht wieder in die Rasse, in das Volk, in die Familie, der bevorsteht, ihm einen neuen physischen Körper zu geben, gebaut entsprechend seinen früheren „Verdiensten" und den künftigen Anforderungen für eine vollere Verwirklichung bei der Entdeckung der mentalen Kräfte.

Und nicht zufällig, lieber Leser, haben wir für diese konkrete Darstellung Russland ausgewählt. Dazu noch in für Russland schwierigen Zeiten!

Uns ist die einmalige Möglichkeit geboten, solche Erfahrungen zu erwerben, für deren Erwerb an einem beliebigen anderen Ort möglicherweise Jahrtausende gebraucht würden. Ja, es ist schwierig! Ja, es ist schwer! Aber wir sind gerade deswegen hierher gekommen, auf die Erde, um in Ehren und mit Liebe durch diese schwierige und schwere Phase unserer Evolution zu gehen! Und nicht dazu, um lodernd vor Wut und Hass oder Gleichgültigkeit verbreitend, von dem schwierigen und steilen Hang nach unten zu rutschen und die Aufgabe der Evolution, die uns vom Höchsten Verstand aufgetragen wurde, nicht zu erfüllen. Wir müssen immer daran denken, dass wir uns jede Sekunde unter Seiner ständigen und genauen Beobachtung befinden!

Und es ist kein Zufall, dass alle auf der Erde existierenden Religionen die Liebe als Grundlage des Lebens und des Fortschritts propagieren. Gerade die Güte und die Liebe – sind der wichtige und schöpferische Beginn im Leben des Menschen, weil er nur durch Güte und Liebe die Energie der feinstofflichen Welt beherrschen kann.

Aber sich selbst lieben ist unsinnig, weil die Eigenliebe – eine negative Eigenschaft ist. Man muss lernen, die Menschen zu lieben und ihnen zu vergeben, mit ihnen zu fühlen, ihnen die Wärme seiner Seele zu schenken!

Jesus Christus sagt in der Bergpredigt (41, S.5, Neues Testament): „Liebt eure Feinde, segnet die, die euch verfluchen, tut denen Gutes, die euch hassen und betet für die, die euch beleidigen und verfolgen, damit ihr Söhne eures Himmlischen Vaters werdet". Der Weg zu Gott führt über Liebe und Güte!

Um Liebe und Güte zu lehren geht der Mensch wieder und wieder auf die Erde. Für jeden ist sehr wichtig das zu verstehen, wichtig ist, den Weg seiner evolutionären Entwicklung zu erkennen, das Endziel zu sehen.

„Wenn wir uns in Gedanken auf einen solchen Platz stellen könnten, von dem aus man den Lauf der gesamten Evolution der sich entwickelnden Menschheit überblicken könnte, würden wir folgendes Bild sehen.

Wir würden im Raum eine sich hoch erhebenden Berg sehen, einen sich rund um diesen Berg zum Gipfel windenden Weg. Dieser Weg führt viele Male um den Berg, und an jeder Biegung des Weges ist ein Rastplatz, wo sich die erschöpften Wanderer ausruhen können. Der Weg führt in Spiralen immer höher und höher, direkt bis zum Gipfel, wo ein Tempel aus weißem Marmor steht: er leuchtet hell vor dem blauen Äther. Dieser Tempel – ist das Ziel des Weges, und die, die in ihn hineingingen, haben ihre Bergwanderung beendet, und bleiben dort nur, um denen zu helfen, die noch nach oben gehen.

Auf dem Bergweg bewegt sich langsam, Schritt für Schritt, eine Menschenmenge nach oben, so langsam, dass ihre Bewegung fast nicht zu bemerken ist. Diese seit Jahren vor sich gehende Bewegung scheint so langsam, so ermüdend und schwer, dass du dich über die Geduld und den Mut der Pilger wunderst. Millionen Jahre vergehen auf dem Weg, Millionen Jahre bewegt sich der Pilger unaufhörlich auf den Berg nach oben, und im Laufe dieser Jahrhunderte erlebt der Wanderer eine endlose Zahl von Leben und fährt fort, sich Schritt für Schritt nach oben zu bewegen.

Wenn man auf sie schaut, kommt unwillkürlich der Gedanke, dass sie so langsam gehen, weil sie ihr Ziel nicht sehen und nicht die Richtung erkennen, in die sie sich bewegen. Es ist ermüdend, auf diesen schrecklich langsamen Zug der Menschen zu schauen und unwillkürlich fragst du dich: „Warum heben sie nicht den Blick und versuchen die Richtung zu verstehen, in die sie gehen müssen?"

Übrigens führt nicht nur ein spiralförmiger Weg zum Tempel; von vielen Punkten aus erheben sich Pfade, die direkt nach oben führen, auf denen kräftige und mutige Wanderer nach oben gehen können, wenn ihnen der Mut und die Kraft reichen.

Den ersten Schritt auf dem direkten Weg zum Tempel macht der Wanderer dann, wenn seine Seele, die sich Millionen Jahre spontan auf dem spiralförmigen Weg nach oben bewegt hat, versteht, dass sein Weg ein Ziel hat: er erhebt den Blick und sieht augenblicklich den Gipfel, vom hellen Licht beschienen, das von dem weißen Tempel ausgeht. Nach dieser blitzartigen Entdeckung wird er niemals mehr der bleiben, der er gewesen ist: er hat das Ziel und das Ende des Weges gesehen.

Nur für einen Augenblick leuchtete vor der Seele ein heller Lichtstrahl ... , aber hat die Seele schon einmal das Licht gesehen, war sie schon einmal erleuchtet vom Licht des Endziels, dann bleibt in ihr immer das Bestreben, auf einen steilen Weg zu treten und den direkten weg zum Tempel zu gehen.

Die, die, wenn auch nur für einen Moment, das Ziel und den Sinn des Lebens erkannt haben, beginnen mit größerer Überzeugung nach oben zu gehen.

Sie gehen in der ersten Reihe, so, als ob sie die Menge der übrigen Pilger führten. Sie gehen schneller, weil sie das Ziel vor sich sehen, die Richtung kennen und versuchen, ihr Leben zu überdenken. Sie beginnen sich zu erziehen und versuchen, den Kameraden zu helfen, strecken ihnen die Hand der Hilfe entgegen und bringen sie schneller vorwärts (41, S.122).

Halte uns nicht für unbescheiden, lieber Leser, aber genau das ist das

Ziel unseres Buches. Wir wollen aufrichtig allen Suchenden helfen, den Tempel zu sehen, der im blauen Äther leuchtet, das Ziel ihres Weges zu sehen und vielleicht diesen Weg zu finden, der direkt nach oben führt!

Mit Gott!

LITERATUR

1. *Tolkachev P.S.* Über die geistigen Ursachen der globalen ökologischen Krise // Bewusstsein und physische Realität. 1999, Bd.4, Nr.1 S.2 - 9

2. *Marinov V.* Drei Fragen über die Religion // Wissenschaft und Religion. 1989, Nr.7, S.18 - 19

3. *Dulnev G. N.* Von Newton und der Thermodynamik zur Bioenergoinformatik // Bewusstsein und physische Realität. 1996, Bd.1, Nr.1- 2, S.93 – 97

4. *Kulakov Ju. I.* Synthese von Wissenschaft und Religion // Bewusstsein und physische Realität. 1997, Bd.2, Nr.2, S.1 – 14

5. *Ganichev V.* Wann treffen sich Glaube und Wissen // Wunder und Abenteuer, 1998, Nr.10, S.6-10

6. *Sorokin Pitirim* Die Geschichte wartet nicht, sie stellt ein Ultimatum // Wissenschaft und Leben. 1989. Nr.10, S. 54 – 55

7. *Moiseev N. N.* Philosophie des Überlebens // Terminator, 1997, Nr.2, S.18 – 20

8. *Romanov A.* Endlose Suche nach der Wahrheit // Wissenschaft und Religion, 1988, Nr.9, S.4 - 6

9. *Volchenko V. N.* Die Annahme des Schöpfers durch die moderne Wissenschaft //Bewusstsein und physische Realität. 1997, Bd.2, Nr.1 S.1 – 7

10. *Akimov A. E.* Torsionsfelder der feinstofflichen Welt // Terminator, 1996, Nr.1-2, S.10 – 13

11. *Akimov A. E.* Die Physik erkennt den Superverstand an // Wunder und Abenteuer, 1996, D 5, S. 24 - 27

12. *Kasjutinskij V. V.* Das Problem des Anfangs der Welt in der Wissenschaft, der Theologie und der Philosophie // Erde und Weltall, 1992, Nr.4, S.39 – 43.

13. *Bericht* über die Konferenz „Wissenschaft an der Schwelle des XXI. Jahrhunderts – neue Paradigmen // Bewusstsein und physische Realität. 1996, Bd.1, Nr.1-2, S.116 – 118

14. *Akimov A. E.*, Bewusstsein, Physik, Torsionsfelder und Torsionstechnologien // *Schipov G. I.* Bewusstsein und physische Realität. 1996, Bd.1, Nr.1 -2, S. 66 – 72

15. *Akimov A. E.* Die fünfte fundamentale Wechselwirkung // Terminator, 1994, Nr. 2-3, S. 21 – 23

16. *Akimov A. E.* Heuristische Erörterung des Problems der Suche neuer Fernwirkungen. BQS – Konzeptionen // Bewusstsein und physische Welt. - Ausgabe 1 – M.: Agentur „Yachtsmen" 1995, S. 36 – 84

17. *Akimov A. E.* Die Schaffung der Torsionstechnologien verhindert die Apokalypse //Wunder und Abenteuer. 1998, Nr. 7, S.11

18. Physikalisches Wörterbuch. – M.: Sowj. Enzyklopädie, 1984, 944 S.

19. *Chumachenko N. V.* Über die neue Etappe der Entwicklung der theoretischen Physik. Materialien der IV. Internationalen Konferenz, 16. – 21. September 1996, St. Petersburg: Für Polytechniker 1997. S. 322 – 325

20. *Brusin L. D.* Die Illusion Einsteins und die Realität Newtons. // – 2. Ausgabe, – *Brusin S. D. M.*, 1993. - 88 S.

21. *Strelkov V.* Die neue Realität – das Äther-Weltall // Wunder und Abenteuer 1998, Nr. 7, S. 26 – 28

22. *Kalenikip S.* Der kosmische Navigator // Wissenschaft und Religion. 1998, Nr.5, S. 26 – 29

23. *Dulnev G. N.* Die Möglichkeit der feinstofflichen Welt // Terminator. 1996, Nr.5/6, S.67 – 70

24. *Akimov A. E.* Über die Physik und die Psychophysik // Bewusstsein und physische . Binej V. I.   Welt. - Ausgabe 1 – M.: Agentur „Yachtsmen" 1995, S. 105 – 125

25. *Schipov G. I.* Erscheinungen der Psychophysik und die Theorie des physikalischen Vakuums // Bewusstsein und physische Welt. Ausgabe 1 – M.: Agentur „Yachtsmen" 1995, S. 86 – 103

26. *Schipov G. I.* Theorie des physikalischen Vakuums – M.: MNTZ VENT, 1992. T.1. Vorabdruck Nr.30. – 63 S.; T.2, Vorabdruck Nr.31. – 66 S., T.3, Vorabdruck Nr. 32. – 72 S.

27. *Kleines Fremdwörterbuch.* – M.: Sowj. Enzyklopädie, 1968, - 384 S.

28. *Misun Ju. G.* Gott, Seele , Unsterblichkeit, – Murmansk: „Sever", 1992. – 331 S. *Misun Ju. V.*

29. *Plykin V. D.* Am Anfang war das Wort oder die Spur auf dem Wasser. – Ishevsk:Verlag der Udmurtischen Universität, 1995, - 41 S.

30. *Volchenko V. N.* Die geistige Ökoethik in der Welt des Bewusstseins und im Internet // Bewusstsein und physische Realität. – 1997. Bd.2, Nr.4, S. 1 – 14

31. *Akimov A. E.* Torsionsfelder und ihre experimentelle Entwicklung // *Schipov G. I.* Bewusstsein und physische Realität. – 1996. Bd.1, Nr.3, S. 28 – 43

32. *Muldaschev E. R.* Von wem stammen wir ab? – M.: „Press Ltd" , 1999, 440 S.

33. *Akimov A. E., Tarasenko V. Ja.* Simulationen polarisierter Zustände des physikalischen Vakuums und Torsionsfelder, EGS-Konzeptionen. – M.: MNTZ VENT, Vorabdruck Nr.7, 1991. - 31 S.

34. *Kondakov N. I.* Logik-Wörterbuch Handbuch. – M.: „Nauka", 1976. – 717 S.

35. *Silin A. A.* Auf dem Weg von der Kenntnis der Natur zu ihrer Er-schaffung // Bewusstsein und physische Realität. – 1998. – Bd. 3. – Nr. 3.- S.3 – 14

36. *Gunnar Frederikson.* Bewusstsein, das die Welt schafft? // Neue

Welt Impuls, 1996, Nr.1 S.12 - 14

37. *Lobsang Rampa* Das dritte Auge // Osten und Westen über das Leben nach dem Tod. – St. Petersburg: Lenisdat. 1993. – S.5 -190

38. *Schigareva Ju.* Werden die Gelehrten im „Tal des Todes" überleben // AuF. 1999, Nr.41

39. *Mitteilung* über die Internationale Konferenz „Realität der feinstofflichen Welt", 9.-10. September 1994 in St. Petersburg. // Terminator. 1995. Nr.1. S.48 – 50

40. *Jarzev V. V.* Die Eigenschaft des Menschen, durch Energie und Information die Zellen seines physischen Körpers zu vereinen // Bewusstsein und physische Realität. 1998. Bd.3 Nr.4. S.52 – 58

41. *Anna Besant.* Rätsel des Lebens und wie die Theosophie darauf antwortet. – M.: „Intergraph Service", 1994. – 270 S.

42. *Antony Merton.* Einführung in die Theosophie. feinstoffliche Pläne. – M.: „Veligor", 1998. -225 S.

43. *Muldaschev E. R.* Wo sind die Quellen der Menschheit? // AuF. 1998. Nr. 23

44. *Kukovjakin V.* Wer von uns ist ein Zombi? // An der Grenze des Unmöglichen. 1995. Nr. 5. S.6

45. *Leskov S.* Die Seele ist entziffert // Iswestija. 1997. 26. Februar

46. *Borosdin E. K.* Über die Eigenschaften des Lebenden // Bewusstsein und physische *Martynova A. Ju.* Realität.1997. Bd.2. Nr.4. S.53 – 63

47. *Klisovskij A. I.* Grundlagen der Weltauffassung der neuen Epoche. – Minsk: MOGA N – VIDA N, 1985, - 810 S.

48. *Bibel.* Heilige Schrift, Altes und Neues Testament. – Kanonische Bibelgesellschaft. 1993

49. *Uspenskij P. D.* Das neue Modell des Weltalls/ Übers. aus d. Englischen. – St. Petersburg: Verlag Chernyscheva, 1993, - 560 S.

50. *Polikarpov V.S.* Das Phänomen „Das Leben nach dem Tod". – Rostov a. D.: „Phönix", 1995, - 576 S.

51. *Sowjetisches* Enzyklopädisches Wörterbuch. – M.: Sowj. Enzyklopädie, 1981 – 1600 S.

52. *Arthur Ford.* Das Leben nach dem Tod .. // Osten und Westen über das Leben nach dem Tod. – St. Petersburg: Lenisdat. 1993. – 475 S.

53. *Lobsang Rampa.* Die Geschichte Rampas (Die Wanderungen Rampas) / Übers. aus d. Englischen. – Kiev: „Sofia" Ltd., 1994, - 320 S.

54. *Dmitriev E.* Unglaubliches Ereignis in der Raumstation Salut 7 d // Unglaubliches, Interessantes, Offensichtliches. 1998. Nr.9. S.6

55. *Kandyba V. N.* Geschichte des russischen Imperiums. – St. Petersburg: Efko, 1997. – 512 S.

56. *Vasilev L.* Reise in eine andere Welt /7 AuF, 1996. Nr.8

57. *Perfileva N. A.* Die Menschheit auf dem Weg zu einer neuen kosmischen Informationszivilisation // Polygnosis, 1998. Nr. S. 139 – 145

58. *Panov V. F.* Einfluss eines Torsionsfeldes auf die Labormäuse // Bewusstsein und *Testov B. V.* physische Realität. 1998. Bd.3, Nr.4. Kljuev A. V. S.48 – 50

59. *Rubrik* „In wissenschaftlichen Laboratorien". Huhn oder Ente // Wissenschaft und Religion. 1990. Nr.1, S.42

60. *Dmitruk M.* Teleportation „An den Türen sein" // Wunder und Abenteuer. 1999. Nr. 3. S. 2-4

61. *Falkov A.* Flug ohne Flügel // Wunder und Abenteuer. 1999. Nr. 1. S. 9 – 10

62. *Melnikov L.* Der Verstand: Ende der Evolution // Wunder und Abenteuer. 1995, Nr. 7, S. 15 – 19

63. *Lunin E. V.* Große Propheten über die Zukunft Russlands, – M.: „Akvarium" Ltd. 1999. – 384 S.

64. *Vasilev P.* Verpflanzung der Seele // AuF. 1996. Nr.44

65. *Grischin S. V.* Fundamentale Physik und die Weltanschauung des Ostens: zum Problem des Verhältnisses // Bewusstsein und physische Realität, 1997. Bd.2, Nr.1, S.8 – 18

66. *Wunder* u. Abenteuer // Unglaubliches, Interessantes, Offensichtliches. 1998. Nr.17. S.11

67. *Blavatskaya E. P.* Schlüssel zur Theosophie. – M.: „Sphäre" RTO, 1993, - 320 S.

68. *Baranova T.* „Planeta-2000" // Unglaubliches, Interessantes, Offensichtliches. 1997. Nr.3. S. 2-3

69. *Podolnyj R. G.* Etwas mit dem Namen Nichts. Das Leben bemerkenswerter Ideen. – M.: Snanije, 1983. – 191 S.

70. *Javorskij B. M., Detlaff A. A.* Nachschlagewerk Physik. – 2. überarbeitete Ausgabe. – M.: Nauka.1985. – 512 S.

71. *Barij A.* Der Torsionsgott // An der Grenze des Unmöglichen. 1999. Nr.15. S. 4-5

72. *Rubrik:* In den sieben Winden. Was man auch sagen mag, aber Gebete helfen // Wunder und Abenteuer, 1998. Nr. 10. S.57

73. *Muldaschev E. R.* Warum Yogas hunderte Jahre leben // AuF. 1999. Nr.1

74. *Velihov E. P.* Ohne Bombe wären wir eine zweitrangige Macht // AuF. 1999. Nr. 35

75. *Bul A. S.* Warum gibt es das, was nicht sein kann (Grundlagen der Eniologie: 2.Buch). – M.: Rostkniga, 1998. – 192 S.

76. *Digenius van Ruller* Logischer Zufall / Übersetzung aus dem Deutschen. – M.: Progress Litera, 1995. – 256 S.

77. *Layell Watson* Romeos Fehler // Das irdische Leben und das folgende. – M.: Politisdat, 1991. – 413 S.

78. *Jeffrey Mishlav* Wurzeln des Bewusstseins. – Kiev: „Sofia", 1995, - 413 S.

79. *Vejnik A. I.* Thermodynamik. – 3. überarbeitete und ergänzte Ausgabe. – Minsk: Hochschule, 1968, - 464 S.

80. *Schipov G. I.* Die Quantenmechanik, von der Einstein träumte, kommt aus der Theorie des physikalischen Vakuums. Vorabdruck Nr.20. – M.:MNTZ VENT, 1992. – 64 S.

81. *Akimov A. E., Schipov G. I.* Milliarden mal schneller als das Licht // Terminator. 1997, Nr.4. S.7

82. *Akimov A. E., Schipov G. I.* Milliarden mal schneller als das Licht // Terminator. 1997, Nr. 7-8. S. 22

83. *Grischin S. V.* Fundamentale Physik und die Weltanschauung des Ostens: zum Problem des Verhältnisses // Bewusstsein und physische Realität, 1997. Bd.2, Nr.2, S.15 – 27

84. *Akimov A. E., Bojchuk V. V., Tarasenko V. Ja.* Weitreichende Spin-Felder – Physikalische Simulierungen. Vorabdruck Nr.4, AdW der Ukr.SSR. – Kiev: Institut für Probleme der Metallkunde, 1989. – 23 S.

85. *Akimov A. E., Bingi V. N.* Computer, Gehirn, Weltall als physikalisches Problem // Bewusstsein und physische Welt. – Ausgabe 1. – M.: Agentur „Yachtsmen", 1995, - S. 127 – 136

86. *Akimov A. E., Tarasenko V. Ja.,Schipov G. I.* Torsionsfelder als kosmophysikalischer Faktor. Biophysik Russ. AdW - Bd. 40. – Ausgabe 4. – M.: Nauka 1995, S. 938 – 943

87. *Saharov A. D.* Vakuum-Quantenfluktuation im gekrümmten Raum und Theorie der Gravitation. – Vorträge der AdW der UdSSR, Bd. 177. – Nr.1. – 1967, - S. 70 - 71

88. *Dubrov A. P.* Biogravitation, Biovakuum, Biofeld und Resonanz-Feldtyp der Wechselwirkung als fundamentale Grundlagen parapsychologischer Erscheinungen // Parapsychologie und Psychophysik. 1993. Nr.2. S.15 – 23

89. *Shivljuk Ju. N., Vinogradov E. S., Holmov V. S.* Komplexe Untersuchung des Löffels, der der Handlung des Phänomens Uri Geller unterzogen war // Parapsychologie und Psychophysik. 1993. Nr.4. S. 57 – 63

90. *Dalnee G. N.* Die Information – ein fundamentales Wesen der Natur // 1996, Terminator. Nr.1. S.64 - 66

91. *Asrojanz E. A.* Architektur der inneren Welt des Menschen. – M.: Polygnosis Nr.1, 1998. – S. 59 - 72

92. *Janizkij I. N.* Physik und Religion. – M.: Verlag der Russischen Physikalischen Gesellschaft „Gesellschaftlicher Nutzen", 1995 – 65 S.

93. *Peggy Mason* und *Ron Laing.* Artikel Sathya Sai Baba – Verkörperung der Liebe. – St. Petersburg: Gesellschaft für vedische Kultur. 1993 – 346 S.

94. *Robert A. Wilson .* Quantenpsychologie / Übersetzung aus dem Engl. Unter der Redaktion von Ja. Nevstrujev. – Kiev: „Janus" 1999, - 224 S.

95. *Schrödinger E.* Was ist Leben aus der Sicht der Physik? Lektionen gehalten im Trinitaty-College in Dublin im Februar 1943 / Übersetzung aus dem Engl. A. A. Malinovskij. – M.: Fremdsprachige Literatur, 1947. – 146 S.

96. *Robert A. Wilson.* Psychologie der Evolution / Übersetzung aus dem Engl. Unter der Redaktion von Ja. Nevstrujev. – Kiev: „Janus" 1998, - 304 S.

97. *Lisov G.* Die Realität der feinstofflichen Welt // Terminator. 1995. Nr. 4/5, S. 3 – 6

98. *Louise Hay* Heilende Kräfte in uns / Übersetzung aus dem Englischen. – M.: OLMA-PRESS, 1997. – 238 S.

99. *Kapten Ju. L.* Heilung durch Meditation. – St. Petersburg: Verlag der Gesellschaft für geistige und psychische Kultur, 1994. – 176 S.

100. *Kasnacheev V. P.* Lebende Strahlen und lebendes Feld // Wunder und Abenteuer. 1996. Nr.5. S.6 - 9

101. *Laten M.* Leben und Tod des Krischnamurti / Übersetzung aus dem Englischen.– M.: „KPK Ltd", 1993. – 178 S.

102. *Kasnacheev V. P.* Das Phänomen des Menschen: kosmische und irdische Quellen. –Novosibirsk: Buchverlag. 1991. 128 S.

103. *Fomin Ju. A.* Was hält das kommende Jahrhundert für uns bereit? // Terminator. 1997. Nr. 7-8, S.6-7

104. *Lobsang Rampa.* Die Höhlen der Alten / Übersetzung aus dem Englischen. – Kiev: "Sofia", Ltd.., 1994. – 320 S.

105. *Livanova A.* Drei Schicksale für das Verstehen der Welt. Das Lebenbemerkenswerter Ideen. – M.: Snanije, 1969, - 352 S.

106. *Rene Weber* Die feine Materie und die dichte Materie. Dialog mit Seiner Heiligkeit dem Dalai Lama, Die Physik David Bohms und Rene Webers // Wissenschaft und Religion, 1989. Nr.10. S.20 – 21

107. *Dmitruk M.* Das Phantom des Todes // Wunder und Abenteuer, 1997. Nr. 3. S.6-8

108. *Akimov A. E., Schipov G. I., Ekschibarov V. A., Garjaev P. P.* Bald erfolgt die Testung der fliegenden Teller //Zeitung „Chistyj Mir". 1996. Nr.4

109. *Akimov A. E., Moskovskij A. V.* Die Quanten-Nichtlokalität und die Torsionsfelder, - Vorabdruck Nr. 19, - M.:MNTZ VENT, 1992. – 23 S.

110. *Schipov G. I.* Über die Nutzung der Vakuum-Felder der Drehung für die Verlegung mechanischer Systeme. - Vorabdruck Nr.8. – M.: MNTZ VENT. 1991, - 50 S.

111. *Schipov G. I.* Die Geometrie des absoluten Parallelismus. – T.

274

1. – Vorabdruck Nr.14. – M.: MNTZ VENT, 1992. – 62 S.

112. *Schipov G. I.* Überwindung der Coulomb - Barriere durch Torsionseffekte. – Vorabdruck Nr.61, - M.: MNTZ VENT, 1995. – 63 S.

113. *Schwöbe G. I.* Holistisches wissenschaftlich-esoterisches Bild des Universums // Bewusstsein und physische Realität. 1998. Bd. 3. Nr.5. – S. 3-4

114. *Volchenko V. N.* Informationsmodell des Bewusstseins in der Nomogenese: philosophische, naturwissenschaftliche und sozialpsychologische Aspekte // Bewusstsein u. physische Realität. 1999. Bd.4. Nr.1.S.19- 27

115. *Akimov A. E.* Reflexion der geistigen Rolle Russlands in der Entwicklung der Weltzivilisation. Vortrag auf der Internationalen Konferenz der Gesellschaftswissenschaften „Das geistige Bild Russlands im philosophisch-künstlerischen Nachlass von N. K. und E. I. Roerich", - M., 1996

116. *Schipov G. I.* Theoretische Grundlagen der neuen Prinzipien der Bewegung, Vorabdruck Nr. 63, - M.: MNTZ VENT, 1995. – 63 S.

117. *Schipov G. I.* Theorie des physikalischen Vakuums. Das neue Paradigma, - M.: NT-Zentrum, 1993. – 362 s.

118. *Kastrubin E. M.* Trance-Zustände und das „Feld des Gedankens". – M.:"KSP", 1995. – 228 S.

119. *Borosdin E. K.* Zur Frage über das Wesen des Bewusstseins // Bewusstsein und physische Realität. 1999. Bd.4. Nr.2. S.16 – 21

120. *Bobrov A. V.* Feld-Konzeption des Mechanismus des Bewusstseins // Bewusstsein und physische Realität.1999. Bd.4. Nr.3. S.47 – 59

121. *Akimov A. E., Bingi V. I.* Eigenschaften der komplexen physischen Gitter und der räumlichen Strukturen der Torsionsfelder // Bewusstsein und physische Realität.1998. Bd.3. Nr.3. S.24 – 32

122. *Silin A. A.* Die Information als fundamentales Wesen des Daseins –

Vorabdruck Nr.24. – M.: MNTZ VENT, 1992. – 18 S.

123. *Lobsang Rampa* Der Doktor aus Lhasa / Übersetzung aus dem Englischen. – Kiev: „Sofia" Ltd. 1994, - 320 S.

124. *Volkov I. P.* Die Körperpsyche des Menschen. Synthese wissenschaftlicher, philosophischer und religiöser Kenntnisse. – St. Petersburg: „Vestnik BPA", 1999, - 144 S.

125. *Vasilev V. D.* Durch den engen Spalt zwischen Leben und Tod // Wunder und Abenteuer. 1993. Nr. 8. S. 10 – 13

126. *Jurev V. I.* In den feinstofflichen Welten. – D.:   „Stalker", 1998, - 352 S.

127. *Shdanov B.* Mit schwankendem Schritt zur Welt-Sintflut / An der Grenze des Unmöglichen. 1999, Nr.19

128. *Max Heindel* Kosmogonische Konzeption. – St. Petersburg: AG „Komplekt", 1994, - 390 S.

129. *Kalenischn S.* Wir als Teil der höchsten Realität // Wissenschaft und Religion. 1999. Nr.8. S.2 -7

130. *Bril V. Ja.* Kinetische Theorie der Gravitation und Grundlagen der einheitlichen Theorie der Materie. – St. Petersburg: Nauka, 1995. – 436 S.

131. *Rodshtat I. V.*   Klinische Physiologie einiger okkulter Vorstellungen // Parapsychologie und Psychophysik. 1997. Nr.2. S.3 – 13

132. *Monroe R.* Reise außerhalb des Körpers. – Kiev: „Sofia", 1999, - 320 S.

133. *Simonova M.*   Das Gerät der Zukunft ist fertig // Zeitung „Turbostroitel" 1993.

www.ingramcontent.com/pod-product-compliance
Lightning Source LLC
Chambersburg PA
CBHW070300200326
41518CB00010B/1844